丝带飞舞　匠心智造

国家速滑馆（冰丝带）高效高精度建造技术

§

北京城建集团有限责任公司　组织编写

李久林　主编

中国建筑工业出版社

图书在版编目（CIP）数据

丝带飞舞 匠心智造：国家速滑馆（冰丝带）高效
高精度建造技术 / 北京城建集团有限责任公司组织编写；
李久林主编. — 北京：中国建筑工业出版社，2023.11
ISBN 978-7-112-29056-7

Ⅰ.①丝… Ⅱ.①北… ②李… Ⅲ.①速度滑冰—体
育馆—建筑设计—中国 Ⅳ.①TU245

中国国家版本馆CIP数据核字（2023）第155798号

国家速滑馆又名冰丝带，是北京2022年冬奥会唯一新建冰上竞赛场馆，承担了速度滑冰的比赛任务。秉承"绿色、共享、开放、廉洁"的办奥理念，在国家重点研发计划项目的支持下，基于国家速滑馆世界最大的索网体育馆屋面、高工艺曲面玻璃幕墙系统、12000m²超大冰面的建造需求，通过理论研究、仿真模拟、试验分析等，施工团队研发了超大跨度柔性索网结构施工关键技术、高性能单元式围护结构建造关键技术、超大平面CO_2跨临界直冷多功能冰场建造技术，应用解决了高钒密闭索国产化加工、世界最大马鞍形索网屋面体系、大体量高工艺曲面幕墙（3360块异形幕墙玻璃单元）系统、世界首个平原超大平面（12000m²）CO_2跨临界直冷多功能冰场及高标准奥运冰场人工环境的建造难题，形成了具有自主知识产权的大型冰上运动体育场馆类工程建造关键技术体系。

为了进一步推动体育场馆建设，项目成员总结编写了此书。本书可供从事相关工作的工程技术人员参考，也可作为上述专业的研究生和高年级本科生的学习参考书。

责任编辑：高 悦 张 磊 范业庶
书籍设计：锋尚设计
责任校对：刘梦然
校对整理：张辰双

丝带飞舞 匠心智造
国家速滑馆（冰丝带）高效高精度建造技术
北京城建集团有限责任公司 组织编写
李久林 主编
*
中国建筑工业出版社出版、发行（北京海淀三里河路9号）
各地新华书店、建筑书店经销
北京锋尚制版有限公司制版
天津图文方嘉印刷有限公司印刷
*
开本：880毫米×1230毫米 1/16 印张：17½ 字数：412千字
2023年12月第一版 2023年12月第一次印刷
定价：268.00元
ISBN 978-7-112-29056-7
（41778）

本书编委会

序

2022年第24届冬季奥林匹克运动会是继2008年夏季奥运会后在北京举行的又一全球范围体育盛事，国家速滑馆又名"冰丝带"，是2022年冬奥会标志性场馆和北京赛区唯一新建冰上竞赛场馆，承担速度滑冰的比赛任务。冰丝带的建设是落实好国家"十三五"规划"做好北京2022年冬季奥运会筹办工作"和"十四五"规划"持续推进冰雪运动发展、办好北京冬奥会、冬残奥会"的关键。当前建筑产业工业化、智慧化、绿色化成为行业发展趋势，以冬奥为契机，在建设"冰丝带"过程中坚持"绿色办奥、共享办奥、开放办奥、廉洁办奥"的理念，突出科技、智慧、绿色、节俭的特色，使之成为展示中国文化独特魅力的重要窗口，成为展示我国冰雪运动发展的靓丽名片是所有建设者的重大使命。

国家速滑馆建筑造型独特、结构形式新颖、使用功能复杂、施工挑战巨大，其中涉及的钢结构滑移、超大跨度索网、复杂围护结构和制冰技术等均为国内外首次应用，整个建设过程从施工部署、建材选用到技术攻关均体现了我国建筑从业者的智慧，"冰丝带"的落成将在中国建筑业留下浓墨重彩的一笔。

《丝带飞舞 匠心智造》以国家速滑馆全过程施工为载体，组织"冰丝带"建设的一线工程师，针对工程施工的重大技术难点，通过科技攻关和工程实践，将工程实施过程中取得的高效高精度施工的技术创新成果，经过精心策划，深入研究，反复浓缩凝练，撰写出版了这部专著。

该部作品包含地基与基础工程、型钢混凝土工程、预制看台工程、索网结构工程、单元式屋面工程、双曲玻璃幕墙工程、制冰工程和智慧场馆建设等内容，简要介绍了国家速滑馆工程施工情况和关键创新技术，是一部建筑业具有创新性、科学性、综合性的宝贵书作，也是我国建筑业为奥运工程建设提供的尤为难得的珍贵资料。

该著作的出版发行，相信必将为我国冰雪产业基础设施和大型体育场馆建设，以及建筑产业绿色化、智能化、装配化发展起到重要的推动作用。

中国工程院院士

前言

国家速滑馆又名冰丝带，是北京2022年冬季奥运会（简称冬奥会）唯一新建冰上竞赛场馆，承担了速度滑冰的比赛任务。在北京冬奥会期间，国家速滑馆共进行了14个小项的比赛，有来自27个国家和地区的166名运动员参赛，13次刷新奥运会纪录，其中1次打破世界纪录。北京冬奥会追平2002年盐湖城冬奥会（产生10项奥运会纪录），并列成为史上诞生速度滑冰奥运会纪录最多的一届冬奥会。中国队也取得出色成绩，在速度滑冰男子500m项目中夺得金牌，"冰丝带"变身"金丝带"！"最快的冰"不负众望，"最好的馆"实至名归！

秉承"绿色、共享、开放、廉洁"的办奥理念，在国家重点研发计划项目的支持下，基于国家速滑馆世界最大的索网体育馆屋面、高工艺曲面玻璃幕墙系统、12000m²超大冰面的建造需求，通过理论研究、仿真模拟、试验分析等，施工团队研发了超大跨度柔性索网结构施工关键技术、高性能单元式围护结构建造关键技术、超大平面CO_2跨临界直冷多功能冰场建造技术，应用解决了高钒密闭索国产化加工、世界最大马鞍形索网屋面体系、大体量高工艺曲面幕墙（3360块异形幕墙玻璃单元）系统、世界首个平原超大平面（12000m²）CO_2跨临界直冷多功能冰场及高标准奥运冰场人工环境的建造难题，形成了具有自主知识产权的大型冰上运动体育场馆类工程建造关键技术体系。

习近平总书记在视察时强调，"国家速滑馆不仅硬件世界一流，制冰技术也世界领先，实现了低碳化、零排放。要发挥好这一项目的技术集成示范效应，加大技术转化和推广应用力度，为推动经济社会发展全面绿色转型、实现碳达峰碳中和作出贡献。"

为了进一步推动体育场馆建设，团队成员总结编写了此书，编写人员既有多年从事建筑施工相关研究的专家学者，也有常年奋斗在工程一线的高级技术人员。具体编著分工如下：第1章由李久林、苏振华、陈利敏编写；第2、3、4、6、7章由李少华、苏振华编写；第5章由李少华、陈利敏、苏振华编写；第8章由李燕敏、陈里轩编写；第9章由吕莉、朱东锋编写。全书由李久林、苏振华、陈利敏统稿，全书由李久林审定。

本书在编写和审核的过程中，得到了有关专家和业内同行的大力支持和帮助，在此编者表示衷心感谢。

由于编者水平有限，书中难免存在不足之处，恳请广大读者给予指正。

Contents

目录

第1章 项目介绍

第2章 复杂嵌套基槽及桩基施工关键技术

第5章｜超大跨度柔性索网结构施工关键技术

第8章 | 超大平面 CO_2 跨临界直冷多功能冰场建造技术

181

第9章 | 大型冰上场馆人工环境营造技术

243

第1章

§

项目介绍

国家速滑馆是北京2022年冬季奥运会的标志性场馆和北京赛区唯一新建冰上竞赛场馆，位于北京市朝阳区，中轴线北端，奥林匹克森林公园西侧。建设场地南临国家网球中心，西临林萃路，东临奥林西路。南北长轴平行于城市中轴线，东西轴线与仰山相连，将森林公园向西侧延伸生长，为城市提供一个新的公园界面（图1.0-1）。

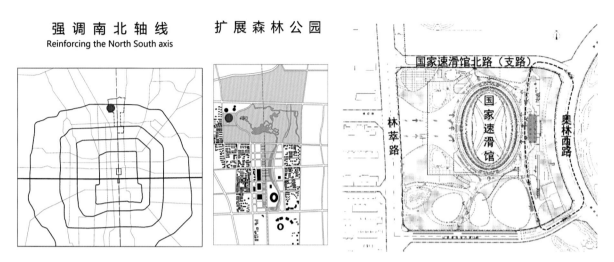

图1.0-1 用地与北京市中轴线与奥林匹克森林公园位置关系

速滑馆场址是北京2008年夏季奥运会临时场馆（曲棍球、射箭场）原址，是对2008年夏季奥运遗产的继承和可持续利用（图1.0-2）。工程的建筑创作从"速度"和"冰"出发，立意"冰丝带"，寓意冰和速度的结合，与奥林匹克公园标志性建筑"水立方""鸟巢"相呼应，分别象征"水""火""冰"三种元素，共同组成奥运建筑遗产群。2022年冬奥会期间，国家速滑馆主要承担速度滑冰比赛和训练项目，共进行14个小项的比赛。

2022年冬奥会后，这里成为全民健身场所，并将继续举办高水平的冰雪赛事。未来的国家速滑馆将聚焦以下几个方面：以冰雪为中心的体育竞赛，以冰雪为特色的群众体育健身，以冰雪产业为核心的会展，以及体育公益等，成为集体育赛事、群众健身、文化休闲、展览展示、社会公益于一体的多功能冰雪中心。

图1.0-2 规划用地位置示意图

项目承包模式为PPP（Public-Private Partnership）模式，由北京市国有资产经营有限责任公司、北京首都开发股份有限公司、北京城建集团有限责任公司、北京住总集团有限责任公司、华体集团有限公司共同组成北京国家速滑馆经营有限责任公司。工程于2017年9月4日开工，2021年6月29日竣工，2021年7月28日完成竣工备案手续，质量目标为"中国建设工程鲁班奖"。

1.1 工程概况

1.1.1 建筑概况

"冰丝带"总占地面积约16.6万m²，总建筑面积约12.6万m²（图1.1-1），由主场馆、东车库和西车库构成（图1.1-2、图1.1-3），主馆约8万m²（不包括地下车库），地下车库约4.6万m²。建筑设计使用年限100年，抗震设防烈度为8度。建筑整体平面投影为正椭圆形，南北长约240m、东西宽约178m。

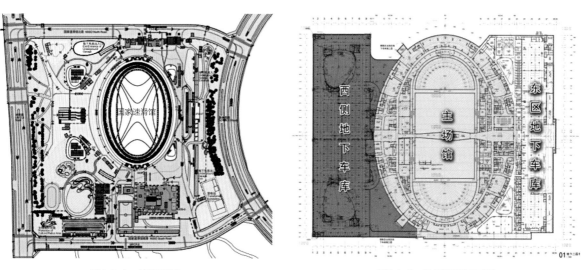

图1.1-1 总平面图　　　　　　　　　　　　图1.1-2 施工标段平面图

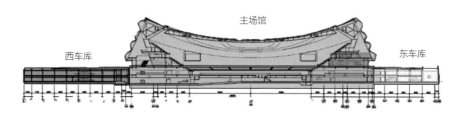

图1.1-3 施工标段示意剖面图

屋面呈马鞍形，建筑最高点为33.8m，最低点为15.4m；地上3层，主要分布有观众集散大厅、比赛大厅、奥林匹克大家庭、观众看台、VIP包厢、卫生间等，奥运期间场馆总座席约12000座，其中8000座为永久座席，3层设4000座临时座席；西侧为观众和赞助商入口，东侧为新闻媒体、运动员与官员入口；地下2层，布置有新闻媒体、赛事管理等办公用房以及各类设备机房，B1层设置400m标准速滑赛道，冰面面积约1.2万m²，为亚洲最大全冰面。

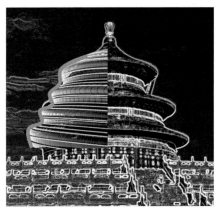

"冰丝带"由外幕墙悬挂的22根发光LED玻璃圆管得来，22根丝带飞旋飘逸，取自速度滑冰运动员的运动轨迹，象征了冰上运动的速度，22也象征着2022年冬奥会。主立面玻璃幕墙呈"天坛"形，整体造型轻灵、飘逸，主场馆集散大厅、比赛大厅蓝墙向外倾斜，顶部蜂窝铝板蓝墙顺天坛形幕墙向内倾斜，多角度变化（图1.1-4）。将坚硬的冰和柔软的丝带结合，透过蓝色的内饰墙面，诠释冰雪的质感。

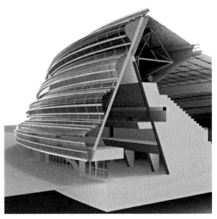

图1.1-4 天坛形幕墙与"冰丝带"（一）

图1.1-4 天坛形幕墙与"冰丝带"（二）

1.1.2 结构概况

国家速滑馆安全等级为一级，结构重要性系数为1.1，桩基、地基设计等级为甲级，抗震设防烈度为8度（0.2g），建筑抗震设防类别为重点设防类（乙类），建筑场地类别为Ⅲ类，设计地震分组为第二组，特征周期为0.55s。

主场馆各柱荷载差异大，故看台区域采用桩筏基础，该区域筏板以1500mm厚为主，东西两侧建筑最高点投影区域范围内筏板厚以2000mm为主。基础桩采用机械钻孔灌注桩，桩径1000mm，共有桩654根，采用后压浆（侧压浆+端压浆）技术。主场馆其余部位采用平板式筏形基础，板厚600mm，地基持力层为粉质黏土、黏质粉土③层。比赛场地FOP（Field of Play）区域采用400mm厚抗水板，并配置配重混凝土，地基持力层为砂质粉土、黏质粉土②层。纯地下室范围采用平板式筏形基础，板厚600mm。采用天然地基，地基持力层为粉质黏土、黏质粉土③层。图1.1-5为基础组成示意。

结构形式主要为钢筋混凝土框架结构，屋盖体系以钢结构为主，钢结构屋顶支承在48根看台斜柱上，斜柱倾斜角度约20°，柱顶设置混凝土环梁（图1.1-6）。外围护幕墙结构上端固定于顶部的巨型环桁架上，下端固定于混凝土主体结构首层顶板外圈悬挑梁端。首层顶板从32根外围巨型柱挑出悬挑梁支承拉索幕墙，最大悬挑长度约5m，外围巨型柱截面尺寸约为900mm×3100mm。

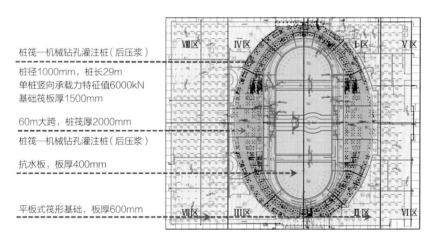

图1.1-5 基础组成示意

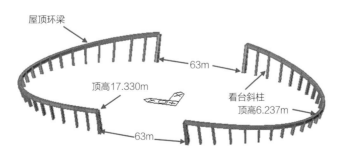

图1.1-6 屋顶环梁与斜柱三维示意图

近12000个座席分布在B1~3层，B1~2层为预制清水混凝土看台板，3层为钢结构临时看台（图1.1-7）。在场馆东侧和西侧布置有VIP包厢。

钢结构由屋盖马鞍形索网、钢结构环桁架、幕墙斜拉索及异面网壳组成。环桁架通过球铰支座固定于混凝土框架柱顶，马鞍形索网支承于环桁架内侧弦杆，斜拉索支承于环桁架外侧弦杆，幕墙网壳附着于环桁架、斜拉索及下部混凝土挑梁边缘，见图1.1-8。

环桁架采用立体桁架结构形式，东西向最大外轮廓尺寸为153m，南北向最大外轮廓尺寸为220m（图1.1-9）。环桁架下弦采用固定铰支座支承于混凝土劲性柱顶，东西向最大跨度为148m，南北向最大跨度为215m。

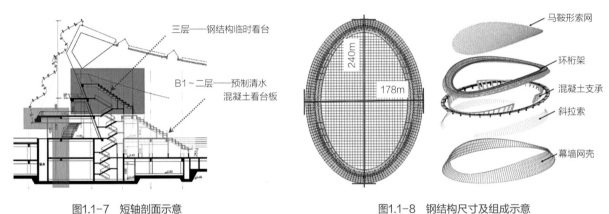

图1.1-7 短轴剖面示意   图1.1-8 钢结构尺寸及组成示意

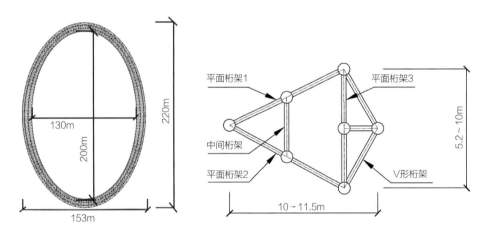

图1.1-9 钢结构环桁架示意图

屋面索网长轴（南北向）为稳定索，跨度198m，拱度7m；短轴（东西向）为承重索，跨度124m，垂度8.25m；见图1.1-10。网格平面投影间距4m，周边固定于巨型环桁架内侧弦杆，屋面拉索采用1570级高钒密闭索，稳定索采用直径74mm的平行双索，承重索采用直径64mm的平行双索。

屋面索网尺寸198m×124m、环桁架投影尺寸220m×153m，钢结构整体投影尺寸178m×240m。钢结构组合竖向空间关系见图1.1-11~图1.1-13。

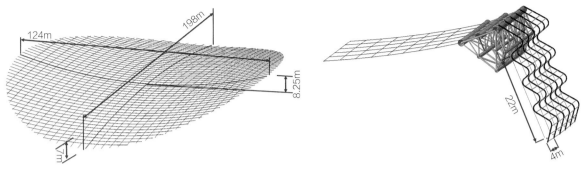

图1.1-10 索网结构尺寸示意图　　　　　　图1.1-11 钢结构组合剖面简图

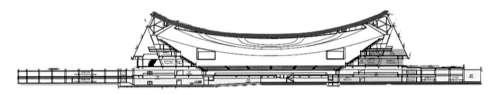

图1.1-12 国家速滑馆南北向剖面（短轴）

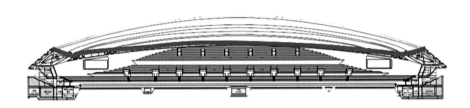

图1.1-13 国家速滑馆东西向剖面（长轴）

1.1.3 屋面工程

屋面由三部分组成，索网区域单元式金属屋面、环桁架区域金属屋面、索网-环桁架交界处人字形玻璃天窗屋面。屋面总面积约24115m²。

索结构将索网区域屋面划分为1080块4m×4m（边部异形）的矩形网状，屋面为金属铝板屋面，每块单元金属铝板屋面亦均为4m×4m，总面积约16600m²；环桁架区域屋面为铝镁锰直立锁边金属屋面，面积约5700m²；索网和环桁架之间为人字形玻璃天窗，面积约1815m²，见图1.1-14。

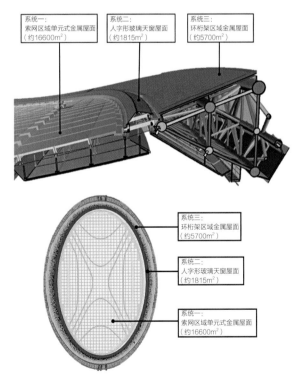

图1.1-14 屋面组成

1.1.4 幕墙工程

国家速滑馆2层以上外幕墙为天坛轮廓造型，整体曲面形幕墙剖面由"五凹四凸"曲面幕墙、8块平板玻璃构成"天坛形"，幕墙骨架为"预应力拉索+竖向波浪形钢龙骨+水平向钢龙骨"，中空夹胶曲面玻璃，外侧设置22道玻璃圆管，由晶莹剔透的超白玻璃彩釉印刷，内设LED灯带，营造出轻盈飘逸的丝带效果，玻璃管结合夜景照明系统，在夜间

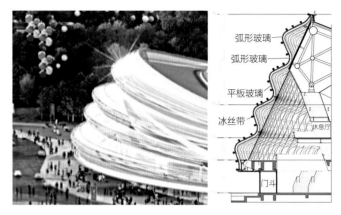

图1.1-15　天坛曲线幕墙形态

呈现极具表现力的灯光效果，所以被称为"冰丝带"（图1.1-15）。幕墙系统共3360块玻璃单元板块，160根S形钢龙骨，3520根连接横杆，3520根冰丝带玻璃，3520根冰丝带圆钢管，总面积约17896m²，冰丝带总长度13998.6m（图1.1-16）。玻璃参数见表1.1-1。

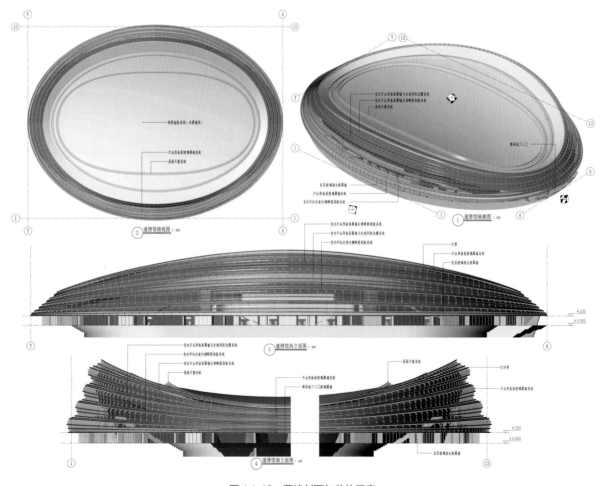

图 1.1-16　幕墙剖面与总体示意

序号	幕墙玻璃类型	玻璃组成	块数	厚度(mm)	玻璃半径	备注
1	弧形玻璃	8+2.28SGP+8+12Ar+8+2.28SGP+8	1440	48.56	1500mm	双超白双银Low-E；半钢化
2	平板玻璃	8+1.52SGP+8+12Ar+8+1.52SGP+8	1920	47.04	—	
3	冰丝带	6+1.52SGP+6	3520	13.52	175mm	热弯夹胶半钢化

1.1.5 机电工程

国家速滑馆为全寿命周期的智慧化场馆，机电系统智能化程度高，机电管线安装随建筑结构的特殊情况，210m×138m×30m大空间内冰场特殊的温度、湿度、照明等要求，安装复杂，标准高，技术难度大。机电主干线在建筑物各层整体沿环形、马鞍形布置；屋面双曲面马鞍形大型环桁架内布置各类机电管线以及消防稳压系统的水箱水泵等设施，多专业机电管线空间排布、节点固定难度大；双曲面马鞍形单层双向正交柔性索网屋面结构下方安装空调除湿、虹吸雨水、消火栓、消防水炮、场地照明、国旗升降、摄像、网络等机电系统的各类管道、箱柜及末端设施，屋面多专业机电管线与柔性索结构变形协调难度大。

1.1.6 制冰工程

国家速滑馆整体设计标准达到ISU国际滑联与IIHF国际冰联相关赛事标准以及国际奥委会冬奥会赛事标准的要求。冰面比赛区规划3条400m速滑比赛道、1条速滑比赛练习道、1块60m×30m IIHF标准冰场、1块61m×26m NHL标准冰场及1块活动冰场。建成后将承担速度滑冰项目的比赛和训练，冬奥会后该场馆将成为能够举办滑冰、冰球和冰壶等国际赛事及大众进行冰上活动的多功能场馆（图1.1-17）。

速滑大道赛道尺寸采用5m（外比赛道）+4m（内比赛道）+5m（热身道）的规格，首次在奥

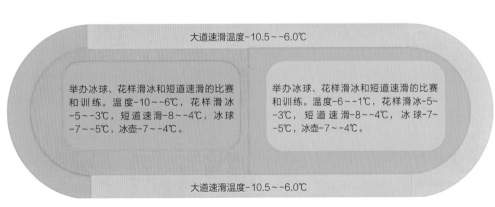

图1.1-17 冰面示意图

运场馆中采用CO_2跨临界直冷制冰技术，CO_2作为制冷剂制冰，碳排放值趋近于零，制冰能效大幅提升。场馆滑道采用全冰面设计，每一块冰面单独控温，整个场馆实现"同时运行、不同使用"的效果，同时场馆制冷产生的余热可以用于运动员生活热水、融冰池融冰、冰面维护浇冰等，大大降低了用电成本。

1.2 施工部署

我国建筑施工组织方法主要为依次施工、平行施工和流水施工三种，根据工程项目的难点、工期、资源投入情况等可选择不同的施工组织方法。以地基基础施工为例（图1.2-1），同样的建筑面积和分部分项工程，依次施工投入的劳动力最少但工期最长，平行施工投入的劳动力最多但工期最短，而流水施工投入劳动力和工期均位于二者之间。因此，相对来说，依次施工适用于规模较小，工期压力较小的项目，平行施工适用于工期紧张的项目。

大型体育场馆多数具有重大政治经济意义，且造型复杂、工期极度紧张。因此，依次施工和流水施工组织方式对于工期的响应度相对较低，平行施工组织方式显现一定的优势。此外，体育场馆建设中，标准性差，相同或类似的工序少，相对依次施工组织方式，资源投入也并非简单的倍数关系。

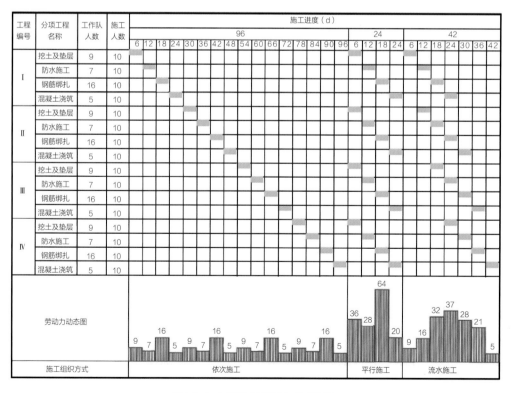

图1.2-1 不同施工组织方式对比图

对于大型场馆，大多采用顺序施工的方法，比如根据图纸先进行混凝土框架的浇筑，浇筑完毕后，进行看台或钢结构的精确测量，根据测量结果加工看台或钢结构并进行安装。但是，对于施工工期紧张的大型场馆，如何提高施工效率，保证施工质量安全，是需要解决的技术问题。随着近些年信息化和工业化技术的发展，实现了基于BIM技术的数字化模拟建造，通过建造全过程的数字化模拟，可得到各个阶段准确的BIM模型，构件即可实现基于BIM模型的工厂化加工制作，一方面，实现了以人为本的绿色化加工；另一方面，工厂化加工的构件，精度得以保证。

针对现有技术的不足，作者提供了基于BIM技术的体育场馆平行施工方法。这是指，针对体育场馆的建造特点，基于BIM模型的虚拟建造和工厂化加工，同时平行开展分部分项工程施工，最终实现体育场馆大尺度装配化施工。

国家速滑馆合同工期仅22个月，与同类型重点、难度大的工程和体育场馆相比，工期最为紧张（图1.2-2）。因此，工程建设伊始即研选了平行施工的方法，通过科学而合理地优化、压缩，节省工期，通过大装配的理念，最终实现工程建设的目标。

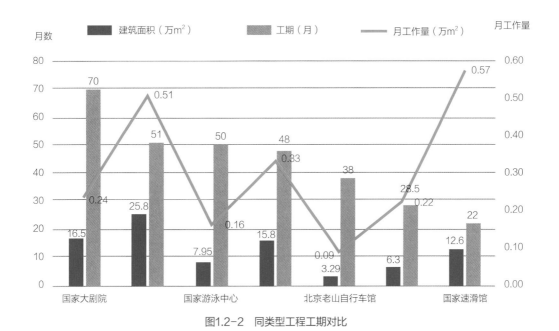

图1.2-2　同类型工程工期对比

采用平行施工方法，多专业拼装安装精度，直接影响结构安全和施工工期，对技术储备提出了一定的要求。因此，为了保证高精度的平行施工，需要具备以下技术：

（1）全专业统一BIM模型及全参与方一体化协同。为保证精度，传统的施工方法是前一道工序完成后对其实测实量，并根据测量数据对后一道工序建模，也就是混凝土结构实测实量后对钢结构逆向建模再进行钢结构下料，对钢结构实测实量后对索结构逆向建模再进行索结构的下料，以此类推。采用平行施工必须舍弃这种为保证误差逆向设计的方法。全部采用BIM技术进行正向设计，施工现场的现浇混凝土结构、钢结构、索结构、围护结构（金属屋面和曲面幕墙）均依托于唯一的BIM模型，同步设计同步加工（施工）。

（2）建造全过程的高精度仿真技术。仿真计算可以模拟各种工况下建筑的性能。平行施工需要建设各方从设计到施工全过程均进行仿真计算，既要保证建筑运行阶段建筑整体的安全、稳定与舒适，也要对施工过程进行不同工况的模拟，给施工作业进行指导，确保施工方案的合理。

（3）精密的构件加工技术。采用多空间平行的建造理念，不同专业的构件分布在不同的加工工厂进行加工，各工厂构件的加工精度是高精度安装的前提，也是保障。

（4）实时精准的测控技术。测量放线是施工现场进行施工精度控制的标尺，快速、高效、精准地进行空间坐标的定位和反馈，是平行施工的技术保障措施之一。采用无人机航拍的倾斜摄影、三维激光扫描、GPS定位结合传统的测量手段，从精细到宏观多手段配合的测控技术，是保证速滑馆平行施工的关键。

（5）智能化安装技术。大体量的建筑往往起重设备、安装跨度也较一般工程更为巨大，传统的人工安装往往效率低下且精度不容易保证。国家速滑馆在钢结构换桁架和索网的安装上采用施工机器人以及数控设备，降低了人工需求，提高了安装的同步性和施工整体效率，保证了施工的精度。

（6）施工偏差适时调整技术。施工偏差的消纳是多专业平行施工的有效技术手段，这需要在深化设计时预留误差余量，并设计误差消纳节点，来实时地进行安装调整，保证安装最终效果。

第 2 章

复杂嵌套基槽及桩基施工关键技术

2.1 技术难点

国家速滑馆项目地下工程异常复杂，经统计，筏板共有21类（表2.1-1）。通过对图纸分析，本工程筏板具有布局复杂、剖面变化多、现场定位放线难度大等难点。

国家速滑馆筏板概况表   表2.1-1

序号	筏板顶标高（m）	筏板底标高（m）	筏板厚度（mm）	主要完成面（m）
1	-6.300	-6.980	400	-5.400
2	-8.650	-9.250	600	-8.650
3	-10.400	-11.000	600	-9.900
4	-11.900	-12.500	600	-11.900
5	-13.800	-14.400	600	-13.800
6	-11.900	-12.500	600	-11.400
7	-10.400	-11.000	600	-9.900
8	-13.800	-15.800	2000	-13.800
9	-11.900	-13.900	2000	-11.400
10	-10.400	-12.400	2000	-9.900
11	-13.800	-15.300	1500	-13.800
12	-11.900	-12.500	600	-11.400
13	-11.900	-13.400	1500	-11.400
14	-10.400	-11.900	1500	-9.900
15	-11.900	-12.500	600	-11.400
16	-12.200	-12.800	600	-9.950
17	-10.400	-11.000	600	-9.900
18	-11.800	-12.400	600	-9.900
19	-11.800	-12.800	1000	-9.900
20	-10.400	-11.400	1000	-9.900
21	-10.400	-11.900	1500	-9.900

2.1.1 筏板布局复杂

2.1.1.1 筏板厚度不一

国家速滑馆筏板共有21类，东车库、主场馆看台区域和FOP三大部分因受力不均匀，刚度不一致。厚度分四类，因东车库受力较小，筏板厚600mm；FOP抗水板建成后主要建筑功能是赛场，荷载也较小，厚度为400mm；因主场馆看台区域布有巨型劲性柱，作为最主要的竖向受力构件，将屋面荷载传至地下桩基，筏板厚1500mm，局部巨型劲性柱区域加厚至2000mm，如图2.1-1所示。

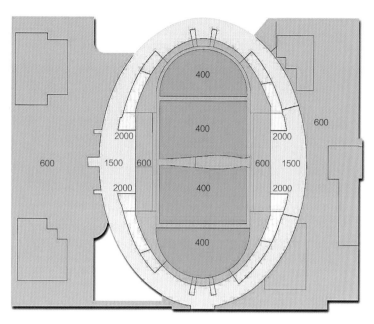

图2.1-1　国家速滑馆筏板厚度分布图

2.1.1.2 筏板标高种类多

本工程看台支撑柱区域集中荷载较大、对地基变形敏感，而外围的纯地下车库荷载较小，由于上部结构类型、基础刚度不同，结构荷载差异极大，地基与基础条件较为复杂。基底（筏板底）标高有13类，整体基底标高如图2.1-2所示，FOP标高-6.700m，看台区域标高-15.800～-11.900m。尤其是主场馆看台区域，由于建筑功能需要，各类机房以及管沟等绕FOP布置，导致基底标高异常复杂。沿FOP布有制冰管沟和通风电缆管沟，空调机房、制冷机房等散布四周；其中地下夹层对称布有通风管沟和电缆管沟，结构下沉。

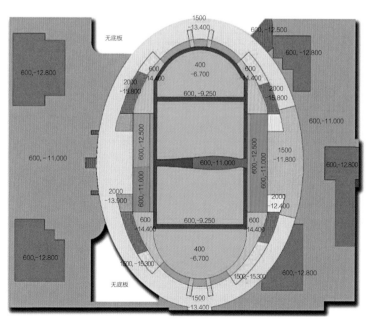

图2.1-2　筏板底标高示意图

2.1.1.3 集水坑环形集中布置、互相嵌套

因国家速滑馆地下2层布有制冰机房、制冷机房、污水机房、制冰管沟等有水房间，基槽底分布有集水坑111个、电梯基坑18个，以及其他功能性基坑6个共135个小坑；其中主场馆有集水坑80个。这些集水坑与电梯基坑等成群布置，彼此重叠，嵌套在不同标高的筏板上，尤其是有些嵌套在筏板交界处，工况复杂，三维关系在图纸上不清晰明朗（图2.1-3）。

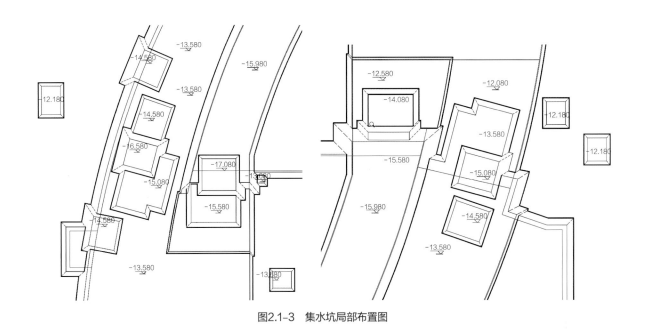

图2.1-3 集水坑局部布置图

2.1.2 现场放线定位难度大

国家速滑馆工程基槽开挖过程中，工期紧张，尤其是混凝土结构专项工程工期短、过度快、衔接紧凑，且测量管理和协调难度大。建筑体量大，结构复杂，造型多为不规则曲面，基坑135个，基底标高13个，定位放线视线受限；平面曲线多，施工人员设备多，测量放线定位标识不利于保存。

2.1.3 剖面变化多、大高差护坡混凝土施工难度大

本工程FOP区域抗水板边缘与制冰管沟和电缆管沟斜面高差较大，且基槽为60°放坡，最高处混凝土高差达到7.7m，高差部位底板结构混凝土断面呈高7700mm、宽5046mm的倒梯形，此部位混凝土结构施工时模架需要单侧支模，并且模板为圆弧形，单侧支模高度大，大体积混凝土质量控制困难，施工安全、质量控制难度大。施工时此部位模架体系选择、混凝土浇筑分缝位置是重点。

本工程基槽比较复杂，基槽剖面共有45个，剖面位置分布见图2.1-4。以环FOP剖面为例，一周有14类剖面，不同的剖面衔接处以60°放坡相交，见图2.1-5。

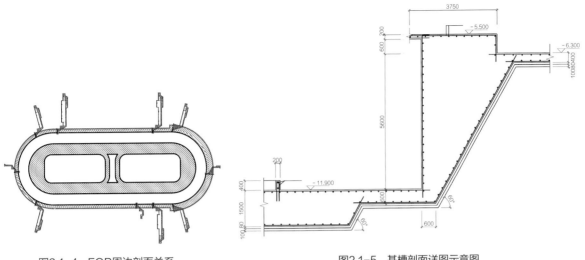

图2.1-4　FOP周边剖面关系　　　　　　图2.1-5　基槽剖面详图示意图

2.1.4　基础桩长度不一

国家速滑馆桩基础分布情况如图2.1-6所示。本工程设计标高±0.00m，相当于绝对标高49.00m，依据设计图纸，本工程主场馆看台区域（图2.1-6中粉色区域）采用桩筏基础，基础桩采用机械钻孔灌注桩，共654根桩，其中抗拔桩259根（图2.1-6中紫色区域），承压桩395根，桩径均为1.0m。

本工程有效桩基长度根据桩端持力层中细砂、中砂的具体分布而定，因此本工程共有16种桩长，最短为22.70m，最长为29.50m。桩基础长度分布如图2.1-7所示。基础桩采用后压浆技术（即侧压浆+端压浆技术）。桩身混凝土强度等级为C40（施工时提高一个强度等级，采用强度等级C45的混凝土），桩竖向承载力6500kN，桩顶进入基础底板100mm。

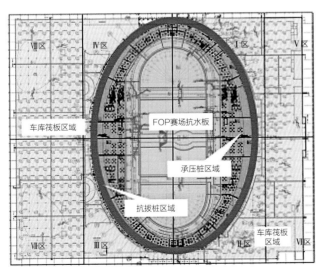

图2.1-6　桩基础分布情况示意图

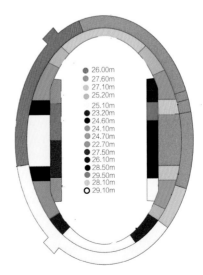

图2.1-7　桩基础长度分布示意图

2.2 信息化技术在基槽开挖中的应用

2.2.1 技术路线

针对本工程复杂的基槽三维关系，在工程前期图纸不齐全的情况下，充分应用建筑信息技术工具，根据施工流水作业安排，对基槽进行多手段、多角度、高效率的可视化分析，辅助开槽图的绘制，逐段交底。具体技术路线见图2.2-1。

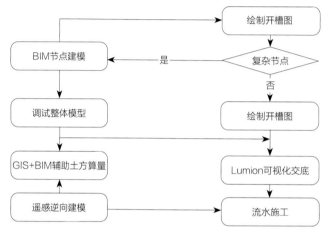

图2.2-1 技术流程图

2.2.2 参数化BIM建模

市场上BIM软件众多，在建筑绘图快速可视化领域以Revit为主，项目采用以Revit为主，SketchUp为辅的基本原则进行BIM模型的建立。

SketchUp操作简单，可以快速进行三维空间关系的分析，在工程前期使用SketchUp进行粗精度模型的创建，辅助开槽图的绘制，对于一般的集水坑项目可以实现，但效率低下，精度不够，尤其是弧形段会导致模型的失真。

一般的地形模型可以通过高程点、等高线等带有Z向坐标的要素通过Revit中的场地模块来创建地形模型。因本项目需要对基槽进行60°放坡，逐个进行建模异常繁琐。因此项目技术人员应用参数化创建集水坑族，对基底模型进行剪切，批量进行集水坑的创建，大大提高了建模速度与精度，如图2.2-2所示。通过后期模型的调整，得到高精度的基槽BIM模型（图2.2-3），精模型可在操作系统中进行三维土方模型算量，同时Revit模型可以作为交互模型在其他平台进行使用。

Lumion是一个实时的3D可视化工具，用来制作即时漫游和静帧作品，并将快速和高效工作流程结合在一起。以Revit模型为基础，应用Lumion对作业班组进行三维可视化交底（图2.2-4），更方便直接地开展工作，提高工作效率，推进施工进度。

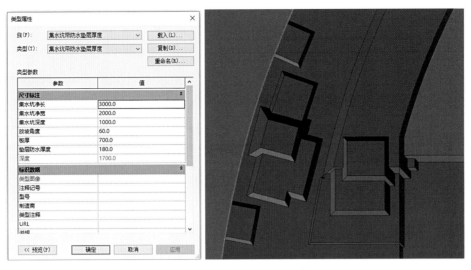

图2.2-2　国家速滑馆基槽节点

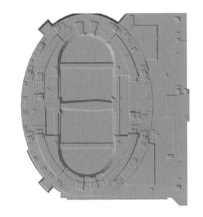

图2.2-3　国家速滑馆基槽整体BIM模型

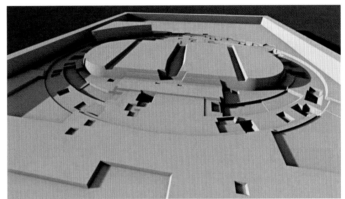

图2.2-4　Lumion可视化交底

2.2.3　精细化测量控制

GPS-RTK技术具有测量精确度、自动化程度高，测量时间短，测站间不受通视、气候条件的限制和影响，测量过程需提供平面和高程坐标，对操作人员的要求极少，最重要的是不积累误差的特点。整体操作方便，尤其对加密控制点效率高。

本项目地基与基础测量主要应用了GPS-RTK系统的两大功能：静态功能和动态功能。静态功能是通过接收卫星信息，确定地面某点的三维坐标；动态功能是通过卫星定位系统，将已知空间或平面坐标的点位，实地放样到地面上。因此可以利用GPS-RTK的静态功能做控制点，动态功能做测量施工中的坐标定位、高程放样以及校核工作。

针对本项目基槽复杂的特点，项目部测量站采用RTK技术，两套仪器，两组人员，通过规范作业步骤，排除机械等磁场干扰及高度角不够的影响，一放一校，中间辅以全站仪进行抽检校核，以达到精度要求。

2.2.4 GIS+无人机遥感应用

2.2.4.1 GIS空间计算

一般情况下，地理信息系统的三维分析多是在数字高程模型，即DEM（Digital Elevation Model）上进行的，DEM的作用是来表现地表特征和空间属性。由于各种复杂多样的地形都可以通过高精确度的DEM模型来实现，在使用时备受欢迎，应用广泛，地形的三维表现、模拟真实场景、电子沙盘等问题都可解决。

ArcGis的扩展模块3DAnalyst可以创建三维模型并进行空间分析计算。3DAnalyst 的关键模块是ArcScene，ArcScene是一个高效的三维处理分析工具，通过ArcScene不仅可以进行传统的地物地形的三维创建，以及建立具有三维场景属性的图层，还可以进行各种三维地质空间分析。DEM可以利用规则网格模型和不规则三角网模型呈现。

1. 规则格网模型

规则网格模型是最常用的一种DEM表达模型，这种模型将区域划分为大小不同的规则网格单元，用行列号来作为空间坐标的标示，分辨率则由每个单元的大小来表示。在栅格文件中，空间地物或者现象分布的非几何数据由若干像元隐含表示，每个代码本身明确地代表了实体的属性或者属性编码。

规则网格优势明显，模型简单、便于计算机处理，在制作等高线、计算坡向、坡度、汇集流域等地形地貌特征的时候尤其明显。不足的是，当地形比较简单时，数据量反而比较大；由于数据表现本身的限制，不能精确的表现起伏比较大的地形特征。

2. 不规则三角网模型（TIN）

三角网格（Triangulated Network）是全部由三角形组成的多边形网格，是介于矢量格式和网格格式之间的一种表达三维空间地理现象的数据格式，该格式模型由Peuker和他的同事于1978年设计，理论上讲该格式可以表达全三维地理信息。其基本思想是用三个点组成的面积不等、形状各异、具有不同朝向的三角形去逼近三维形体复杂的物理表面。这里使用三角形作为空间数据的基本单元，原因是空间中任意三点可以决定一个平面，三角形的三个顶点顺次连接生成的平面按照数学的右手定则可以确定其法线方向，用这个法线方向可以确定该平面与它所在体的拓扑关系。

TIN数据的特点有：数据格式简单，一律由两点一线、三线一面、多面成体的规则构成三维模型，形体复杂的表面三角形划分较密、形体简单地可以划分稀疏些；具有二维矢量数据格式的延展性，两个相邻坐标点用直线连接，且有方向属性，形成矢量；与网格格式的DEM数据有密切的关系，将DEM数据每一网格立体单元的三维表面用对角线分割，可以直接生成规则三角网格。

2.2.4.2 GIS+遥感土方算量

建立项目数据库后，通过开槽前和清槽后的点、线、面域等要素在GIS中生成高程模型DEM，如图2.2-5和图2.2-6所示。

 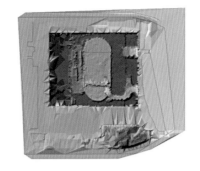 

图2.2-5 开槽前要素→TIN→DEM

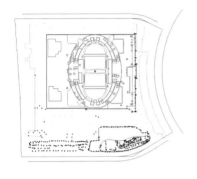 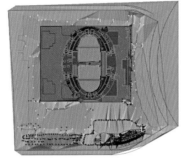 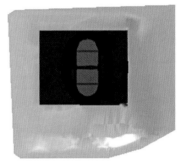

图2.2-6 开槽后要素→TIN→DEM

通过3DAnalyst可以计算空间坡度、坡向、地表径流等地貌信息，也可进行土方开挖的计算，并创建相关要素集，如图2.2-7所示。

利用无人机在空中倾斜环绕施工现场一周，通过对项目整体进行倾斜摄影，拍摄采集大量画面有交集的照片，获取照片的拍摄坐标、拍摄角度、焦距等，利用软件自动选出交集匹配点，进行逆向建模（图2.2-8），反映现场整体施工情况。将逆向建模得到的实景模型，用于辅助指导现场施工管理。三维模型经过处理后可在Civil3D中进行土方量的计算，可实现GIS实体与BIM模型的对照，辅助工程经营。

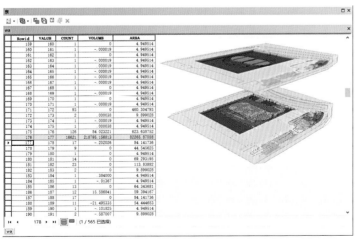 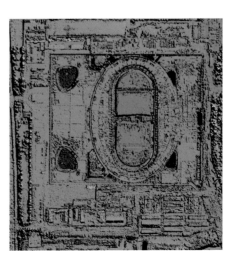

图2.2-7 土方开挖方要素计算　　　　　图2.2-8 倾斜摄影逆向建模

2.3 施工关键技术

2.3.1 桩基编码

速滑馆基础工程包含不同长度的桩基，为实现对桩基的精确管理和高效施工，对395根承压桩和259根抗拔桩逐一进行了编号，其中承压桩以C字母开头，抗拔桩以K字母开头，并在钢筋笼上粘贴编码牌。承压桩编码范例如图2.3-1所示，C194号承压桩桩长为25.90m。编码牌同时录入施工组织图中，如图2.3-2所示。

图2.3-1　承压桩编码范例

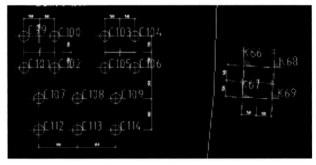

图2.3-2　承压桩和抗拔桩施工组织图

2.3.2 一体化静载试验

桩基静载试验是运用在工程上对桩基承载力检测的一项通用技术，在确定单桩极限承载力方面，它是目前最为准确、可靠的检验方法。常规灌注桩需要二次浇筑成形，在第一次浇筑后，需将桩基表面浮浆凿除，并在桩头处放置3~5片钢筋网片，再进行二次浇筑至试验标高。其中，每个桩头二次浇筑后要重新等待28d，待混凝土达到设计强度后才能进行试验。本工程为节约工期，采用了一体化静载装置，使桩头和桩身同时、一次浇筑，节约了工期。一体化静载桩头如图2.3-3所示。

2.3.3 基槽施工顺序

本工程基础底板面积大，地下室覆盖面积近6.1万m²，北区基础底板近2.9万m²，南区底板3.2万m²。根据设计图纸，底板每30~40m设置一条伸缩后浇带，每30~40m设置一条沉降后浇带。按照后浇带划分结构工程量，底板共分为南北两个施工区，分别为北区和南区。北区分为24个施工流水段，南区分为25个施工流水段。施工结合图纸出图顺序，按照流水施工的顺序展开开槽图的绘制，流水作业，提高工作效率。分区及流水段见图2.3-4。

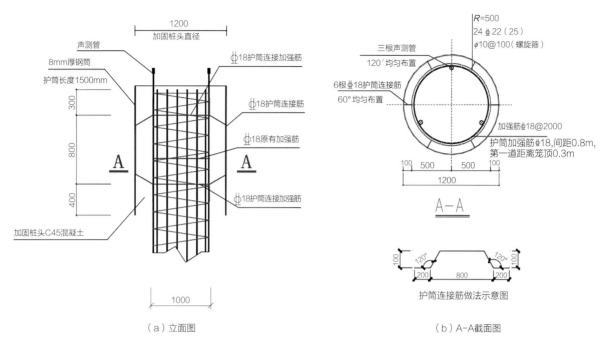

（a）立面图

（b）A-A截面图

图2.3-3　一体化静载桩头示意图

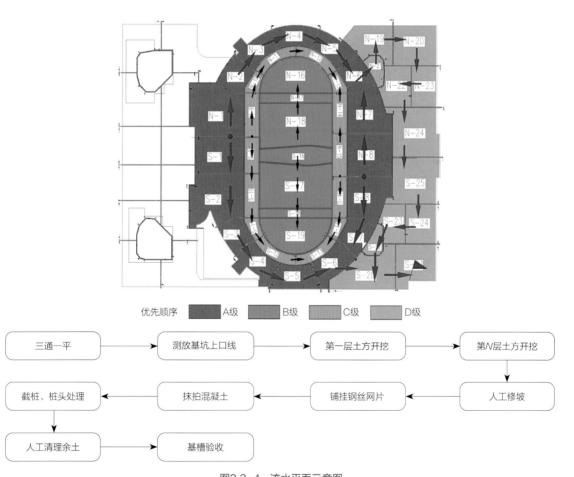

图2.3-4　流水平面示意图

本工程底板分为北区、南区，两个区段同时流水施工组织：

（1）优先施工劲性柱区域和制冰、通风管沟下方基础底板，其次穿插施工FOP抗水板基础底板，再次施工FOP抗水板与制冰管沟之间高差较大基础底板，最后施工东侧车库。

（2）南区南侧、北区北侧先进行施工，即南区以S-1区为首开段，北区以N-1区为首开段，然后南区逆时针方向，北区顺时针方向施工；两个大区最后分别以S-24和N-23为结尾。

2.3.4 基槽施工控制要点

底板、基础筏板、电梯坑、集水井土方采用机械人工相结合的开挖方式。开挖按照60°放坡，基坑土方开挖至靠近基底标高时必须配备测量人员及人工进行清槽工作；坑底预留200mm厚土由人工清除，不得超挖；集水坑和电梯基坑待坑周边挖至设计标高后，再根据开槽图测放坑体挖土灰线后进行局部掏挖。对于宽度大于5m的基坑，在基坑底部纵横间距5m左右抄出水平线，钉上小木橛，按照标高线铲平槽底，坑底清理到位经验收合格后应及时浇筑混凝土垫层，严禁将坑底曝露时间过长。放坡按照以下做法执行：

（1）放坡施工工作面必须分段分层进行土方开挖，每段长度15～20m，每层挖土深度不大于1.5m，保证每层土方开挖的超挖量不超过500mm，一则便于施工，二则避免超挖造成边坡塌方。

（2）放坡施工与土方开挖交替进行，每步施工结束并达到设计强度的70%后，再进行下一步土方开挖，并在下一步土方开挖时要注意对上部混凝土面层的保护，避免碰触已施工完的护坡面混凝土面层。

（3）基坑边土体开挖时，预留200～300mm厚土体，进行人工修坡，边坡支护完成后不得影响下一步施工。在坡面进行混凝土垫层施工前，要清除坡面虚土，确保边坡的立面和壁面的平整度。

（4）开槽后FOP斜坡坡高最高达到7.7m，对于本工程基槽高度≥1.5m的斜坡面，垫层施工时采用斜坡面设锚钉钢板网后人工搭设架子拍抹混凝土的方法。①锚钉横向间距1.5m，纵向间距1.5m，梅花形布置，钢板网在斜坡上口翻边长度1000mm，距基坑上口线0.8m处翻边上设一排锚钉，锚钉采用ϕ10钢筋。②锚钉做法：长边500mm，短边250mm的L形筋，L形筋短边与一根500mm通长钢筋焊接。③钢板网采用孔眼40mm×60mm的钢板网，施工时钢板网之间搭接不小于100mm。支护剖面示意图见图2.3-5。

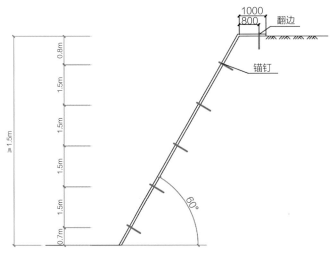

图2.3-5　支护剖面示意图

（5）混凝土垫层采用成品干拌料，强度等级C15。作业面的施工顺序应是自下而上，从开挖层底部开始向上施工。

（6）设计垫层混凝土强度等级为C15，全部采用商品混凝土。混凝土浇筑前须经过开盘鉴定，原材料材质必须符合相应标准及规范要求。混凝土利用刮杠刮平，铁磙压实，木抹搓平，铁抹压光。为防止人为践踏破坏混凝土表面，待强度达到1.2MPa后才能上人。混凝土养护时，应根据天气、温度情况适当调整浇水间隔时间，保证混凝土面湿润。该项工作由混凝土压光人员同时负责，禁止踩踏已收光的混凝土面。

2.3.5 优化高边坡结构形式

优化高边坡处整体梯形混凝土筏板为"墙体+回填混凝土"的形式，如图2.3-6所示。通过优化，可以变单侧支模为双侧支模，同时墙体也不属于大体积混凝土，混凝土的质量能较好地控制，并且大大减少了成本。

此部位混凝土在高差较大的部位的肥槽内，结合结构情况，设置水平施工缝，施工缝应与墙体施工缝错开，分次浇筑，倒梯形肥槽内浇筑C15素混凝土，具体如图2.3-7所示。

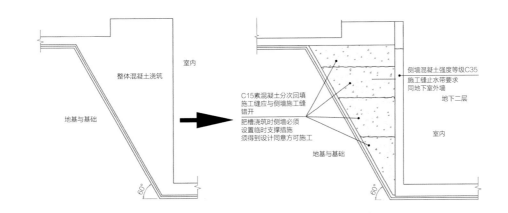

图2.3-6　原设计做法与修改后的节点做法

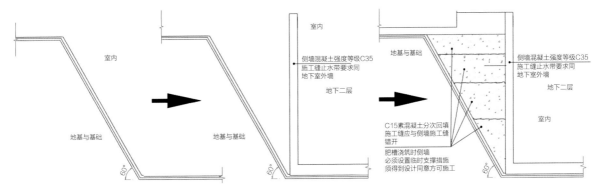

图2.3-7　倒梯形区域做法示意

2.4 应用总结

  针对速滑馆桩筏基础型号、规格众多等特点，通过精细化编码和一体化静载试验的技术，提高了施工效率，节约工期28d以上。同时，本工程使用了Revit、SketchUp、Lumion等多种软件建立了完整的BIM 模型，并将BIM 模型应用于复杂基坑的三维校核和交底，提高了对复杂图纸的解译能力和工作效率。本工程还使用GIS技术进行了高效、精准的土方量计算。通过本工程的实践，新的信息化技术在建筑施工管理的应用方面取得了一定效果，也为同类工程提供了新的思路，具有显著的示范作用。

第 **3** 章

§

大型型钢混凝土异形结构施工关键技术

3.1 异形劲性结构概况

3.1.1 劲性结构总体概况

本工程劲性结构分为两个部分：第一部分是支撑屋顶钢结构环桁架的劲性结构，包含异形截面斜柱GKZ1～GKZ12和其顶部双向倾斜双环梁，GKZ1～GKZ12共48根，呈双轴对称，生根于底板（一般标高-11.400m，局部标高-13.800m），柱顶标高6.587～17.400m不等，截面为不规则四边形，宽度为1000mm、2000mm，长度最长为4071mm，劲性柱从正负零开始倾斜，倾斜角度70.84°～76.09°变换，其钢骨为H型钢，由2或4根H型钢柱组成格构式截面钢骨柱，柱脚通过2～4根定位锚栓与大底板相连。H型钢柱截面主要为H600×400×25×35、H500×400×35×80、H700×400×35×80，钢柱间设置截面为H800×400×25×35的联系钢骨梁。异形截面斜柱顶部双向倾斜双环梁，截面为双750mm×1500mm、750mm×1500mm＋750mm×1900mm、750mm×1500mm＋750mm×2400mm，其钢骨为焊接H型钢，截面为H1150×300×25×35，通过环梁使劲性柱连接形成整体，异形截面斜柱和双向倾斜双环梁交界处设置柱帽，柱帽上盖钢板，柱帽为不规则四边形，宽度为2000mm，长度最长为3173mm，钢板厚度80mm。第二部分为6.1m平台支撑劲性结构，包含支撑幕墙拉索的巨型柱WGKZ1以及6.1m平台劲性外环梁、径向悬挑梁、之字形梁（南北平台内外环梁连接加强区梁），WGKZ1共32根，截面为矩形＋半圆，其钢骨为双H型钢组合截面形式，钢柱本体截面为H500×400×35×80，中间联系梁截面为H500×400×25×35，6.1m平台劲性梁截面为500mm×1500mm、500mm×1800mm、750mm×1500mm、600mm×1850mm、800mm×1850mm、750mm×1900mm，其钢骨为焊接H型钢，首层钢骨梁362根，其中柱间圆弧主梁64根，截面为H1500×300×16×25；主梁间次梁140根，截面为H1500×200×16×20；外侧悬挑钢梁170根，根据建筑轮廓线变化，悬挑钢梁截面为异形钢梁，由钢板和$\phi245×16$mm锚管组装而成。劲性结构总用钢量约4200余t，钢梁材质均为Q345B。劲性结构混凝土为C60自密实，钢筋为HPB300和HRB400。劲性结构体系见图3.1-1。

图3.1-1　劲性结构体系

3.1.2 屋顶桁架支撑劲性结构概况

屋顶桁架支撑劲性结构包括异形截面斜柱和环梁，主要存在着尺寸大、形状各异的施工技术难点。其中异形截面斜柱GKZ1~GKZ12，共48根，由混凝土和超规格的型钢组成，截面随高度改变，形状不规则，地面以上柱体背向场馆倾斜。呈双轴对称，劲性柱从正负零开始倾斜，其钢骨为H型钢，由2或4根H型钢柱组成格构式截面钢骨柱，如图3.1-2所示。图3.1-3为顶部双向倾斜双环梁，支撑充分配合建筑椭圆和马鞍形的要求，具有双向倾斜角度，通过环梁使劲性柱连接形成整体，异形截面斜柱和双向倾斜双环梁交界处设置柱帽。图3.1-4为屋顶桁架支撑劲性钢骨整体结构示意图。

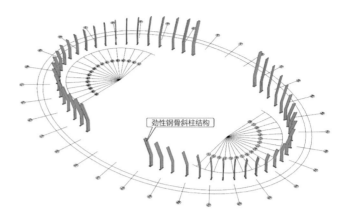

图3.1-2 屋顶桁架支撑劲性钢骨斜柱结构

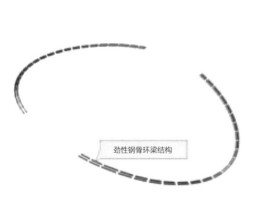

图3.1-3 屋顶桁架支撑劲性钢骨环梁结构

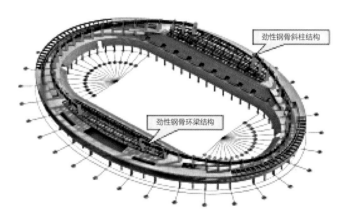

图3.1-4 屋顶桁架支撑劲性钢骨整体结构示意图

3.1.3 平台（6.1m）支撑劲性结构概况

平台支撑劲性结构包含支撑幕墙拉索的巨型柱WGKZ1以及6.1m平台劲性外环梁、径向悬挑梁、之字形梁（南北平台内外环梁连接加强区梁），主要存在着构件截面规格多、连接构件数量多的施工技术难点。WGKZ1共32根，截面为矩形+半圆，其钢骨为双H型钢组合截面形式。6.1m平台劲性梁截面为500mm×1500mm、500mm×1800mm、750mm×1500mm、600mm×1850mm、800mm×1850mm、750mm×1900mm，其钢骨为焊接H型钢，首层钢骨梁362根，其中柱间圆弧主梁64根，主梁间次梁140根；外侧悬挑钢梁170根，根据建筑轮廓线变化，悬挑钢梁截面为异形钢梁，由钢板和$\phi245 \times 16mm$锚管组装而成。图3.1-5为平台支撑劲性结构节点示意图，图3.1-6为平台支撑劲性外环梁示意图，图3.1-7为平台支撑劲性钢骨整体结构示意图。

图3.1-5 平台支撑劲性结构节点示意图

图3.1-6 平台支撑劲性外环梁示意图

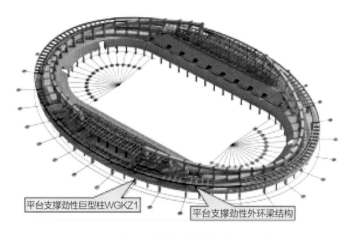

图3.1-7 平台支撑劲性钢骨整体结构示意图

3.1.4 型钢混凝土结构节点复杂

劲性柱和劲性梁截面都比较大，劲性柱GKZ1截面最大达到2000mm×3180mm，双向倾斜双环梁截面为双750mm×1500mm，对应的钢骨截面必然也较大。在钢骨柱和钢骨梁交叉节点部位，最复杂处有7根钢骨交会，约600根钢筋，钢筋直径大多数为36mm或32mm。这些都导致了本工程劲性结构梁柱节点的钢骨构件复杂、钢筋密集、可视性差，因此，如何协调好型钢和钢筋的关系，完成钢筋绑扎的施工是梁柱节点的难点和重点（图3.1-8）。

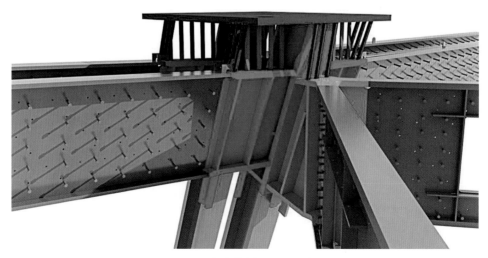

图3.1-8 复杂节点钢骨交汇示意图

3.2 劲性结构关键施工技术

3.2.1 劲性结构钢骨分段施工技术

（1）分段吊装。劲性构件尺寸大，考虑到加工、运输、安装等需求，将劲性结构中的钢骨分段进行加工和安装。钢骨采用工厂化加工，分为五节、四节、三节（图3.2-1），从而降低塔式起重机的吊装荷载。钢构件上设置吊装耳板和节段对接的连接板等措施，吊耳及连接板等在工厂内焊接完成。其吊装的顺序应结合了混凝土结构的施工分区吊装，实现合理高效的安装施工顺序。

（2）钢管外撑。由于劲性斜柱为外倾斜布置形式，安装空间定位控制难度大，同时受自重的

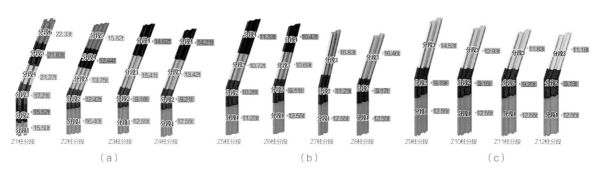

图3.2-1 Z1-Z12分段示意

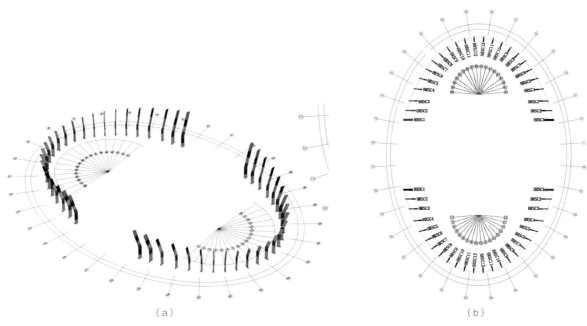

（a）　　　　　　　　　　　　（b）

图3.2-2 环桁架劲性柱分布示意

影响，稳定性差，为保证施工的安全，降低焊接时连接位置的内应力，在倾斜的外侧采用独立钢管撑进行支撑稳定（图3.2-2）。待顶部环梁结构全部焊接完成形成稳定体系后拆除，并浇灌结构外包混凝土。

（3）分段微调。劲性柱钢骨分节位置设置现场临时连接措施和吊装措施，并设置调节位置的千斤顶，用于结构就位后的微调定位。图3.2-3为屋面桁架支撑劲性结构吊装现场图。

图3.2-3　屋面桁架支撑劲性结构吊装现场图

3.2.2　异形劲性结构钢骨吊装步骤

步骤一：地下室底板施工完成，采用塔式起重机安装劲性结构钢骨埋件及预埋段；

步骤二：采用塔式起重机吊装劲性斜柱钢骨，至地下二层顶部以上位置；

步骤三：顺序吊装平台支撑劲性柱钢骨；

步骤四：地下二层混凝土结构施工；

步骤五：地下一层劲性结构钢骨吊装；

步骤六：地下一层混凝土结构施工至首层楼面；

步骤七：采用塔式起重机吊装地上首节劲性柱钢骨；

步骤八：采用塔式起重机吊装平台位置劲性梁钢骨；

步骤九：二层混凝土结构及平台位置混凝土结构施工，完成后吊装二层以上劲性柱钢骨至柱顶；

步骤十：吊装斜柱顶部的劲性梁钢骨；

步骤十一：劲性结构外包混凝土结构施工，劲性结构施工完成，开始看台钢框架及后续屋面结构的施工。

劲性柱及梁施工步骤见图3.2-4。

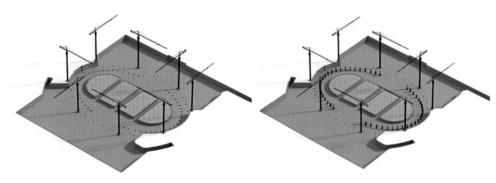

图3.2-4　劲性柱及梁施工步骤

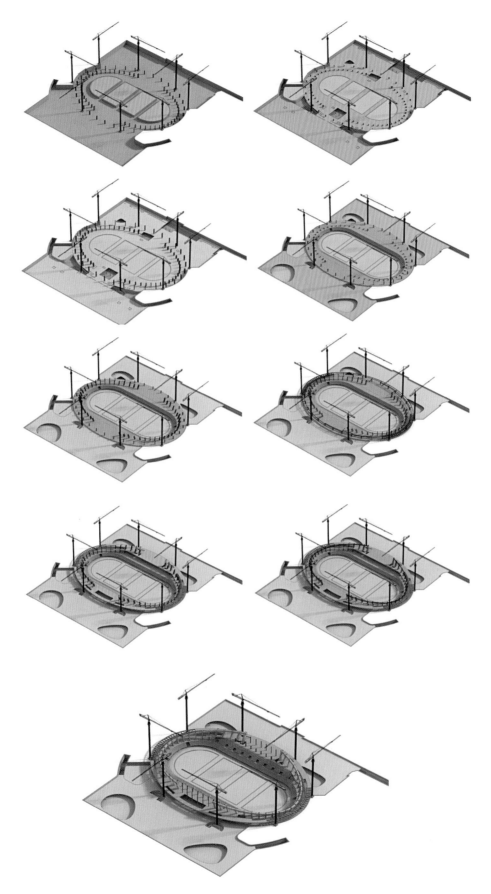

图3.2-4 劲性柱及梁施工步骤（续）

3.2.3 劲性结构钢骨吊装措施

3.2.3.1 吊装方法

劲性构件的安装主要采用塔式起重机进行吊装，其吊装的顺序应结合混凝土结构的施工分区吊装。钢构件上设置吊装耳板和节段对接的连接板等措施，吊耳及连接板等在工厂内焊接完成（图3.2-5～图3.2-7）。

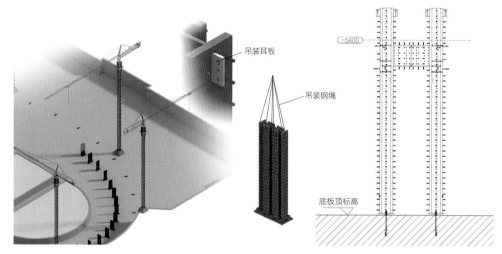

图3.2-5 劲性柱吊装安装示意

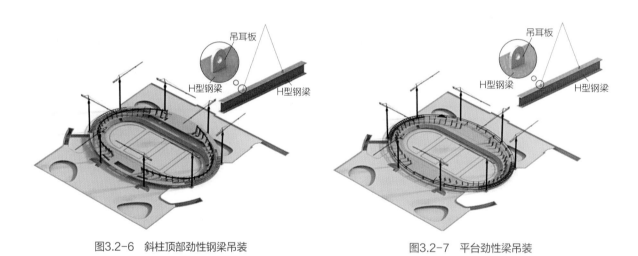

图3.2-6 斜柱顶部劲性钢梁吊装　　　　图3.2-7 平台劲性梁吊装

3.2.3.2 安装临时措施

由于本工程劲性斜柱为外倾斜布置形式，安装空间定位控制难度大，同时受自重的影响稳定性差，为保证施工安全，降低焊接时连接位置的内应力，在倾斜的外侧采用独立钢管撑进行稳定。待顶部环梁结构全部焊接完成形成稳定体系后拆除，浇灌结构外包混凝土。劲性柱钢骨分节位置设置现场临时连接措施和吊装措施，并设置调节位置的千斤顶，用于结构就位后的微调定位。临时措施安装示意见图3.2-8。

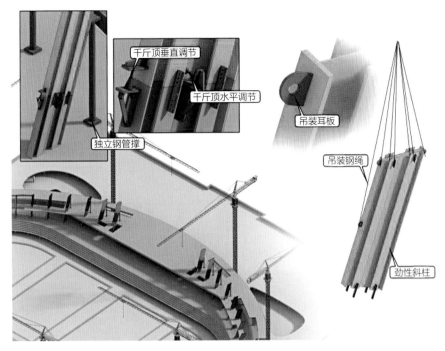

千斤顶垂直调节

千斤顶水平调节

独立钢管撑

吊装耳板

吊装钢绳

劲性斜柱

图3.2-8 临时措施安装示意图

3.2.3.3 安装测量及监控

全过程全覆盖快速放线。劲性结构施工阶段结构体系繁多，钢结构与混凝土施工穿插作业多，且场地内部环境复杂，是本工程测量的环境特点。由于劲性结构体系的施工精度直接影响屋盖环桁架等的安装误差精度，以及现场施工安装过程中存在不同结构体系的温差效应导致的热胀冷缩差异，因此必须从工厂加工制作至现场拼装安装制定严格的测量方案，采用科学的测量仪器及测量手段进行各道施工精度的控制。在测量作业施工过程中，劲性结构和混凝土结构的施工共用一套控制体系及控制精度要求。图3.2-9为劲性结构测量放线示意图。

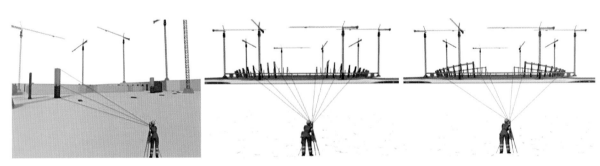

图3.2-9 劲性结构测量放线示意图

3.3 异形劲性结构模架施工技术

3.3.1 支撑幕墙拉索的巨型柱WGKZ1模架体系

本工程支撑幕墙拉索的巨型柱WGKZ1共32根，柱的截面都相同，分布在地下二层、地下一层和地上一层，施工时柱模架可以根据结构层和流水段进行周转，加工定型钢模板，椭圆柱由ϕ900半圆和中间直段组成，规格为3100mm×900mm，其中ϕ900半圆柱采用106系列钢模板，即面板为6mm钢板，竖边框为100mm高度钢板，法兰采用100mm宽钢板，肋板及法兰均为10mm钢板，横肋间距600mm，竖肋间距600mm一道。直线段采用106系列钢模板，即面板为6mm钢板，竖边框为100mm高度钢板，竖肋为［10号，双背棱为双］［12号，间距根据高度确定，不大于810mm。对于带墙体的椭圆柱，考虑将其中两套的半圆柱作成3部分，遇到墙体时增加异形的连墙勺形模板。WGKZ1钢模板见图3.3-1、图3.3-2。

支撑幕墙拉索的巨型柱WGKZ1钢模板加工8套（一层的四分之一），周转使用，其中4套为连墙勺形模板。每套模板高度根据层高不同可进行调整，调整高度为1050mm。

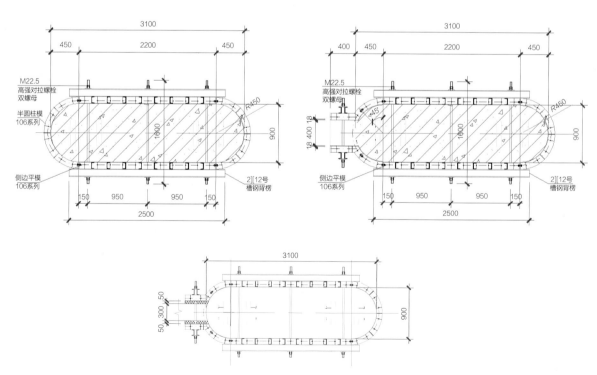

图3.3-1 3100mm×900mm椭圆柱模板平面图

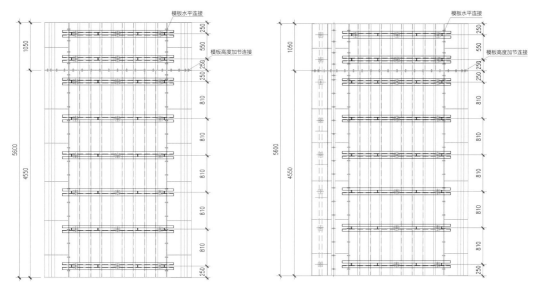

图3.3-2　3100mm×900mm椭圆柱模板立面图

3.3.2　异形截面斜柱GKZ1～GKZ12模架体系

（1）本工程异形截面斜柱GKZ1～GKZ12共48根，呈双轴对称，生根于底板（一般标高-11.400m，局部标高-13.800m），柱顶标高6.587～17.400m不等，在地下二层、地下一层为垂直柱体，从正负零楼板开始主体倾斜，与楼板角度70.84°～76.09°不等，由于GKZ1～GKZ12每个柱体截面不同，并且为不规则的四边形，模板选择木模板。

（2）GKZ1～GKZ12模板的面板采用15mm覆膜多层板，异形柱采用10号柱箍，高度方向间距300mm。

（3）首层顶板以下柱混凝土随楼层施工，每层柱的混凝土浇筑高度在墙体位置随墙体一起浇筑至楼层顶板底面以上2cm；在梁的位置，浇筑至梁底面以上2cm位置。

（4）模板预先加工，现场拼装。模板加工前，做好拼装图，柱模板按组对应编号。

（5）柱模板加固。

柱模板加固主要依靠柱箍控制截面的变形，通过钢管斜撑调整垂直度。第一道柱箍距地面150mm；其余柱箍间距为300mm，最上一道柱箍距顶端不大于200mm。

（6）劲性柱模架施工示意图见图3.3-3～图3.3-5。

对于不同角度的方柱，采用异形活连接非周转件，保证槽钢均能周转使用。具体详见图3.3-3 GKZ-2柱箍平面图。

（7）异性斜柱模板支撑体系。

柱模板：用15mm厚覆膜模板，垂直钢包木50mm×50mm×1.8mm，间距每200mm左右一道。柱箍10号槽钢每300mm一道，对拉螺杆ϕ16@457.5mm×457.5mm，倾斜边设支撑，支撑在楼面或支撑架上，支撑采用圆钢管。漏浆处理：为防止柱脚、柱顶的施工缝处拼缝漏浆，在模板与邻段

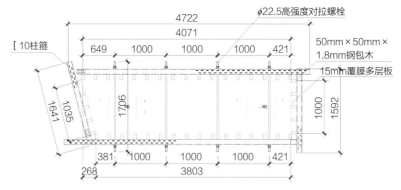

图3.3-3　GKZ-2柱箍平面图

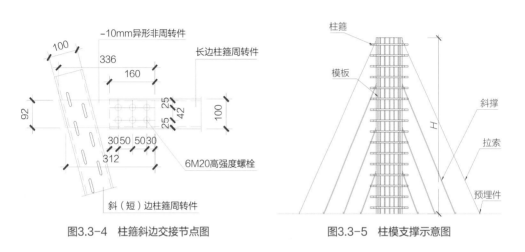

图3.3-4　柱箍斜边交接节点图

图3.3-5　柱模支撑示意图

柱混凝土间用薄海棉条堵严，并夹紧根部柱箍。

　　支撑体系架：兼作操作架，为满堂盘扣架，在斜梁下设钢管立杆@600mm×600mm。各斜柱四侧均设独立斜撑，保证位置准确。斜柱上段ϕ12钢丝绳拉紧于外侧已浇混凝土的楼板上，预埋ϕ25地锚，详见图3.3-6。

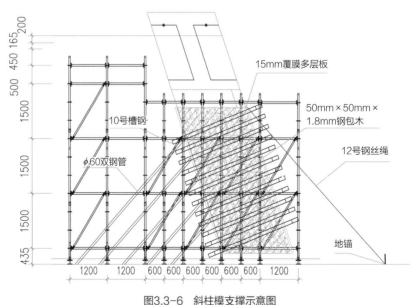

图3.3-6　斜柱模支撑示意图

3.3.3 顶部双向倾斜双环梁模架体系

在本工程异形截面斜柱GKZ1～GKZ12顶部的双向倾斜双环梁，截面为双750mm×1500mm、750mm×1500mm＋750mm×1900mm、750mm×1500mm＋750mm×2400mm，其钢骨为焊接H型钢，截面为H1150×300×25×35（$B×H×T_f×T_w$），通过环梁使劲性柱连接形成整体，梁顶标高最低处为6.237m，最高点为17.281m，柱顶环向劲性梁截面大，平面呈环向分布，立面也呈曲线形，梁底距5.8m楼板的高度最高处达到10.41m，施工时模架支撑是施工的难点和重点（图3.3-7、图3.3-8）。

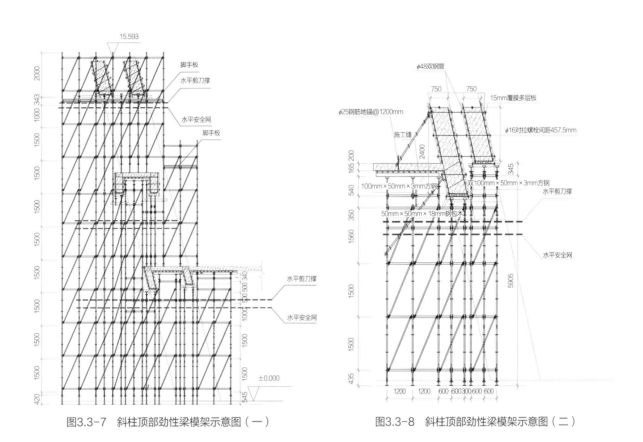

图3.3-7　斜柱顶部劲性梁模架示意图（一）　　　　图3.3-8　斜柱顶部劲性梁模架示意图（二）

劲性梁施工时支撑脚手架盘扣架，利用已有劲性柱操作脚手架，在劲性柱与柱之间用相同的盘扣架相连，使整个劲性梁底支撑架连为一体，增加支撑架的稳定性。

面板为15mm覆膜多层板；次龙骨为50mm×50mm×1.8mm钢包木，主龙骨为双钢管ϕ48×3.6mm。对拉螺杆为ϕ16，底部对拉螺杆距板底高度不大于200mm；1500mm及以上梁侧面均做钢管斜撑，控制侧面模板稳定，梁板阴角处设50mm×100mm方木。

3.4 异形劲性结构钢筋和混凝土施工措施

3.4.1 劲性柱和劲性梁节点钢筋处理措施

本工程劲性柱和劲性梁截面都比较大，劲性柱GKZ1截面最大达到2000mm×3180mm，双向倾斜双环梁截面为双750mm×1500mm，其中的钢骨截面必然也较大，在钢骨柱和钢骨梁交叉部位，最复杂处有7根钢骨交汇，约600根钢筋，钢筋直径大多数为36mm或32mm，钢骨构件复杂、钢筋密集、可视性差，型钢和钢筋的关系十分复杂，此处钢筋绑扎的施工是难点和重点。

本工程在劲性柱和劲性梁节点钢筋施工时采用穿孔、搭筋板（或钢筋头）、抗剪件三种连接方式，三种连接方式的优先选用次序为穿孔→搭筋板（或钢筋头）→抗剪件。

（1）钢筋垂直相交钢骨的情况：首先，在设计允许范围内，钢骨中间位置预留孔洞，使钢筋穿孔通过。预留孔洞位置和大小必须经过结构设计同意。

（2）如钢筋两端均与钢骨连接时，采用一端套筒连接，另一端搭筋板（或钢筋头）焊接的方式。

（3）如钢筋无法穿过时，使用抗剪件替换。

钢筋穿孔、搭筋板焊接、抗剪件三种方式如图3.4-1所示。

（4）劲性结构在深化设计时，仔细排布钢筋，将劲性钢骨上钢筋孔洞、搭接板内容深化好，并且提请结构设计工程师审核，设计同意后加工时按深化图纸在工厂加工，未经设计同意严禁私自在钢骨上开洞。

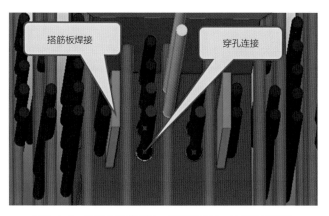

图3.4-1 型钢上钢筋穿孔、搭筋板焊接、抗剪件示意图

3.4.2 劲性结构混凝土施工措施

劲性结构与普通钢筋混凝土结构混凝土浇筑之间存在的差异主要是因为劲性结构构件内钢筋本就密集，尤其是劲性柱和梁柱节点部位，再加之钢构件尺寸大，钢构件与模板之间空间狭小，造成混凝土浇筑入模通道非常狭小，混凝土在模板内基本无法流动，混凝土振捣困难。在施工中必须克服此类问题，确保混凝土的浇筑质量。

（1）采用自密实混凝土。由于自密实混凝土的流动性好，扩展性能强，无需大空间浇筑，且无需振捣即可保证混凝土密实。

（2）劲性钢结构柱帽上表面设置部分混凝土灌注孔、振捣孔。如钢结构无法开孔，可在构件侧面增加倒角，为混凝土浇筑、振捣提供侧面空间。严格控制混凝土粗骨料直径，不得大于钢筋间距的1/2、钢结构保护层的1/3或25mm。

（3）对于钢筋较密的部位，为保证混凝土的浇筑质量，对混凝土中的石子粒径做出限制，要求石子粒径≤2.0cm，混凝土坍落度要求搅拌站到场时不低于200mm。

（4）混凝土中的掺合料只能掺一种，若为粉煤灰应为Ⅰ级。适当加入减水剂，加强混凝土的和易性。

（5）混凝土的初凝时间不能过短，终凝时间不能过长，要求初凝大于4h，终凝小于10h。

（6）浇筑过程中，用橡胶锤均匀敲打侧模，使混凝土能够充满型钢周围。使用插入式振捣器应快插快拔，插点要掌握好振捣时间，振捣时间要求比普通混凝土的时间短，振捣时间不超过10s，混凝土表面呈水平不再显著下沉、表面泛出灰浆为止，不得长时间在一处振捣，防止混凝土离析和过振。

（7）用在型钢四面人工均匀下灰的方法浇筑，用ϕ50振捣棒进行振捣，在钢筋过密，间隙狭小的部位用ϕ30振捣棒或用钢筋钎人工振捣，确保混凝土的密实。

（8）振动器的操作，与普通混凝土的振捣不同，要做到快插快拔。快插是为了防止先将表面混凝土振实而与下面混凝土发生分层、离析现象；快拔是为了防止自密实混凝土出现过振。在振捣过程中，宜将振动棒上下略微抽动，以使上下振捣均匀。

（9）振捣时振捣棒应尽量避免振动模板，同时尽量避免振动钢骨。

3.5 信息化技术在型钢混凝土施工中的应用

3.5.1 BIM可视化应用

本工程施工难度大，钢结构节点复杂，以S5区为例，S5区劲性柱节点极其复杂，钢筋规格多样、穿筋复杂，利用BIM的可视化仿真模拟进行柱帽穿筋工艺模拟，可清晰直观地将重难点的部位进行详细展示，帮助管理人员和现场施工工人理解施工工序。国家速滑馆劲性结构BIM模型图见图3.5-1。S5区节点模型图见图3.5-2。

图3.5-1 国家速滑馆劲性结构BIM模型图

图3.5-2 S5区节点模型图

3.5.2 异形劲性结构BIM模型构建

运用Tekla强大的构建平台，对照图纸详细构建钢筋节点模型。对钢筋的规格、个数和尺寸进行准确的创建。

Tekla视图见图3.5-3。

精准的Tekla模型是构建完整BIM模型的基础，在此基础上进行模型细化，从而对整个动画模拟的前期准备有一个整体把握。

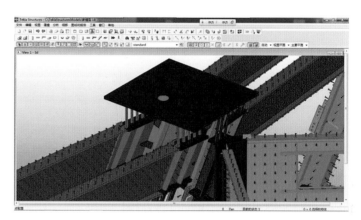

图3.5-3 Tekla视图

首先将Tekla模型转换成dwg格式，运用Autodesk 3ds Max软件对Tekla模型进行模型整理和较为精细化的轻量化处理（在归类整理后，对圆形钢筋的部分利用减面插件或自身命令进行较为精细的轻量化），处理完成后，对模型进行其他细节部分的细化（例：增加腰筋，箍筋，拉钩等细部模型），制作完整的节点模型，然后对各个部分进行分类规整命名，放入相应的图层中，最后进行冻结，为施工仿真模拟做好充分的前期准备（图3.5-4、图3.5-5）。

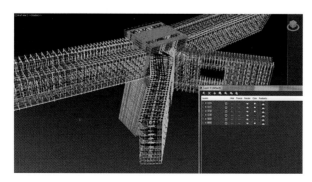

图3.5-4 3ds Max视图

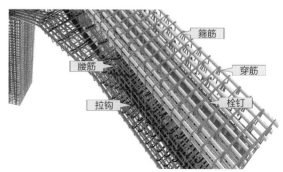

图3.5-5 整理完善的模型

3.5.3 仿真动画模拟

S5区钢筋种类较多、复杂多样（图3.5-6），因此不同种类的钢筋的施工先后顺序显得尤为重要。按照钢筋施工的工艺方案，进行仿真制作，并配合后期AE等软件进行分段合成和信息标注，更直观地体现施工模拟的施工工艺和所包含的重要信息。

在前期模型准备阶段，已将模型都进行了归类整理，此时按照施工方案，首先，在3ds Max软件中将冻结的竖筋层打开，制作劲性柱竖筋生长的镜头。并按照要求运用AE软件进行钢筋种类的信息数据标注制作（图3.5-7）。

图3.5-6　S5柱头钢筋　　　　　　　　　图3.5-7　安装竖筋：74根竖筋，直径36mm

其次，按照施工顺序，解除工具层中穿筋的冻结状态，运用3ds Max软件中的切片工具，对筋性梁上的穿筋进行先上后下的动画生长制作（图3.5-8）。并进行渲染，进行详细的信息标注（图3.5-9）。

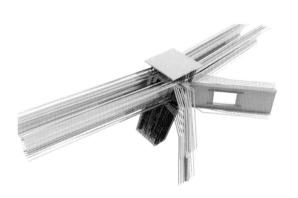 

图3.5-8　穿筋生长模拟　　　　　　　　　图3.5-9　不同穿筋的数据标注（一）

随后，按照施工方向，解除3ds Max图层中腰筋层的冻结状态，按照方案的施工顺序进行筋性梁腰筋的生长动画制作（图3.5-10）。

然后对筋性柱和筋性梁位置进行详细的不同箍筋不同顺序的工艺仿真模拟，按照不同的生长顺序，将模型重新分开、归整，按照顺序依次递增展现（图3.5-11）。

图3.5-10　不同穿筋的数据标注（二）

图3.5-11　不同穿筋的数据标注（三）

　　最后，对筋性柱的细部箍筋进行生长制作，完成施工模拟在3ds Max中的动画制作，并进行各个分镜头的渲染。

　　最终完成的展示效果见图3.5-12。

　　利用AE软件对所需的数据信息进行所有分镜头的标注制作和后期效果制作，运用Edius合成软件进行各段分镜头的合成和音乐配音，从而完成整个动画的仿真施工模拟的制作（图3.5-13）。

图3.5-12　最终完成的展示效果

图3.5-13 Edius合成软件

3.6 结论

　　通过对大型型钢混凝土组合异形劲性结构钢筋与钢骨连接复杂节点、超大构件安装吊装难度大等难题的施工方法研究，研发异形斜柱模板、勺形钢模板等定型模板用于大型型钢混凝土组合异形劲性柱施工，提高施工效率，保证施工质量。

　　通过对国家速滑馆大型型钢混凝土组合异形劲性结构施工技术创新与应用的研究，解决了项目遇到的实际问题之外，将相关的技术进行总结，减少后期人员科研的投入，也可以有效地帮助其他类似工程获取经验。

第 4 章
§

预制清水看台板施工关键技术

4.1 工程概况

国家速滑馆设有座位约12000个，分为永久座席和临时座席，其中永久座席约8000个，固定在预制清水看台板上（图4.1-1）。工程预制构件共有四大类（看台板、踏步、挂板、预制楼梯）、331种型号、1911块构件，其中看台板混凝土强度等级为C40，楼梯强度等级为C30，总的混凝土用量约1550m³。

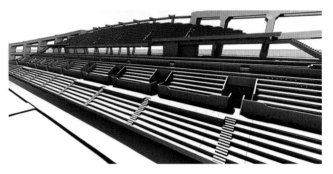

图4.1-1 国家速滑馆座席BIM模型示意图

4.2 特点、难点和应对措施

4.2.1 工程特点与难点

（1）统一模板型号、提高模板周转率难度大。

看台尺寸多样、弧形预制，在深化设计时，如何最大限度地统一型号、提高模板周转率，从而提高加工生产效率、降低造价是本项目重点难点之一。

（2）首次弧形预制。

按以往工程的经验弧形看台板均采用"以直代曲"的方式处理，本工程因弧形区域曲率半径较小，弧形预制栏板加工难度大；预留孔多，两端非平行面，机械加工难度高；边棱顺直度、观感控制难，且没有工程经验可以借鉴，属于国内首例预制弧形看台。

（3）因看台板安装在土建现浇混凝土梯形梁上，且预制看台板尺寸一定，安装误差取决于土建梯形梁的成型精度，在施工安装过程中需要有效地减少土建梯形梁的偏差，确保本项工程安装的高精度。

（4）预制清水看台板"上压下"的整体结构形式导致了任何一块板的调整都将由于后续看台板的安装而异常困难，决定了安装的一次准确率要求非常高。

（5）预制看台板要求清水效果，兼具结构和装饰双重功效，原材质量稳定性、混凝土搅拌质量、生产工艺控制要求高。且生产加工安装阶段为夏季，雨季、高温对清水混凝土表面外观控制不利。

（6）预制构件单个规格大，经过翻转、倒运、运输、安装等一系列过程，成品保护控制难度大。

预制看台板布置图见图4.2-1。

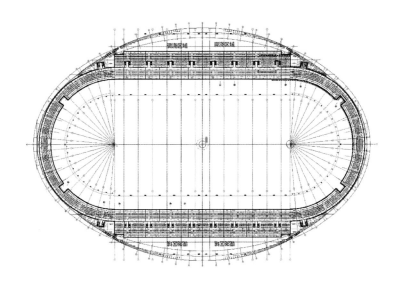

图4.2-1 预制看台板布置图

4.2.2 应对措施

针对国家速滑馆预制看台板的主要特点和难点，项目部群策群力，积极采取针对性措施攻关难点，具体如下：

（1）为保证看台板的顺利安装，选择有一定预制看台板施工经验的合作单位参与预制看台板施工管理。从深化设计到模具制作，模具制作到生产实施，生产实施到产品运输等关键节点进行叠加式计划管理，保质保量保工期地完成项目任务。

（2）针对本项目预制看台板工程量大、预制构件规格型号多的特点，同时考虑看台板的制作、安装效率，以及经济性，看台板截面和构造应进行标准化定型设计。预制清水混凝土看台板整体划分板块的原则是：在平面上以轴线处为板缝划分板块，两轴线间距离为板长，高度和宽度以设计台阶尺寸为准。经过深化人员的归类和优化，将速滑馆看台板、挂板、楼梯、踏步四大类共1911块构件深化为331种型号，其中预制看台板直线段有194种规格、弧线段有73种规格。看台构件最长7886mm、最宽2680mm、最重6.25t，预留预埋最多的15个，同一型号最多72块，最少1块，提高了模板的周转率。

（3）项目技术人员研制了一种弧形预制看台板模具，其结构合理稳定，刚度和稳定性较高，拆装方便，有效地解决了预留孔多、两端非平行面、机加工难度高、边棱顺直度和观感控制难的问题。

（4）为减小安装作业中土建梯形梁的偏差，确保本项工程安装的高精度，严格控制土建梯形梁的模板支设精度，精确放样。

（5）提前策划，以首尾相连为原则合理布置安装顺序，实现看台板"上压下"形成闭合回路，避免安装返工，提高安装精度。

（6）采用"钢模板"+"保护剂"的双保险，确保预制看台板的清水混凝土效果，并加强预制看台板的成品保护措施，避免安装后又遭污染。

弧形看台板技术要点：

（1）将弧形看台板的所有折弯面板都断开，逐一拼接。

（2）底模和侧模的纵向加强槽钢都要压弯到合适的弧度再与面板进行拼装焊接，槽钢圆弧的半径精度直接影响到面板的弧度，槽钢压弯成型后逐一测量保证精准度。

（3）由于面板的拼缝较多，所以拼缝的密闭性要求较高，拼接缝满焊。

（4）清水面的边线留10mm×10mm的倒角，也要做弧线型，制作时先将直线的板料先铣倒角，然后再分段开豁口沿着弧线进行弯折。

（5）弧形模具从设计上细化拆料方案，以实现原材的节省。

（6）采用激光排板下料，以实现下料的精准控制。

（7）在模具组拼环节，针对焊接电流、焊缝的规格进行详细的要求，保证模具加工质量。

4.3 设计与加工

4.3.1 预制清水看台板的加工方法

本项目典型L形预制看台板截面如图4.3-1所示，垂直段为靠背板，也是受力梁，宽200mm，水平段为座椅平板，高10mm，整体为简支受力，受力支座（橡胶支座GJZ 180mm×120mm×20mm）位于看台板垂直段两侧。看台板支座下为梯形梁，如图4.3-2所示，整体分布情况为东西侧布置直段预制看台板、南北侧布置圆弧预制看台板。

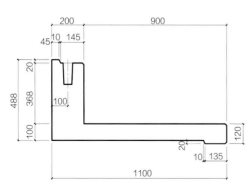

图4.3-1 L形预制看台板截面图

图4.3-2 预制看台板搭接方法

模板施工是清水混凝土成型的重要环节，弧形看台板由于形状特殊，模板施工过程更加困难。为了保证模具的拆装便捷，研发了一款弧形预制看台板钢模具，设计时通过计算保证了其刚度和稳定性（图4.3-3）。

底模的顶板、左侧板、右侧板通过激光切割，整体成型，顶板和下方的槽钢焊接到位。底模支架固定在底座上，左加劲板和右加劲板整体激光切割下料成型，并分别与底模支架的底部两侧焊接固定。通过固定的左加劲板和右加劲板分别进行左侧板、右侧板的固定，沿顶板的弧度先点焊接结左侧板，在顶板和左侧板之间以及顶板和右侧板之间使用面的背面施焊，通长满焊防止漏浆。最后按照尺寸依次固定右底模、右侧模、左底模、左侧模及端模。

在吊模成型时应将第一清水板和第二清水板单独铣边，长度长于左侧模的总弧长，并将第一带板和第二带板分别与左侧模和吊模顶部焊接。根据左侧模弧形的弯曲方向，利用气焊将第一清水板烧红，在其冷却过程中将内侧先粗调成与弯曲角度接近的弧形。从第一清水板一端开始精调弧度，弧度无误后即与第一带板焊接。第二清水板切割成多段，每段长度在250～300mm之间，相邻各段之间保留30～40mm的连接长度，形成V字形豁口。以下部第二带板的弧度为基准拼接，第二清水板之间的断开接缝满焊磨平，开孔焊接。切除多余清水板，并将切口磨平，将第一固定台固定在左侧模的第一清水板上，将第二固定台固定在吊模的第二清水板上，将第二固定台通过固定杆与第一固定台固定连接。

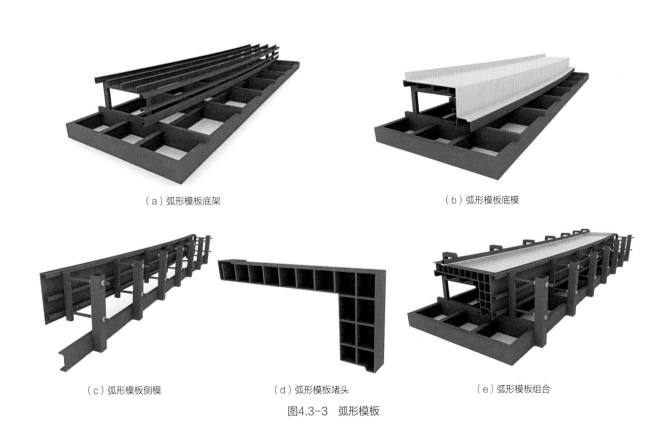

（a）弧形模板底架　　　　　　　　　　　　　（b）弧形模板底模

（c）弧形模板侧模　　　　　（d）弧形模板堵头　　　　　（e）弧形模板组合

图4.3-3　弧形模板

清水混凝土外观质量主要取决于合理的模板结构和优质的模板面。采用钢板铣边北面溜焊的方式处理模板板面拼缝，来保证模板不漏浆。选用表面平整度好、氧化皮未脱落的全新钢板为模板面。模板细节处理方面，采用钢板炮制出倒角边棱，采用弯折的方式处理企口线型和阴角圆弧。

4.3.2 保护剂使用方法

看台板拆模后，表面会有一些轻微缺陷，如个别小气泡、边棱毛刺等，需进行必要的修整。表面清理洁净后，需要涂刷表面保护剂。

清水混凝土表面防水采用纳米清水混凝土保护剂。作为一种新材料，该保护剂经过多项工程应用，验证了其防污防渗的效果，同时也能防止混凝土劣化、提高混凝土耐久性。这种纳米等级硅酸盐材料由新型微细化技术发展形成，工作流程见图4.3-4。

图4.3-4　纳米级工作流程图

从流程图中可以看出这种材料最终通过微细化作用形成混凝土固化体，达到了填充混凝土空隙的作用。可以在多种环境下填充和修复混凝土细微裂纹，从而有效地提高了混凝土的防水抗渗等级，间接地提高了混凝土抗冻融、防中性化能力和抑制碱骨料反应等。从经济实用的角度考虑，使用这种产品可以达到免装修的效果，满足混凝土使用阶段的装饰需求，降低了维保成本。

该保护剂施工操作简便，效率高，其使用流程见图4.3-5。

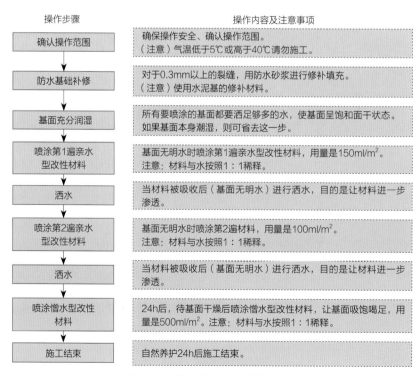

图4.3-5　清水混凝土保护剂使用流程

4.3.3 预制清水看台板的节点连接设计

预制清水看台板的节点连接设计应服从下列原则：

（1）在看台与梯形梁之间设置销栓连接，提高看台板在水平地震作用下的抗剪切承载力，以满足相关设计要求。

（2）每上下相邻的两排看台板抗剪连接件个数应≥2。

（3）为实现传力均匀，上下排相邻看台板沿板长均匀设置氯丁橡胶支垫，间距≤1m。

（4）每层看台的首排和出入口正上方的看台板应计算栏板附加弯矩和抗倾覆力矩，并采取相应的构造连接。

标准看台板与梯形梁的简支连接支座采用搭接的构造连接方式。为了降低主体结构现浇施工偏差影响，提高看台板的安装效率，在看台板与梯形梁搭接处设置八字缺口，该缺口尺寸应与梯形梁尺寸相吻合，具体见图4.3-6。

在预制看台板和梯形梁之间设置氯丁橡胶垫，起到缓冲垂直荷载的作用，氯丁橡胶垫间距1m设置。浆锚销栓用来抵抗看台板之间以及看台板和主体结构之间的剪切作用。所有的预制构件在深化构件加工图时应将各类预留孔洞、预埋构件合理排板，加工生产确保一次成型，安装剖面图见图4.3-7。

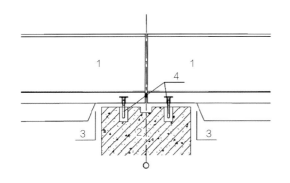

图4.3-6 预制看台安装节点图
1—清水混凝土预制看台；2—现浇主体结构；
3—预制看台八字缺口；4—浆锚连接构造

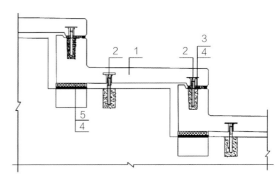

图4.3-7 看台安装剖面图
1—预制看台板；2—无收缩灌浆料填充；
3—密封；4—砂浆找平；5—GJZ橡胶垫块

4.3.4 预制清水看台板结构性能试验

为了解预制清水看台板结构性能，保障其正常使用过程中的安全性能，在现场开展了结构性能测试，如图4.3-8所示。

各计算参数如下：考虑活荷载和座椅等恒荷载，外荷载标准值共计4.0kN/m²。挠度容许计算值取8mm，总挠度值为$L/300$，裂缝宽度小于0.2mm。单块看台板按照图4.3-9布置测点，共布置测点9个。在施加荷载前定好变形观测点坐标，确保看台板表面裂缝情况，并对裂缝宽度和位置进行记录，以便对比分析。

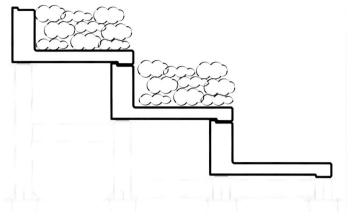

图4.3-8 试验简图

采用标准袋分五级加载的方式对试验看台板进行加载，每级荷载加载完毕后持荷10~15min，并记录仪器读数。待全部荷载加载完成后，持荷30min。数据记录可采用自动采集仪、裂缝观测仪对挠度和裂缝的发展情况及时记录。

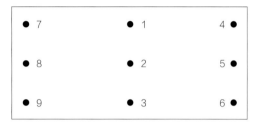

图4.3-9 测点布置

经过现场监测，在外加监测荷载作用下，被测预制看台板跨中挠度值为3.33mm，小于外加检测荷载状态下挠度容许值6mm。最大裂缝宽度0.05mm，小于最大裂缝宽度容许值0.15mm。

4.4 施工质量控制

看台板按照先低区→再高区；先栏板→后看台板→再踏步的顺序进行吊装。各层看台板原则上按照自下而上的顺序进行安装。各出入口楼板现场采用现浇结构，有条件时应先行安装，后续才能进行看台板等其他构件安装。出入口处各构件安装顺序为：外栏板→额头板→楼梯板→内栏板。安装过程应遵照"施工准备→测量放线→结构基层处理→栏板安装→安放支座→构件进场检验→吊装找正→构件提起灌浆→安装就位→构件找正→验收"进行。

由于本工程的质量要求和施工特点，测量精确度直接影响最终的安装质量，因此应做好测量放线的基础工作，校核轴线、标高，核验设备仪器，校对公差，保证数据的交圈和统一，并应确保施工全过程的测量跟进并随时记录。

首块看台板的安装决定了整体看台板的安装质量。因此安装首块看台板前对现浇混凝土结构的尺寸、定位、轴线、标高的复查和校核以及定位弹线是工作重点。在安装前，首先对GJZ橡胶支座安装找正，构件安装控制在验收规范内方可灌浆。

在测量放线前对结构图和建筑图的熟悉是测量工作展开的必要工作和关键环节，确保测量工作万无一失，以满足看台板平面位置和标高的精度要求。根据施工场地的实际情况和总包给的坐标点进行放线。放线时，按坐标点对每轴进行测量放线，放出十字形轴线，作为定位放线的依据。低区每轴用全站仪根据坐标点测出最下边一块板的后角点及上边第三块板的后角点，把这两点连成线与所测板的后边线形成十字定位线即作为安装边线，高区也是测出最下边一块板的后角点、上边第三块板的后角点，然后把这两点连成线与所测板的后边线形成十字定位线即作为高区板的安装边线。按照上述步骤进行每个轴板的安装边线的测放。测放后，必须经检验合格，确认无误后，方可进行安装作业。

现场安装照片见图4.4-1、图4.4-2。

图4.4-1　现场安装照片（一）

图4.4-2　现场安装照片（二）

4.5 总结

国家速滑馆共有预制构件1911块，包括预制直线看台板、预制弧形看台板、看台板踏步、挂板、楼梯等，构件种类多；根据图纸要求，看台板采用混凝土材料，表面要求清水效果，在高度±0.000～+16.630m上达到整体混凝土看台板色泽一致，有光泽感，无气泡、麻面、裂缝、磕碰等外观缺陷，质量要求高。其预制看台板设计、预制技术及质量控制，是生产清水混凝土预制构件的关键。为便于看台板的制作和安装，充分体现其技术经济性，应用BIM技术，充分考虑细部构造、智能设备、通风设计和残疾人应用等对看台板截面和构造进行标准化定型设计；为保证浇筑构件的尺寸精度和成型质量，尤其是弧形预制栏板加工难度大，预留空洞多，观感控制难，同时保证模具的刚度和稳定性，采用反打成型的施工工艺，并特制钢模板进行构架加工；采用石蜡制剂进行脱模，保证成品表面气泡少、有光亮感；为加快模板周转，看台板采用蒸汽养护，蒸养温度影响构件表面的颜色（温度越高，拆模时间早，颜色偏浅偏白，反之颜色偏深灰）；采用多功能清水混凝土保护剂，增加看台强度的同时保证清水效果。

第5章

§

超大跨度柔性索网结构施工关键技术

5.1 预制工厂与施工现场的平行建造

工程按照装配式的建造理念安排施工作业，可大大节约施工现场的作业量，实现了转移现场作业的目的，从而缩短工期。从设计着手，结合工程特点，将钢结构、预制混凝土、索结构、围护结构（屋面和幕墙）、部分装饰面板均装配化，各类构件的大部分加工制作均在不同的加工工厂进行，压缩施工现场的工作量，运输至施工现场进行组装安装（图5.1-1）。

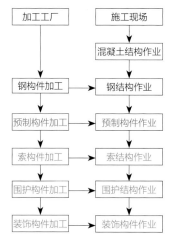

图5.1-1 预制工厂与施工现场的平行建造

5.2 施工现场不同专业的平行施工

环桁架是连接型钢混凝土结构和索网结构的关键工序。从受力关系看，型钢混凝土结构是环桁架的支座，环桁架又是索网结构的支座，三者互为前置条件和后置条件；从时间上考虑，环桁架施工是连接型钢混凝土结构和索网结构的纽带；从空间上考虑，环桁架受屋盖下部构造施工安装的影响，同时，索网结构也影响着屋盖下预制看台板的安装（图5.2-1）。

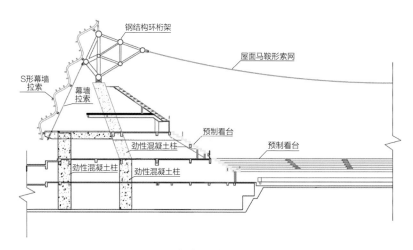

图 5.2-1 国家速滑馆剖面空间关系分析

5.2.1 环桁架施工部署

根据以往工程项目经验,类似环桁架形式的结构安装方法主要有高空散装(原位吊装)、分条或分块安装、滑移、整体吊装、整体提升等方法,适用的条件不尽相同。从对施工场地和空间要求角度考虑,整体吊装法和整体提升法要求高,而分条或分块安装法、高空散装法和滑移法则灵活性较高;从对施工条件要求角度考虑,高空散装法、整体吊装法和整体提升法均需要在下部混凝土结构达到强度后展开,施工工期相对较长(图5.2-2),而滑移法可以在混凝土结构施工且达到承载力要求的同时穿插钢结构拼装,使得钢结构施工提前介入(图5.2-3),实现了环桁架与混凝土结构的平行施工(图5.2-4),显著压缩工期。

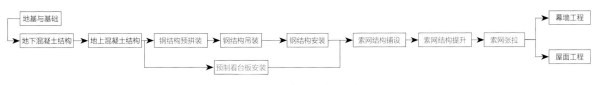

图5.2-2 顺序施工流程示意图

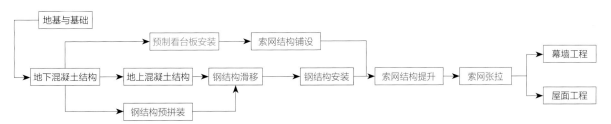

图5.2-3 滑移法施工流程示意图

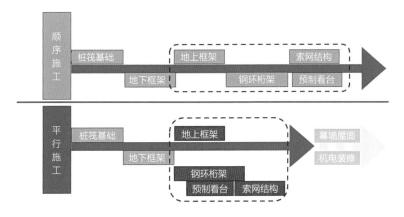

图5.2-4 平行施工流程示意图

5.2.2 环桁架安装方案比选

环桁架安装方案比选时，主要对场馆外吊装、场馆内吊装、高空滑移 3 种安装方案进行了对比分析。

5.2.2.1 场馆外吊装

一般来讲，场馆外吊装是体育场馆屋面钢结构安装的首选方案，但国家速滑馆东西车库基础与主场馆同时开挖施工，现场已不具备东西两侧场馆外吊装的施工条件。另外，主场馆结构地上6.1m标高处沿外侧周圈设置有混凝土平台，下部为墩式劲性混凝土柱，混凝土柱截面大、承载力高，但平台宽度不能满足大型起重机的旋转半径。

鉴于此，场馆外吊装时，只能在混凝土平台的外侧、东西车库地下室顶板标高位置沿环向设置履带起重机的行走通道。由于吊装距离达到29.5m，桁架最大分段近140t，需要选择750t履带起重机。该方案不能利用既有的地下室混凝土结构楼层面，必须设置专用的支撑体系支架，且需对行走通道的履带位置设置路基箱进行加固处理，因此加固工程量大。根据初步分析，加固材料重约4000t。

场外吊装示意图见图5.2-5。

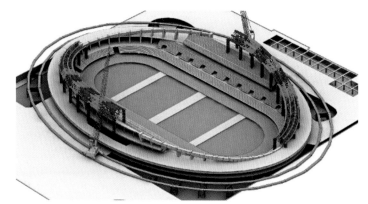

图5.2-5 场外吊装示意图

5.2.2.2 场馆内吊装

场馆内装吊装方法在体育场施工中应用较多，因其出入口一般较大，且场内无结构需要进行加固。而国家速滑馆主场馆出入口小，且场内有3道管沟，因此，如选用场馆内吊装施工时，在主体结构端部需留设起重机进场通道约18m，并沿场铺设整圈起重机通道，因此，通道处的1根劲性混凝土柱及上部梁等则需待环桁架安装完成和起重机退场后施工。该方法最大吊装半径34.5m，最大吊重135t，需选用800t大型履带起重机，进场通道和场馆内3道管沟加固材料重共约3000t。

场内吊装示意图见图5.2-6。

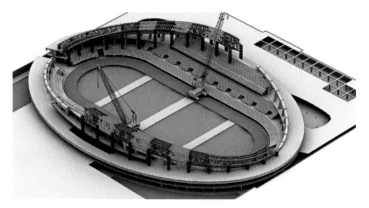

图5.2-6 场内吊装示意图

5.2.2.3 高空滑移

国家速滑馆工程东西侧车库外边缘到屋面桁架安装位置的距离，西侧约87m，东侧约50m。如采用高空滑移的方法进行安装，即东西侧环桁架分别在东、西侧地下车库外侧拼装胎架上拼装完成，然后通过滑移轨道滑移就位；南北侧环桁架分别在南、北侧场外拼装胎架上拼装完成，然后通过滑移轨道滑移就位；环桁架全部安装就位后，进行焊接合龙和支撑卸载，完成钢结构安装。此法能减少大型起重机对下部混凝土结构施工的影响，对节约工期有利。该方法施工时，最大吊装半径30m，最大吊重48t，需要选用450t大型履带起重机进行安装；滑移胎架及拼装支撑材料用量约2000t。

高空滑移示意图见图5.2-7。

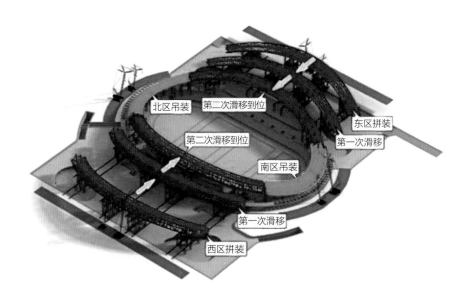

图5.2-7 高空滑移示意图

5.2.2.4 安装方法比选

综合考虑技术先进性和经济合理性原则，特别是工期保障性的先决条件等（对比见表5.2-1），国家速滑馆环桁架安装最终选取了高空滑移的施工方案。

安装方法对比表 表5.2-1

安装方法	起重机造型	措施材料用量（t）	关键线路工期（d）	优劣
场馆外吊装	750t履带起重机	4000	90	可提前15d拼装
场馆内吊装	800t履带起重机	3000	90	可提前15d拼装，但起重机进出通道处混凝土需后施工
高空滑移	450t履带起重机	2000	60	可提前60d拼装，并提前30d为屋面索网场内编网提供作业面，整体节约工期3个月

根据现场实际情况最终确定"东西侧二次变轨滑移+南北侧原位吊装"的安装方案，在实施时，东西滑移区桁架拼装完成后，分两次滑移到位，一次胎架滑移至混凝土平台边缘，二次滑移桁架至安装位置；南北吊装区在南北侧混凝土结构施工完成后，在场馆外吊装就位；为确保两区环桁架准确对接，吊装区两端设置为嵌补分段，安装焊接完成后进行结构的整体卸载。

此方案具有多个优点：（1）解决了南北侧场地狭小问题，减少对混凝土结构和肥槽回填施工的需求和影响；（2）充分利用混凝土结构东西高、南北低的特点，实现东西侧混凝土结构和环桁架同时施工、南北侧混凝土结构施工完环桁架介入（图5.2-8），环桁架拼装提前60d，并提前30d为索网铺装提供作业面，整体节约工期3个月；（3）充分利用空间的上下位关系，将预制看台板的吊装和索网的铺装穿插到混凝土结构和环桁架的施工阶段，实现整体平行施工；（4）节省滑移胎架材料约1500t，节约滑移施工的成本。

场内平行施工实景图见图5.2-9。

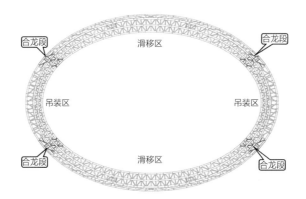

图5.2-8　施工分区图

图5.2-9　场内平行施工实景图

5.3 国产高钒密闭索研制

5.3.1 高钒密闭索结构研究

国家速滑馆密闭索有4种规格，直径为$\phi48.0$、$\phi56.0$的索，Z形钢丝层数为2层；直径为$\phi64.0$、$\phi76.0$的索，Z形钢丝层数为3层。公称抗拉强度不小于1570MPa，弹性模量160～170GPa。

按照《密封钢丝绳》YB/T 5295—2010表2中Z形钢丝形状特征值，利用三维立体软件模拟钢丝在捻制状态下的排列状态见图5.3-1，采用不同参数（Z形钢丝截面、钢丝间隙、捻角等）时高钒密闭索的捻制情况，并核算密封钢丝绳扭矩、弹性模量和轴向刚度数值，来确定采用设计参数。

钢丝间隙是最重要的技术参数：钢丝间隙过小，会造成钢丝排列不下，密闭索表面不平滑，无法捻制；钢丝间隙过大，会造成钢丝扣合不紧密，容易发生跳丝，表面不美观。由于Z形钢丝形状不规则，不同部位镀层厚度不同，Z形钢丝腰部两侧内凹部位的锌层厚度大概是其余部位的3倍，所以Z形钢丝间隙不同部位又有不同要求。如图5.3-2所示，$d1$和$d2$的数值相近，$d3$数值要在其他两个数值上加0.08mm。

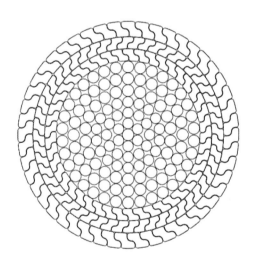

图5.3-1 高钒密闭索截面图

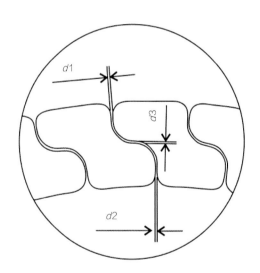

图5.3-2 Z形钢丝间隙

5.3.2 Z形钢丝拉拔模研究

Z形钢丝横截面上每一个尺寸都是有关联的，截面参数和道次压缩参数直接影响Z形钢丝截面塑性变形时的塑性流态，不同参数会导致不同的应力状态。采用合适的参数可以确保钢丝截面上应力分布均匀，在钢丝顺利生产的同时，使其力学性能达到最优，以及之后合绳时Z形钢丝紧密扣合。

Z形钢丝采用整体模拉法生产，工艺为一道圆模加数道Z形拉拔模。整体模拉拔生产Z形钢丝的关键就是拉拔模的研究确定，模具作用如下：（1）钢丝变形，获得要求的尺寸形状和性能；（2）使足够润滑剂被带入到钢丝与模壁之间，减少钢丝和模具之间的磨损，保证拉拔顺利进行。

根据Z形钢丝拉拔模工作锥角度（腰部两侧最大压下量处的模具工作锥），采用三维软件模拟圆形钢丝到Z形钢丝的拉拔过程，图5.3-3直观地查看模具内各部分的形状，以及进料与模具表面的接触状况；根据观察到的情况进行调节，再按预先设计的道次压缩率确定各道次孔型形状，即各道次Z形钢丝拉拔模入线和出线孔型形状（图5.3-4）。然后根据Z形钢丝拉拔模入线、出线孔型形状、工作锥半角和拉拔模模芯的厚度，确定模芯上表面和下表面形状，最终研究出Z形钢丝拉拔模。

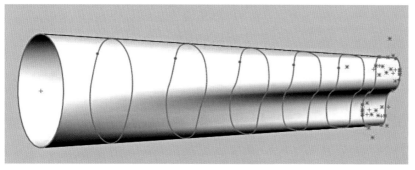 

图5.3-3　Z形钢丝拉拔　　　　　　　　　　图5.3-4　Z形钢丝各道次孔型图

5.3.3　防护镀层研究

根据欧标EN12385-10要求，高钒密闭索外层Z形钢丝采用锌—5%铝—混合稀土合金镀层，内层圆形钢丝采用热镀锌。为了提高防护性能，本次高钒密闭索内所有钢丝均采用锌—5%铝—混合稀土合金镀层，这种镀层防护性能是热镀锌防护的3倍。锌—5%铝—混合稀土合金镀层采用的是热浸镀工艺，Z形钢丝镀层重量为300g/m²，优于行业标准《密封钢丝绳》YB/T 5295—2010中的100g/m²，也优于项目要求的200g/m²。

5.3.4　分线盘设计

在Z形钢丝捻制时，根据每层结构选用特制分线盘。在分线盘设计中，有三个关键的要求：过线槽尺寸、过线槽倾角和分线盘锥角。过线槽尺寸大小影响高钒密闭索的捻制；合适的过线槽倾角可以使Z形钢丝捻制应力小；分线盘锥角需要通过设备实际情况进行确定，合适的锥角可以降低Z形钢丝捻制应力。

每层Z形钢丝的捻制专门制作分线盘，并选用合适位置后变形，确保钢丝在高钒密闭索中处于低应力状态和合适位置。

5.3.5　高钒密闭索制造工艺研究

根据高钒密闭索异形钢丝技术要求，采用10.0/72A、12.0/82A两种规格钢号盘条作为生产原材料。根据成品钢丝的要求及原材料强度，研究确定高钒密闭索用钢丝主要生产工艺为：盘条粗拉→热处理→成品前钢丝拉拔→热镀锌铝合金。

（1）原材料盘条。根据高钒密闭索成品钢丝的要求，按照国家标准《制丝用非合金钢盘条第1部分：一般要求》GB/T 24242.1—2020和《优质碳素钢热轧盘条》GB/T 4354—2008的要求，采用直径为 ϕ10.0、ϕ12.0钢热轧盘条。盘条进行化学成分检验符合标准要求。

（2）半成品钢丝拉拔。按照高钒密闭索钢丝要求，确定拉拔用半成品钢丝规格对盘条进行拉拔（ ϕ10.0/72A→ ϕ8.40、ϕ10.0/72A→ ϕ8.70、ϕ12.0/82A→ ϕ11.07→ ϕ10.30）。所有半成品钢丝长度及通条均匀性指标应符合要求，采用整盘下料，不得有接头。

（3）半成品钢丝热处理。热处理采用天然气明火加热炉加铅浴的方式，获得均匀一致索氏体组织，并为后续拉拔准备，见表5.3-1、表5.3-2。

热处理工艺技术要求　　　　　　　　　　　　　表5.3-1

钢号	直径（mm）	车速（m/min）	炉温（℃）			铅温（℃）	
			均一段	均二段	均三段	前段	后段
72A	8.4、8.7	6.3	970	950	940	540	540
82A	10.3	5.1	970	950	940	540	540

力学性能要求　　　　　　　　　　　　　　表5.3-2

直径（mm）	8.4	8.7	10.3
钢号	72A	72A	82A
强度（MPa）	1120～1200	1120～1200	1150～1230
延伸率A100≥	7	7	8

（4）成品钢丝拉拔。镀前异形钢丝道次压缩率不大于18%，平均压缩率不大于15%，拉拔工艺： ϕ8.4/72A→ ϕ7.63→Z4-1、ϕ8.7/72A→ ϕ7.95→Z4-2、ϕ10.3/82A→ ϕ9.35→Z5。

（5）钢丝热镀锌铝合金。对拉拔后经检验合格的成品钢丝进行热镀锌铝合金，采用单锌锅垂直式热浸镀工艺，锌锅内锌合金熔体中铝含量控制在4.2%～6.2%，采用 ϕ1250工字轮进行3/4轮卷取，保证镀后钢丝充分冷却。

（6）倒轮。钢丝收线长度按捻绳生产时每层钢丝长度整数倍卷取，减少密闭索的接头，外层用钢丝不得有任何形式接头。Z形钢丝倒轮时，Z形钢丝的对角线方向必须与高钒密闭索的捻向相符合：当捻向为右捻时，当层Z形钢丝在工字轮上应如图5.3-5左图缠绕；当捻向为左捻时，当层Z形钢丝在工字轮上应如图5.3-5右图缠绕。到尺后，挂上钢丝生产小卡片，卡片上注明钢丝直径、强度、表面、长度、倒轮机台、日期、操作者等内容。

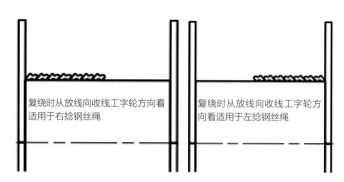

图5.3-5　倒轮示意图（左：右捻；右：左捻）

（7）捻绳。①将所有钢丝按要求依次穿过机身穿线孔和分线盘，钢丝呈直线无交叉，通过压线瓦，随后拴在"引线"上，搬动捻距手柄和捻向按钮到要求的位置，开动捻绳机，开出5～10mm以后停车，检查钢绳直径、捻距、捻向、表面质量和工字轮闸绳的松紧，无误后继续开车。②捻绳时仔细调整压线

图5.3-6　捻绳实景照片

瓦与分线盘之间的距离，使压线瓦的喇叭口紧逼钢丝合龙点，见图5.3-6。③捻绳过程中检查工字轮闸绳，不均匀时要及时调整，要保证钢丝张力均匀一致。④在高钒密闭索两端头用直径1.5～2.0mm铁丝捆扎，宽度不小于4倍钢丝绳直径，每段捆扎相距500mm，3处，端头用2个螺栓卡子卡住，电焊焊牢，不得有钢丝散开。

本次国产的高钒密闭索在产品抗拉强度、长度精度、弹性模量、蠕变等技术性能方面，完全达到国外进口同类产品性能和水平，在产品防护性能方面，优于国外同类进口产品水平，见表5.3-3。

拆股钢丝力学性能对比　　　　　　　　　　　　表5.3-3

钢丝尺寸（mm）	YB/T 5295—2010		EN 12385-10		实测值	
	弯曲≥次	扭转≥次	弯曲≥次	扭转≥次	弯曲（次）	扭转（次）
3.60	4	5	5	7	5～11	22～39
3.95	3	5	5	6	5～10	25～42
Z4A	5	8	5	9	12～24	16～28
Z4B	5	8	5	9	9～18	14～28
Z5	4	7	6	8	13～20	14～19

5.4 大落差马鞍形环桁架二次变轨滑移技术

5.4.1 环桁架分段划分

环桁架整体为马鞍形双曲面组合式桁架体系，共包括七根主弦杆，截面尺寸最大达到10.2m×14.5m（图5.4-1），工厂无法整体预制加工，因此，采用腹杆和弦杆分段工厂加工、弦杆和腹杆现场拼装、整体吊装的方案，尽量减少高空作业量。

根据环桁架分段原则，桁架预制构件外形尺寸需满足运输要求，长、宽、高最大为17m、3.2m、2.5m；桁架分段对接焊缝需避开节点区；弦杆和腹杆上连接节点和加劲板等在工厂焊接完成；索连接耳板在现场高空定位。因此，环桁架总体分为四个区，每个区中的七根弦杆再进行分段，同时将其中的主弦杆XG2、XG3和中间腹杆组成单片桁架H2，主弦杆XG5、XG6和中间腹杆组成单片桁架H4，其他三根弦杆高空吊装，环向分段长度与弦杆预制构件长度一致，吊装单元最大重量达46.67t，其分区及分段划分见图5.4-2～图5.4-5。

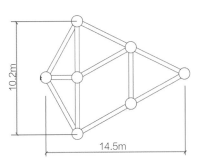

图5.4-1 桁架截面图

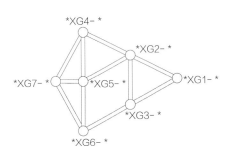

图5.4-2 主弦杆示意图

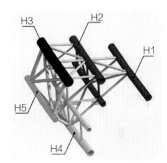

图5.4-3 桁架吊装分段示意图

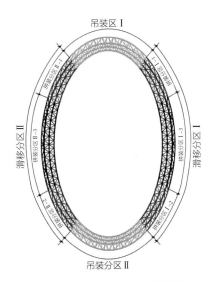

图5.4-4 环桁架施工分区划分图

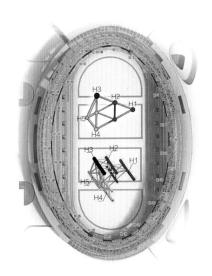

图5.4-5 环向安装分段示意图（以H1为例）

5.4.2　环桁架高低位变轨滑移工艺

5.4.2.1　高低位变轨滑移施工总体思路

根据施工总体规划，在东西车库外完成环桁架的高空拼装后，将桁架滑移至靠近混凝土平台完成第一次低位滑，然后将上层滑移轨道梁对接，进行第二次高位滑移至安装位置。环桁架结构为对称结构，因此东西区滑移桁架分区划分对称，分区总长181.9m，宽40.5m，桁架高度方向最大落差为9.4m，重量约2500t。滑移施工流程图见图5.4-6。

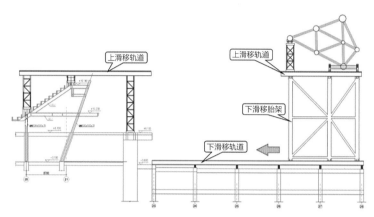

（a）流程一：环桁架拼装完成后进行第一次低位滑移

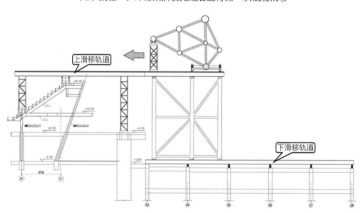

（b）流程二：上滑移轨道完成对接，进行高位滑移

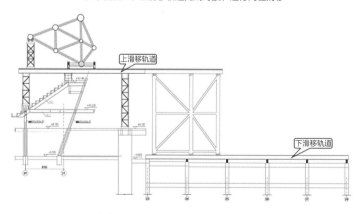

（c）流程三：第二次高位滑移至安装位置

图5.4-6　滑移施工流程图

5.4.2.2 滑移轨道设计

东西两侧滑移区各设置8条滑移轨道，滑移轨道均设置在结构轴线上，通过混凝土柱进行滑移荷载传递。滑移轨道下部设置滑移轨道梁，通过施工模拟分析计算，下层滑移轨道梁截面尺寸为878mm×520mm×22mm×38mm，在滑移梁上翼缘中心设置单根滑移路轨，上层滑移轨道梁采用双H型钢，型钢截面为H900×300×16×28，H型钢中心间距为1500mm（同滑移支撑架中心间距一致），每根工字钢上面均铺设滑移路轨。

下滑移轨道通过混凝土柱顶埋件或混凝土柱顶支撑短柱传递滑移施工荷载，根据东西车库地下室顶板结构标高，为确保滑移荷载通过混凝土柱传递，在混凝土柱顶设置滑移固定埋件，埋件高出混凝土楼面20mm；上滑移轨道通过格构式轨道支撑柱，上层滑移轨道梁标高根据桁架安装标高和混凝土柱顶圈梁标高综合确定，对于环桁架滑移结构边跨利用结构自有的斜柱顶钢骨斜梁作为支撑点传递至混凝土结构。滑移轨道平面及立面布置见图5.4-7及图5.4-8。由于东西车库顶板局部有洞口，滑移轨道过洞口位置，其下部设置格构支撑，将滑移荷载直接传递至地下室结构底板，其他位置利用地下室混凝土框架柱进行滑移荷载传递。

对于W24、W25轴线的这两条轨道，由于这两条轴线上位于11轴和12轴之间的混凝土梁为上翻梁，梁顶标高为-0.7m，其他轴线混凝土梁顶标高为-1.5m，为确保滑移轨道水平，因此这两条轨道的滑移箱形梁底标高为-0.68m（垫高20mm），柱顶标高为-1.5m的位置在柱顶埋件上焊接支撑型钢HN700×300×13×20，型钢顶部焊接端封板，通过焊接压板与滑移箱形梁固定，同时侧向焊接斜向支撑（图5.4-9、图5.4-10）。

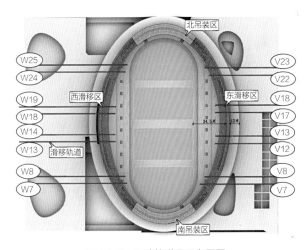

图5.4-7 滑移轨道平面布置图

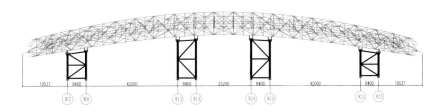

图5.4-8 西侧轨道与结构侧立面图

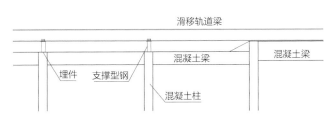

图5.4-9 W24、W25轴线轨道型钢支撑侧立面图

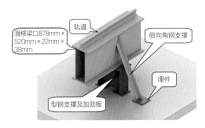

图5.4-10 轨道梁楼面支撑效果图

对 于W13、W14、W18、W19轴线的四条轨道东端，混凝土结构为上翻墙，墙顶标高为结构零标高，高差1.5m，通过计算分析，该部位采取挑梁下挂的施工做法，即在墙顶及场馆首层混凝土梁上设置埋件，规格为HN700×300×13×20的型钢挑梁通过埋件与混凝土固定，挑梁与滑移轨道梁通过钢管焊接固定，如图5.4-11所示。

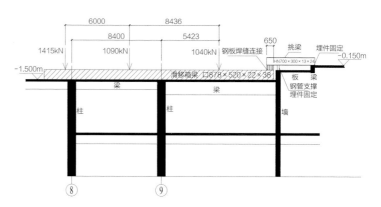

图5.4-11　W13、W14、W18、W19轴线轨道东端节点图

根据环桁架支座处混凝土环梁与轨道位置关系，若W7轴和W25轴设置双H型钢滑移梁，将导致后续结构无法卸载和支座无法安装，因此该位置仍采用滑移箱形梁，其他上层轨道则全部采用双H型钢滑移梁，下层轨道全部采用滑移箱形梁。

由于环桁架距斜柱顶圈梁近，桁架下弦杆与圈梁的净间距只有850mm，HN900×300的滑移型钢无法直接架设在圈梁上，因此在圈梁上翼缘顶设置埋件，滑移梁过圈梁位置设置为变截面滑移梁，焊接固定于圈梁上，通过计算满足滑移施工要求，其节点效果图如图5.4-12所示。

由于上滑移轨道梁部分位于滑移胎架上，部分位于看台支撑上，因此，一次滑移完成后需将上滑移轨道梁焊接形成整体后，再进行二次滑移，上滑移轨道梁采取全熔透焊接连接形式。上滑移轨道第一次滑移和第二次滑移轨道梁安装定位时，采取全站仪测量精确定位，精确定位轨道梁的中心线轴线位置及轨道梁顶标高。两部分轨道梁的中心线一致，标高一致。同时为了确保轨道梁对接无误，在安装滑移胎架上轨道梁时，按照理论放样长度设置50mm余量。当第一次滑移将至定位位置时（之间间距约1m），暂停滑移，全面测量轨道梁的轴线位置、标高及轨道梁间距，通过火焰切割，使八条轨道梁间距一致，开设焊接坡口，再将结构同步滑移至对接位置，上滑移轨道梁对接焊缝采用熔透焊接。轨道梁对接位置的滑轨设置嵌补段，当轨道梁对接焊接完成后，再安装滑轨嵌补段，嵌补段焊接时，需预热处理（图5.4-13）。

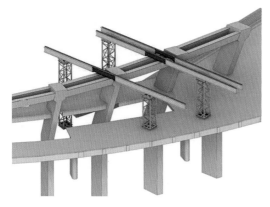

图5.4-12　滑移梁与混凝土圈梁位置关系示意图

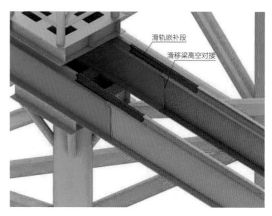

图5.4-13　轨道梁高空对接示意图

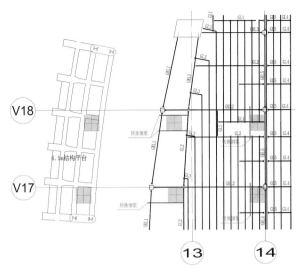

图5.4-14　西侧看台支撑平面布置

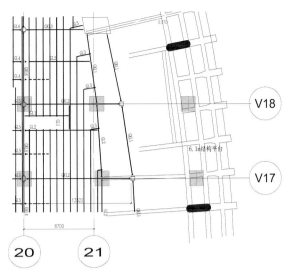

图5.4-15　东侧看台支撑平面布置

　　位于混凝土平台的上滑移轨道，临时支撑均设置在钢骨梁上，否则设置H700×300×13×24的转换钢梁；位于临时看台的上滑移轨道，支撑通过框架梁进行荷载传递，对支撑下部无框架梁的则通过转换钢梁进行滑移荷载传递。其平面布置及侧立面图如图5.4-14、图5.4-15所示。

5.4.2.3　滑移支架设计

　　东西滑移区滑移胎架，南北两侧对称设置，同一条轨道上的滑移胎架设置三根圆钢管立柱支撑，钢管立柱截面为$\phi800\times12$mm，立柱之间设置横向及斜向柱间支撑，截面为$\phi351\times12$mm，同时相邻两条轨道也采用横向及斜向支撑将两台轨道的支撑连接成一个框架整体，立柱底部设置钢板滑靴，立柱顶端设置水平双H900×300型钢与上滑移H型钢梁焊接，如图5.4-16、图5.4-17所示。

　　上滑移轨道位于滑移支撑架$D800$圆管立柱顶，立柱顶设置支撑平台和斜管支撑，或在立柱顶端设置端部封板和插板，封板顶端焊接HN900×300的H型钢与上滑移钢梁焊接，立柱顶部节点如图5.4-18所示。

5.4.2.4　滑靴节点设计

1.　下滑移胎架滑靴

　　滑靴结构包括两种，一种为顶推结构，另一种为

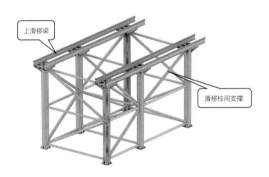

图5.4-16　滑移支架轴测图

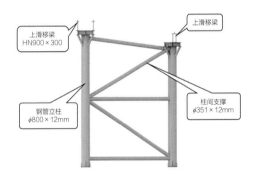

图5.4-17　滑移支架正视图

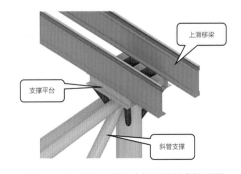

图5.4-18　滑移支撑架立柱顶部节点轴测图

滑移结构，区别在于：顶推结构上安装夹轨器为桁架滑移提供动力，滑移结构无夹轨器。

在下滑移胎架的钢管立柱下端设置滑靴结构，并在顶推点位置的钢柱底部设置两块顶推油缸耳板，如图5.4-19、图5.4-20所示。

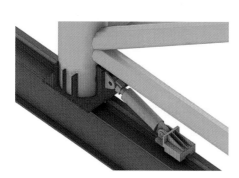

图5.4-19 钢管滑靴结构轴测图

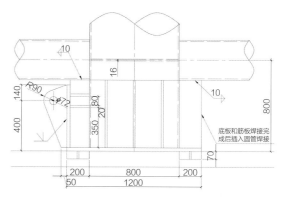

图5.4-20 滑靴节点侧视结构图

2. 上滑移胎架滑靴

上滑移胎架内侧的支撑采用格构式支架，支架下部设置H型钢平台，因此其滑靴结构构造同下滑移胎架滑移一致，如滑移梁为双H型钢滑移轨道，则其滑靴结构见图5.4-21、图5.4-22。

上滑移胎架外侧的支撑由于与结构较近，采用单支点则荷载过大，因此在下弦杆上设置一箱形支撑梁（采用双H型钢焊接而成，H型钢截面为H700×300×13×24），支撑梁两端设置滑靴，同时支撑梁位于非节点位置设置竖向加固杆件和水平侧向稳定杆件，如图5.4-23、图5.4-24所示。

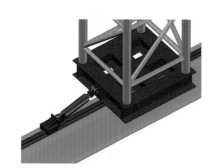

图5.4-21 单轨滑靴结构轴测图

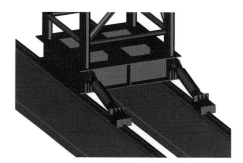

图5.4-22 双轨滑靴结构轴测图

图5.4-23 上滑移胎架滑靴整体示意图

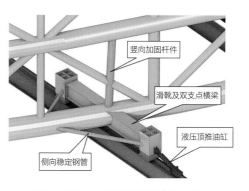

图5.4-24 上胎架滑靴构造图（单轨）

5.4.2.5 滑移顶推点设置

东西两侧环桁架各设置8条轨道，4组滑移胎架。根据计算，每条滑移轨道的下滑移胎架和上滑移胎架各设置2个滑移顶推点，每个滑移顶推点布置1台滑移油缸，布置图见图5.4-25、图5.4-26。

下滑移胎架的顶推点设置在滑移前进方向的前两个格构立柱上，每个格构立柱设置一台滑移油缸；上滑移胎架采用双H型钢滑移梁的轨道，在滑移前进方向最前面的格构立柱设置两台滑移油缸，采用单根箱形滑移梁的轨道（W7轴和W25轴），在前面的格构立柱和后面的三角滑靴上各设置一台滑移油缸。滑移顶推点平面布置如图5.4-25、图5.4-26所示，东西同一侧滑移桁架，其顶推点布置南北对称，各滑移顶推点油缸配置见表5.4-1。油缸性能表见表5.4-2。

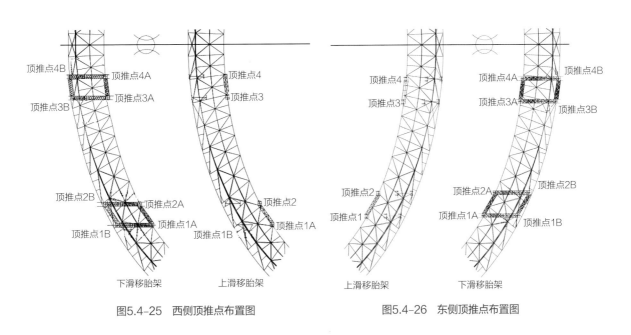

图5.4-25 西侧顶推点布置图　　　　图5.4-26 东侧顶推点布置图

各滑移顶推点油缸配置表　　　　　　　　表5.4-1

东侧桁架滑移油缸设置			西侧桁架滑移油缸设置		
下滑移胎架			下滑移胎架		
编号	顶推油缸	顶推反力（t）	编号	顶推油缸	顶推反力（t）
顶推点1A	60t	43	顶推点1A	60t	36
顶推点1B	60t	43	顶推点1B	60t	36
顶推点2A	60t	34	顶推点2A	60t	35
顶推点2B	60t	34	顶推点2B	60t	35
顶推点3A	60t	34	顶推点3A	60t	37
顶推点3B	60t	34	顶推点3B	60t	37
顶推点4A	60t	33	顶推点4A	60t	34
顶推点4B	60t	33	顶推点4B	60t	34

东侧桁架滑移油缸设置			西侧桁架滑移油缸设置		
上滑移胎架			上滑移胎架		
编号	顶推油缸	顶推反力（t）	编号	顶推油缸	顶推反力（t）
顶推点1	$2 \times 60t$	2×42	顶推点1A	60t	33
顶推点2	$2 \times 60t$	2×27	顶推点1B	60t	33
顶推点3	$2 \times 60t$	2×32	顶推点2	$2 \times 60t$	2×30
顶推点4	$2 \times 60t$	2×27	顶推点3	$2 \times 60t$	2×35
			顶推点4	$2 \times 60t$	2×28

油缸性能表　　　　　　　　　　表5.4-2

型号	额定载荷（kN）	缸体直径（mm）	活塞杆直径（mm）	行程（mm）	吨（MPa）
TX-60-J	600	$\phi220$	$\phi120$	615	2.5

5.4.3　滑移施工过程仿真分析

环桁架高低位变轨滑移施工过程复杂，滑移过程中存在较大的不平衡力，包括桁架拼装工况、第一次滑移、第二次滑移等多种工况。环桁架施工作为索网结构安装前道工序，其施工精度控制至关重要。因此必须对环桁架高低变轨滑移全过程进行仿真分析。

5.4.3.1　工况分析

滑移区主要计算结构为管桁架、滑靴、上层滑移胎架、下层滑移胎架、轨道、轨道下部支撑架，统计数据为支撑点反力、结构变形和结构应力等。传力线路如图5.4-27所示。

图5.4-27　施工模拟传力路线

5.4.3.2　施工荷载研究

1. 计算方法与模型

（1）计算程序：3D3S（V12.1）。

（2）建模：原管桁架按照图纸建模，下部滑移支架根据实际情况设置。

（3）截面及材料：滑移胎架（立杆$D800 \times 12mm$、腹杆$D351 \times 12mm$、平台梁HW$400 \times 400 \times$

13×24），轨道878mm×520mm×22mm×38mm。上层滑靴采用双拼HN700×300（单轨位置双拼HN900×300），立杆$D800×12$mm材料为Q235，其余材料均为Q345。

2. 计算荷载与组合

1）计算荷载

（1）滑移荷载。单侧管桁架自重2500t，上层滑移胎架60t，下层滑移胎架350t，轨道及支架590t。

（2）水平荷载。风荷载计算：根据《建筑结构荷载规范》GB 50009—2012，北京地区10年一遇基本风压为0.3kN/m²。

w_0——基本风压，$w_0 = 0.3$kN/m²；

μ_s——型钢风荷载体形系数，取$\mu_s = 0.6$；

μ_z——z高度处的风压高度变化系数，取30m处高度，为1.39（B类风场）；

β_z——z高度处的风振系数，取$\beta_z = 1.3$。

考虑原结构每根杆件均挡风，由软件导荷载，总风荷载：滑移方向$F_x = 848$kN，垂直于滑移方向$F_y = 588$kN。

2）荷载组合

荷载组合工况表见表5.4-3。

荷载组合工况表 表5.4-3

计算目的	计算内容	组合工况	规范
控制变形	结构变形	*dead*	《建筑结构荷载规范》GB 50009—2012
结构安全校核	结构应力	1.35*dead* 1.35*dead*+1.4×0.6*W*x 1.35*dead*+1.4×0.6*W*y	《建筑结构荷载规范》GB 50009—2012

注：*dead*为结构自重；*W*x为滑移方向风，*W*y为垂直于滑移方向风。

5.4.3.3 过程仿真分析

根据施工总体部署，确定环桁架滑移施工流程，按照桁架在车库外进行拼装→第一次滑移→第一次滑移到位→第二次滑移→第二次滑移到位的流程，分别对东、西两侧滑移分区进行全过程分析。

通过对东西两侧拼装工况、第一次滑移（轨道上部结构）、第二次滑移（轨道上部结构）、第一次滑移初始工况（拼装支架卸载）、第一次滑移不利位置（带屈曲分析）、第一次滑移到位、第二次滑移不利位置、第二次滑移到位等进行了模拟分析，详见表5.4-4和图5.4-28～图5.4-34，结构强度和刚度均满足要求。

模拟工况		最大变形（mm）	最大应力比	原结构最大应力比
拼装	东侧	3	0.232	—
	西侧	3	0.215	—
第一次滑移 （轨道上部结构）	东侧	26	0.657	0.657
	西侧	16	0.770	0.770
第二次滑移 （轨道上部结构）	东侧	22	0.688	0.620
	西侧	14	0.780	0.765
第一次滑移初始工况 （拼装支架卸载）	东侧	32	0.645	—
	西侧	30	0.790	—
第一次滑移不利位置 （带屈曲分析）	东侧	33	0.709	—
	西侧	23	0.798	—
第一次滑移 到位	东侧	36	0.659	—
	西侧	22	0.824	—
第二次滑移 不利位置	东侧	31	0.715	—
	西侧	24	0.765	—
第二次滑移 到位	东侧	26	0.825	—
	西侧	25	0.727	—

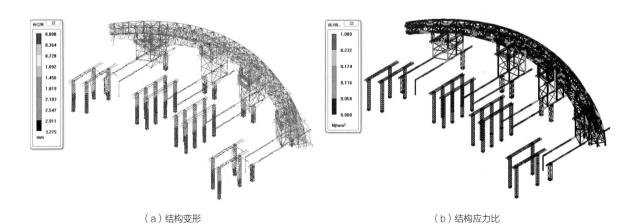

（a）结构变形　　　　　　　　　　　　　　　（b）结构应力比

图5.4-28　东侧拼装工况模拟

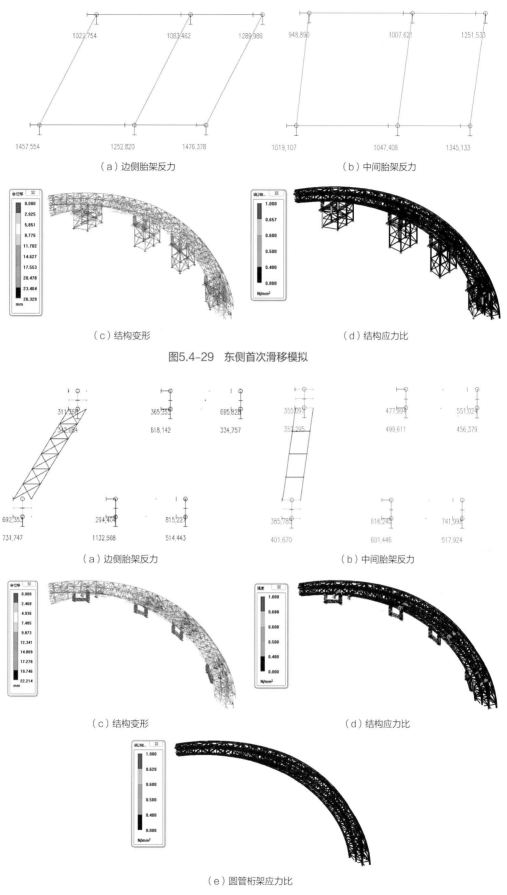

（a）边侧胎架反力　　　　　　　　　　（b）中间胎架反力

（c）结构变形　　　　　　　　　　　（d）结构应力比

图5.4-29　东侧首次滑移模拟

（a）边侧胎架反力　　　　　　　　　　（b）中间胎架反力

（c）结构变形　　　　　　　　　　　（d）结构应力比

（e）圆管桁架应力比

图5.4-30　东侧二次滑移模拟

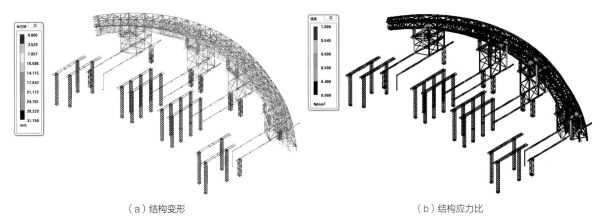

（a）结构变形 （b）结构应力比

图5.4-31 东侧第一次滑移初始工况（拼装支架卸载）

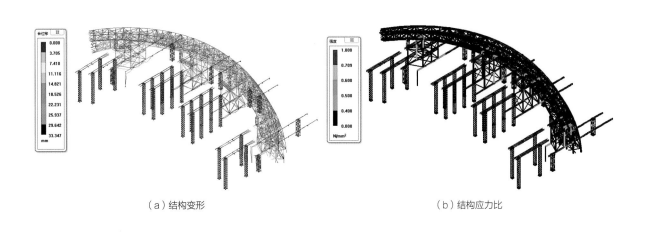

（a）结构变形 （b）结构应力比

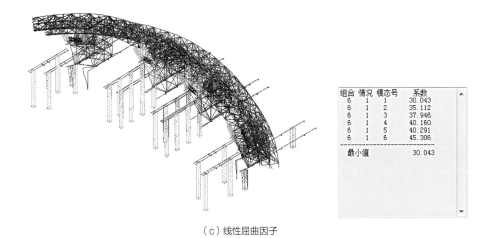

（c）线性屈曲因子

图5.4-32 东侧第一次滑移不利位置

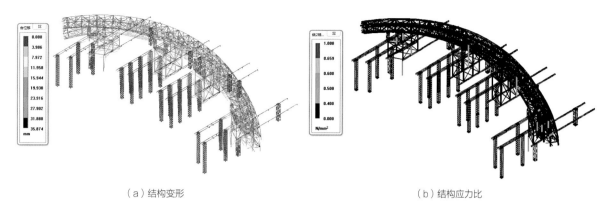

（a）结构变形 　　　　　　　　　　　（b）结构应力比

图5.4-33　东侧第一次滑移到位

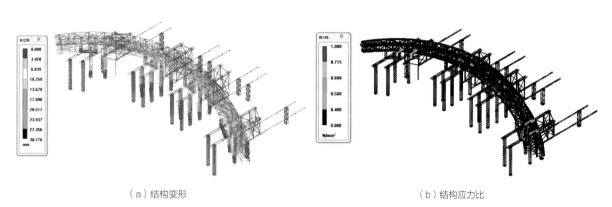

（a）结构变形 　　　　　　　　　　　（b）结构应力比

图5.4-34　东侧第二次滑移不利位置

5.4.4　卸载过程仿真分析

5.4.4.1　卸载施工工艺

根据总体施工思路，本工程环桁架分为南、北区直接吊装就位和东、西区滑移安装、合龙后整体卸载的施工方案。

卸载方案遵循"分区、分步、缓慢、均衡"的原则，确保在卸载过程中结构构件的受力与变形协调、均衡、变化过程缓慢。根据环桁架安装分区划分，共分四个区进行卸载，分区及临时支撑编号见图5.4-35。

环桁架滑移区桁架抬高80mm定位，因此结构合龙前需先将环桁架落位80mm，通过滑靴上的砂箱，将滑移分区结构整体完成落位，东、西滑移区各16个支撑点，详见图5.4-36，每个支撑点安排2名施工人员，每组滑移胎架位置设置一名联络指挥人员，16个支撑点同步落位，完成80mm落位后，封堵掏沙口防止结构继续下降。

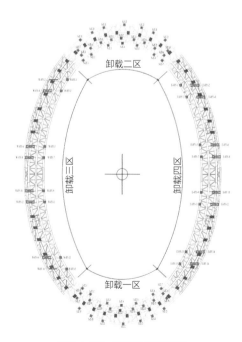

图5.4-35　卸载分区划分图

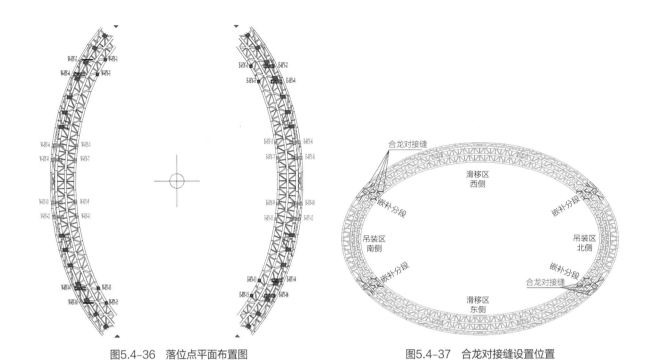

图5.4-36　落位点平面布置图　　　　　　　　　图5.4-37　合龙对接缝设置位置

嵌补分段全部吊装定位后，保留西南角和东北角嵌补分段中同一截面位置的七根主弦杆对接缝不焊接（一端焊接，合龙对接缝不焊接），此位置连接滑移区和吊装区的腹杆也只焊接一端的相贯线，其余对接缝及相贯线按照焊缝要求进行焊接，合龙对接缝设置如图5.4-37所示。根据设计要求，合龙温度设定为（15±5）℃，经过对近三年同期温度统计分析，考虑焊工的合理工作量，确定了合龙焊接时间。

环桁架采取两种方法进行卸载，卸载一区、二区通过分条切割支撑模板卸载，卸载三区、四区采取砂箱卸载。分条切割卸载操作根据支撑位置的卸载位移量，控制每次切割的高度△H直至完成某一步的切割后结构不再产生向下的位移后拆除支撑。根据卸载分析计算，吊装区最大卸载变形只有10mm，因此支撑模板一次性割除12mm，使得桁架脱离支撑模板，卸载完成。如若割除12mm后桁架仍未脱离支撑模板，则需会同设计、监理，分析查明原因再进行下一步的卸载。砂箱卸载操作则根据卸载位移量，缓慢掏沙，直至支撑模板脱离桁架杆件为止，其砂箱结构如图5.4-38所示。

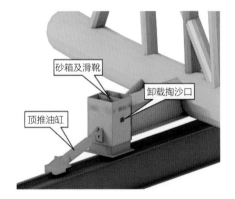

图5.4-38　砂箱结构轴测图

滑移卸载共分三步，首先，卸载三区进行W-HY-5～W-HY-12支撑点卸载，卸载四区进行E-HY-5～E-HY-12支撑点卸载；其次，卸载三区进行W-HY-1～W-HY-4及W-HY-13～W-HY-16支撑点卸载，卸载四区进行E-HY-1～E-HY-4及E-HY-13～E-HY-16支撑点卸载（图5.4-39）；最后，对卸载一区和卸载二区的临时支撑进行卸载，南北区及同区东西侧分开单独卸载（图5.4-40）。

吊装区卸载整体分三步，首先，卸载环桁架内环临时支撑（S-ZC-1～S-ZC-7）；其次，卸载环

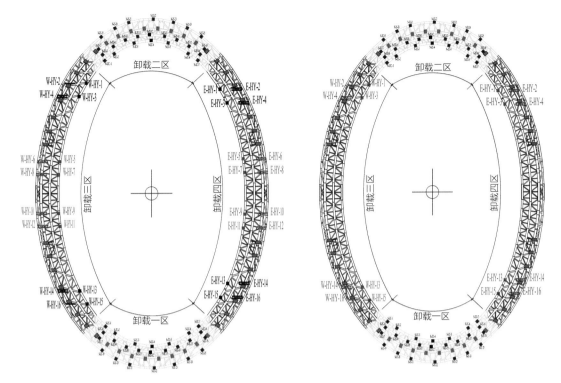

图5.4-39　滑移卸载步骤1、2

桁架中环临时支撑（S-ZC-8～S-ZC-16）；最后，卸载最外环临时支撑（S-ZC-19～S-ZC-25）。

5.4.4.2　仿真分析

合龙后卸载过程分析

当吊装区和滑移区之间嵌补合龙完成后即进行临时支撑卸载，遵循卸载过程中结构构件的受力与变形协调、均衡、变化过程缓和、结构多次循环微量下降并便于现场操作的原则来实现。

结构卸载前支撑包括三种，其一是结构自有的支座（卸载前已落架），其二是东西滑移区滑移支撑架，其三是南北吊装区两侧临时支撑。卸载主要是将滑移支撑架和吊装临时支撑的荷载传递给环桁架支座。在卸载过程中，环桁架支座水平约束释放。结构所受荷载为结构自重荷载，卸载工况见图5.4-41。

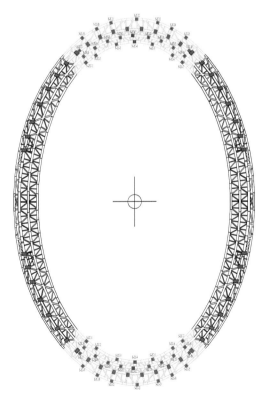

图5.4-40　滑移卸载步骤3

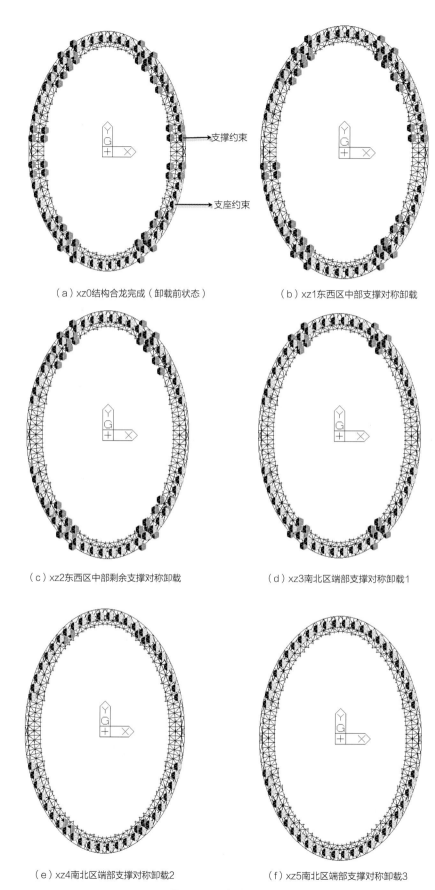

（a）xz0结构合龙完成（卸载前状态）

（b）xz1东西区中部支撑对称卸载

（c）xz2东西区中部剩余支撑对称卸载

（d）xz3南北区端部支撑对称卸载1

（e）xz4南北区端部支撑对称卸载2

（f）xz5南北区端部支撑对称卸载3

图5.4-41　卸载工况分析

施工过程各工况计算主要结果列表见表5.4-5，从卸载各工况的计算结果可以看出：卸载过程中结构的最大竖向变形为-46mm，钢构件最大应力为-67.3MPa＜310MPa，处于设计允许范围内。

各工况计算主要结果列表 表5.4-5

序号	工况	最大竖向变形（mm）	结构最大应力（MPa）
1	xz0	-8	48.0
2	xz1	-16	67.3
3	xz2	-30	63.6
4	xz3	-37	57.6
5	xz4	-39	56.0
6	xz5	-46	61.9

5.4.5 索网先张拉后锁定环桁架支座技术

5.4.5.1 张拉过程中支座滑动及限位设计

环桁架下部由48根斜向钢骨混凝土柱支撑，每个斜柱顶均设置球铰支座，当环桁架落架后，进行球铰支座与环桁架下弦杆支托的焊缝焊接，屋顶正交索网在张拉过程中，支座与斜柱柱顶埋件先不焊接，球铰支座不固定，能自由滑动。待拉索张拉完成后再焊接球铰支座与柱顶埋件之间的焊缝。

为确保支座能自由滑动，采取两方面措施：其一是球铰支座安装前，将柱顶埋件板打磨光滑涂抹润滑剂；其二是在球铰支座底板上粘贴聚四氟乙烯板，并通过钢板条焊接固定，如图5.4-42、图5.4-43所示。

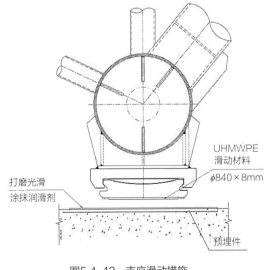

图5.4-42 支座滑动措施

图5.4-43 支座底部照片

铰支球座满足索网张拉需要必须提高支座材料强度，传统的铸钢支座强度低，无法满足需要，经过仔细研究最后选用钢板机加工固定铰支座，钢板最大厚度达300mm。此类支座应用了国际先进技术，在国内场馆建设中属首次应用。

环桁架支座分为两种类型：A型支座共计8个，支座上支座板为尺寸是1500mm×1500mm的正方形，下支座板为φ1045的圆形。B型支座共计40个，上支座板为尺寸是1200mm×1200mm的正方形，下支座板为φ720的圆形。支座详图见图5.4-44、图5.4-45。环桁架支座布置示意图见图5.4-46。

南北各2个B型支座，在索张拉过程中设置限位导向措施。限定东西方向位移，南北方向可以滑动（图5.4-47）。

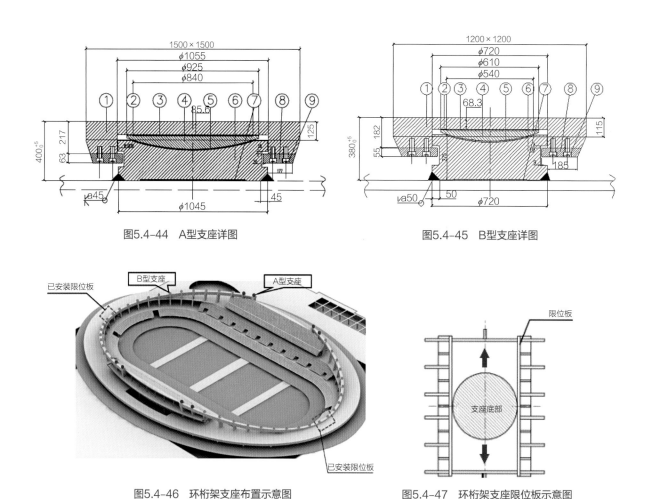

图5.4-44　A型支座详图　　　　　　　　　图5.4-45　B型支座详图

图5.4-46　环桁架支座布置示意图　　　　　图5.4-47　环桁架支座限位板示意图

5.4.5.2　环桁架支座锁定施工工艺

支座锁定是钢结构和索网施工完成、结构由施工状态转换为设计状态的标识，支座锁定前应完成以下工作：将屋面索网提起，并张拉到位，连接到环桁架的对应位置上，此时幕墙索及屋面索均张紧；在各个屋面双向索交点处，悬挂与屋面面板做法等重配重，屋面马道安装完成；测量环桁架支座的三向位移数值，整理、汇总后进行技术核算并对施工状态进行评估、调整。

支座与埋件之间焊缝采用坡口加角焊缝组合焊缝焊接。预先在支座底部加工成内坡口，现场焊接时焊脚h_f应满足设计要求，焊缝要求为局部熔透焊缝（图5.4-48）。

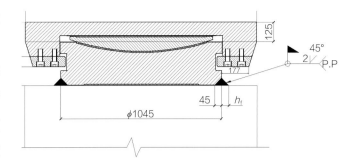

图5.4-48　支座焊接要求（A型支座h_f=45mm，h_f=20mm）

结合实际情况将支座锁定分成两部分进行，即定位焊接和正式焊接。当满足设计要求的支座锁定条件后，在特定时间内将支座进行定位焊接，限制支座位移。48个支座定位焊接完成后，开始逐个进行正式焊接直至满足设计要求的焊脚尺寸。定位焊接和正式焊接均是从东西南北四个方向开始对称焊接，单个支座焊接采用1名焊工沿着一个方向进行焊接（图5.4-49）。

按设计要求定位焊施工结构温度应满足（15±5）℃。通过对10℃温升值时支座水平力进行分析（图5.4-50），根据受力大小将定位焊接分成三种类型（图5.4-51）。类型1：适用于ZZ-01，定位焊脚尺寸h_f = 15mm，单个支座定位焊总长度L = 1600mm。类型2：适用于ZZ-10 ~ ZZ-12，定位焊脚尺寸h_f = 15mm，单个支座定位焊总长度L = 1400mm。类型3：适用于支座ZZ-2 ~ ZZ-9，定位焊脚尺寸h_f = 15mm，单个支座定位焊总长度L = 800mm。定位焊缝总长度：$L = L1+L2$（图5.4-53）。

支座定位焊缝大样图见图5.4-52。

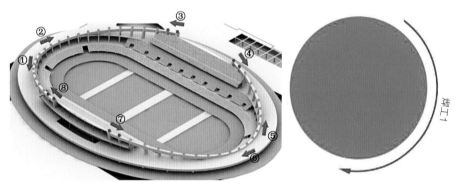

图5.4-49　焊接施工顺序示意图

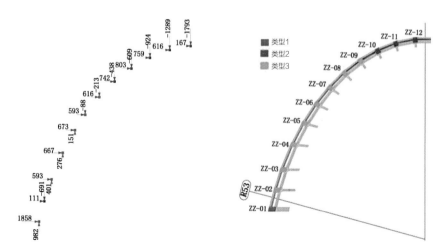

图5.4-50　10℃温升值时支座受力分析（kN）　　图5.4-51　支座分类布置图

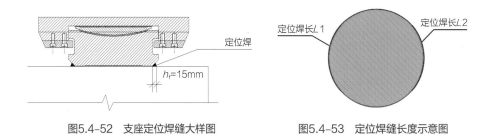

图5.4-52　支座定位焊缝大样图　　　　图5.4-53　定位焊缝长度示意图

5.4.6　安装结果分析

5.4.6.1　桁架滑移阶段分析

在滑移过程中对东西两个滑移区域的桁架杆件进行监测，根据监测数据得到以下结论：

（1）滑移过程中，滑移区块的环桁架受到滑移轨道的平整度、滑移速度的同步控制以及滑移轨道的摩擦系数等因素的影响，结构有明显的动力响应，在施工过程中构件内力有明显的波动情况。

（2）整个滑移过程较为平稳，虽然出现了内力值的波动情况，应力峰值最大为西南区域的45.2MPa，小于钢结构材料的屈服强度，说明该位置受施工的影响较大。

（3）滑移过程对结构的负载情况和约束情况几乎没有发生改变，理论上来说该施工全过程中，内力变化相对较小。而在整个过程中滑移块内力变化绝对值的最大值为24MPa，绝大部分测点的内力变化小于10MPa（图5.4-54）。

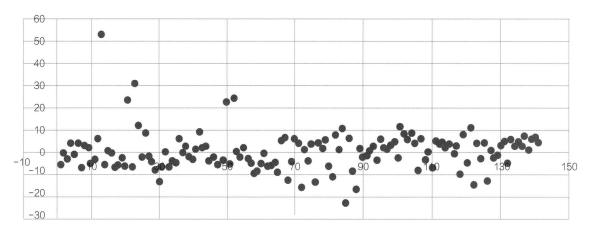

图5.4-54　环桁架滑移区域内力数据（MPa）

（4）当日的滑移完成后，桁架处于静置状态时内力变化与温度变化趋势一致。

5.4.6.2　环桁架合龙卸载阶段

在环桁架的合龙卸载过程中对8个区块的桁架杆件进行监测，得到以下结论：

（1）在卸载过程中，环桁架的东西两端部位的杆件应力变化较明显，各杆件的平均应力变化在15MPa以上，卸载后环桁架的应力绝对值在42MPa以内（表5.4-6）。

卸载过程中东西两侧杆件应力变化（MPa） 表5.4-6

东侧悬挑区		西侧悬挑区	
应力变化平均值	最大应力绝对值	应力变化平均值	最大应力绝对值
19.72	41.20	16.99	39.70

（2）在卸载过程中，钢骨混凝土斜柱的表面应力变化较明显，其中最大变化值为35MPa，卸载后混凝土表面应力大部分在20MPa以内。

（3）卸载过程中环桁架X、Y方向的位移绝大部分在10cm以内，Z向位移大多在8cm以内，见表5.4-7。混凝土看台柱柱顶发生了向结构内侧5～10cm的位移，但Z向位移在1cm以内，见表5.4-8。

根据仿真分析，卸载过程中结构的最大竖向变形为-46mm，钢构件最大应力为-67.3MPa，设计允许最大应力为310MPa。根据监测情况，其中，应力仅有四个测点内力变化绝对值大于67.3MPa，见图5.4-55。但仍远远小于设计值310MPa；桁架最大竖向变形量为8.1cm，仅为仿真最大变形量的17%（表5.4-7）。

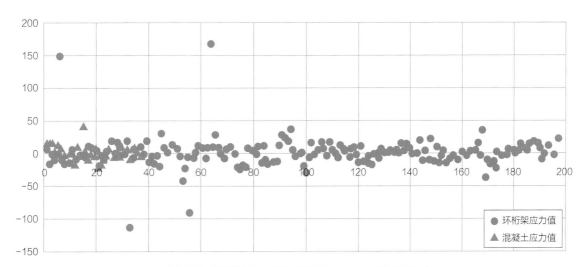

图5.4-55 卸载期间环桁架和混凝土应力变化情况（MPa）

卸载前后桁架变形情况（cm） 表5.4-7

测点编号	卸载前后位移量位移			测点编号	卸载前后位移量位移		
	$\triangle X$	$\triangle Y$	$\triangle Z$		$\triangle X$	$\triangle Y$	$\triangle Z$
CR-1	-5.95	7.47	-8.05	CR-7	-3.05	0	-2.76
CR-2	7.10	-5.6	-2.50	CR-8	-8.81	-4.27	-4.89
CR-3	3.17	1.18	-5.90	CR-9	-7.74	-5.00	-4.93
CR-4	-0.79	1.60	-5.43	CR-10	-0.60	-6.83	-6.44
CR-5	-11.76	4.10	-3.18	CR-11	1.92	-6.95	-6.63
CR-6	—	—	—	CR-12	3.86	-6.76	-8.10

测点编号	卸载前后位移量位移			测点编号	卸载前后位移量位移		
	$\triangle X$	$\triangle Y$	$\triangle Z$		$\triangle X$	$\triangle Y$	$\triangle Z$
CR-13	0.50	-4.00	-0.40	CR-20	2.00	3.00	-4.70
CR-14	7.08	-5.99	-4.65	CR-21	-2.00	23.00	0.74
CR-15	9.24	-4.03	-2.81	CR-22	-0.90	1.50	0.81
CR-16	10.11	-2.03	-2.48	CR-23	-9.00	1.13	0.25
CR-17	8.97	0.25	-2.97	CR-24	-4.00	1.49	0.04
CR-18	4.29	5.13	-5.37	CR-25	1.18	11.00	0.28
CR-19	3.31	6.16	-6.28	CR-26	-1.10	-1.50	1.32

卸载前后混凝土柱变形情况（cm） 表5.4-8

测点编号	位移		
	$\triangle X$	$\triangle Y$	$\triangle Z$
T-1	-4.83	8.55	-0.54
T-2	-5.98	8.09	-0.36
T-3	-7.24	7.98	-0.59
T-5	-6.98	-7.13	-0.04
T-6	-5.98	-7.30	-0.02
T-7	1.42	-7.48	-0.37
T-8	2.75	-7.63	-0.09
T-9	3.57	-7.14	-0.13
T-10	4.50	7.47	0.21
T-11	3.25	8.15	-0.13
T-12	2.34	8.55	0.02

5.5 超大跨度索网整体提升与同步张拉技术

5.5.1 索网结构提升关键技术

5.5.1.1 提升与张拉操作平台设计

1. 安装承重索提升工装和幕墙索上节点的操作平台

根据提升工装的位置及环桁架的特点，安装提升工装和幕墙索上节点的操作平台设计成几字形操作平台，同时该平台还可以作为施工人员在环桁架上的行走通道。几字形操作平台利用环桁架的圆管作为着力点，由角钢焊接而成，通过两块限位板将角钢支架与主弦杆点焊固定，限位板规格为T10×200×200，两个几字形操作平台之间设置钢跳板，绑扎固定作为操作平台，支架外侧焊接立面防护角钢，拉设安全绳，工人工作时将安全带挂在安全绳上。安装提升工装处的操作平台由∟75×5的角钢制作，安装幕墙索上节点的操作平台由∟50×5的角钢制作。操作平台具体做法见图5.5-1、图5.5-2。

由计算（图5.5-3和图5.5-4）可知，几字形操作平台最大竖向变形-3.9mm，最大杆件应力124.3MPa＜215MPa，满足要求。

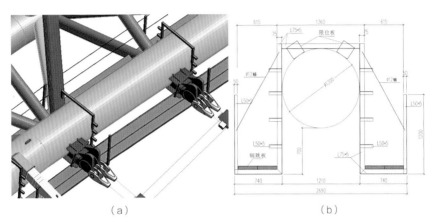

（a）　　　　　　　　　　　　　（b）

图5.5-1　安装承重索提升工装的操作平台

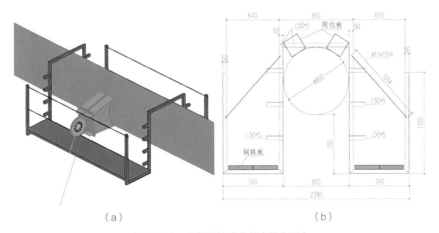

（a）　　　　　　　　　　　　　（b）

图5.5-2　安装幕墙索上节点操作平台

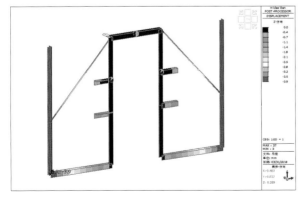

图5.5-3　竖向变形（mm）

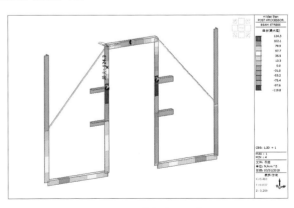

图5.5-4　应力（MPa）

2. 安装稳定索张拉工装的操作平台

承重索提升就位后，即可利用承重索作为着力点，同时利用环桁架的主钢管作为一个着力点，在承重索或钢管之间拉两道φ13的钢丝绳，用5t捯链把钢丝绳拉紧，然后将做好的挂架直接挂在钢丝绳上，钢丝绳与钢管或索体接触的地方，套一个塑胶管，可防止索体或钢管的损伤。安装张拉工装操作的两种平台见图5.5-5。

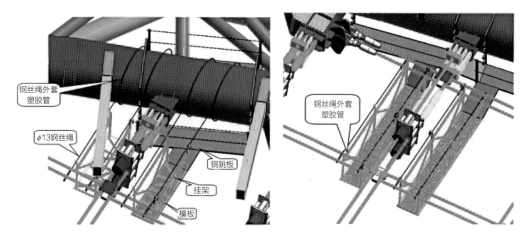

图5.5-5 安装张拉工装操作的两种平台

挂架由∟40×4和∟50×4的角钢拼装而成，跨度2m左右，宽度0.6m，高1m，挂架底部铺放模板，并与架体绑扎牢固，方便工人站位。

安装工装时，每个挂架上最多站两名工人，由于承重索已经安装就位，工人可以把安全带挂在承重索体上，然后通过承重索进入到挂架内。挂架三维示意图见图5.5-6。

挂架计算模型见图5.5-7，材质为Q235B，计算模型及计算结果见图5.5-7～图5.5-10。

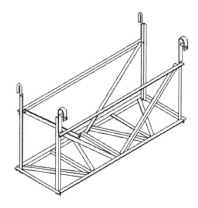

图5.5-6 挂架三维示意图

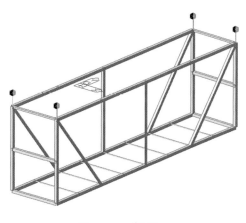

图5.5-7 计算模型

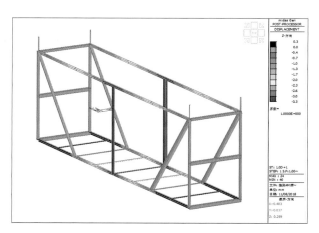

图5.5-8 竖向变形（mm）

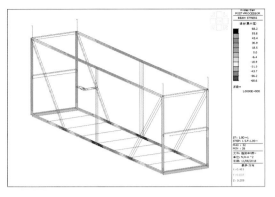

图5.5-9 应力（MPa）

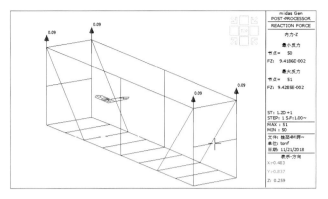

图5.5-10 钢丝绳拉力（kN）

由计算可知，挂架最大竖向变形为-3.3mm，最大杆件应力68.5MPa＜215MPa，每个吊点反力0.09t，满足使用要求。

5.5.1.2 索网提升关键技术

1. 总体提升方法

对环桁架承重索和稳定索连接耳板的空间坐标、几何尺寸和倾角进行复测，根据测量结果和拉索详图，调整承重索和稳定索调节螺杆长度，以抵消环桁架的施工误差，其中两端各3榀承重索（CZS1～CZS3，CZS47～CZS49）调整后再旋出30mm。提升承重索布置见图5.5-11。

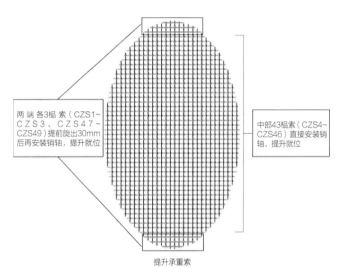

两端各3榀索（CZS1～CZS3、CZS47～CZS49）提前旋出30mm后再安装销轴，提升就位

中部43榀索（CZS4～CZS46）直接安装销轴，提升就位

提升承重索

图5.5-11 提升承重索布置

通过提升工装将承重索提升就位后，安装12套承重索张拉工装，将两端各3榀承重索张拉到位，即相应的调节螺杆再旋进30mm。承重索的提升力为11～63t。两端各3榀承重索的张拉力为69～143t。承重索提升力列表见表5.5-1。

承重索提升力列表（kN） 表5.5-1

承重索编号	提升力	承重索编号	提升力
CZS-1	110	CZS-8	463
CZS-2	431	CZS-9	431
CZS-3	357	CZS-10	447
CZS-4	633	CZS-11	427
CZS-5	516	CZS-12	440
CZS-6	475	CZS-13	432
CZS-7	456	CZS-14	419

承重索编号	提升力	承重索编号	提升力
CZS-15	432	CZS-33	429
CZS-16	426	CZS-34	426
CZS-17	429	CZS-35	432
CZS-18	416	CZS-36	419
CZS-19	428	CZS-37	432
CZS-20	425	CZS-38	440
CZS-21	423	CZS-39	427
CZS-22	423	CZS-40	447
CZS-23	423	CZS-41	431
CZS-24	424	CZS-42	463
CZS-25	422	CZS-43	456
CZS-26	424	CZS-44	475
CZS-27	423	CZS-45	516
CZS-28	423	CZS-46	633
CZS-29	423	CZS-47	357
CZS-30	425	CZS-48	431
CZS-31	428	CZS-49	110
CZS-32	416		

2. 提升钢绞线及设备选择

根据有限元分析软件得出的计算结果，承重索在提升过程中的索力为110~633kN，张拉过程中最大索力1434kN，稳定索在张拉过程中最大索力为3111kN，幕墙索最大张拉力为768kN。

根据提升力和张拉力选择液压千斤顶的型号。承重索提升时选择100t和60t两种千斤顶，每个提升点配备两台100t千斤顶或60t千斤顶，张拉时选择100t千斤顶，每个张拉点配备两台千斤顶；稳定索采用250t的千斤顶，每个张拉点配备两台千斤顶；幕墙索采用1台100t的千斤顶。

中间43榀承重索的提升工装索采用2根ϕ28钢绞线，单根钢绞线破断力为96t，合计破断力为96×2=192t，承重索最大提升力为63t，提升工装索能力系数为192÷63=3，满足牵引提升的要求。

两端各3榀承重索的提升工装索采用1根ϕ28钢绞线，单根钢绞线破断力为96t，承重索最大提升力为43t，提升工装索能力系数为96÷43=2.2，满足牵引提升的要求。

承重索张拉工装索采用2根ϕ48的钢拉杆，单根钢拉杆破断力为167t，合计破断力167×2=334t，承重索最大张拉力为143t，承重索张拉工装索的能力系数为334÷143=2.3，满足承重索张拉的要求。

承重索提升和张拉设备选择见表5.5-2~表5.5-4，提升千斤顶配置和布置见图5.5-12、图5.5-13。

承重索提升设备选择					表5.5-2
提升索力（kN）	每个点配备的千斤顶规格（t）	每个点配备的千斤顶数量	工装索破断力（t）	提升设备的能力系数	工装索能力系数
423~633	100	2	192	3.2	3

承重索提升设备选择					表5.5-3
提升索力（kN）	每个点配备的千斤顶规格（t）	每个点配备的千斤顶数量	工装索破断力（t）	提升设备的能力系数	工装索能力系数
110~431	100	1	96	2.3	2.2

承重索张拉设备选择					表5.5-4
最大张拉索力（kN）	每个点配备的千斤顶规格（t）	每个点配备的千斤顶数量	工装索破断力（t）	张拉设备的能力系数	工装索能力系数
1434	100	2	334	1.4	2.3

图5.5-12　承重索提升千斤顶配置图

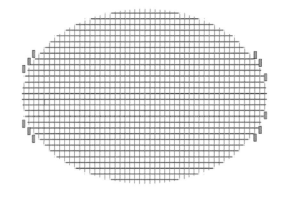

图5.5-13　承重索张拉千斤顶配置图（共24台100t千斤顶）

3. 提升与张拉工装

提升工装主要用于承重索的提升，利用拉索连接耳板作为着力点，中间43榀承重索利用2个100t/60t千斤顶进行提升安装，两端各3榀承重索利用1个100t千斤顶进行提升安装。提升工装示意图和实物照片见图5.5-14。

承重索张拉工装，利用拉索连接耳板作为着力点，每对拉索利用2个千斤顶进行拉索张拉安装，见图5.5-15。

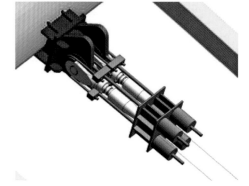

图5.5-14　提升工装示意图和实物照片　　　　　　图5.5-15　承重索张拉工装示意图

5.5.1.3　索网提升过程

提升过程分试提升、预提升和就位提升三个阶段。试提升阶段，索网提升离FOP平台0.5m左右悬停24h；预提升阶段，对称、分批提升承重索至距离提升点位置4m；预提升阶段结束后，就位提升49对承重索，保证承重索对称、同步就位。

1. 试提升

（1）设备调试。提升设备安装完成后，按下列步骤进行调试：

①检查油泵上的开关是否完好，油压表和油管的接头是否有松动，若有松动或有漏油情况，及时整改。

②检查千斤顶与油泵之间的油管连接是否正确，油管与千斤顶连接处是否有松动，若有松动或有漏油情况，及时整改。

③布置电箱及相关线路，供电之前，确保油泵操作开关处在关闭状态。

④启动油泵，检查千斤顶出缸是否正常，同一提升点处的两个千斤顶是否同步出缸，若不同步，及时调整。

（2）试提升。

试提升阶段，索网逐步脱离预制看台板，为防止与看台板上的防护栏杆碰触，需要及时拆除看台板上的防护栏杆。在索网提升离开FOP平台0.5m左右悬停24h，以观察提升系统的可靠性。悬停期间，将马道索夹安装完成，并将张拉工装安装就位。

2. 预提升

试提升完成后，正式进行屋面索网提升。其中，自正式提升至承重索两端距提升就位点距离约4m的过程为预提升阶段。预提升阶段的提升高度为10.8m。预提升阶段，索网位形变化很大，但提升力增加非常缓慢，提升力主要是索网的重量。预提升时，将49对承重索分为两个批次，先提升第1批次的承重索，再提升第2批次的承重索，依次循环提升，每次提升距离为千斤顶的出缸量，约180mm，提升时需控制对称位置处的提升点同步提升。

3. 就位提升

预提升结束后，即承重索两端距提升就位点距离约4m后，开始就位提升阶段。就位提升时，每提升1m，作为一个提升阶段。为了保证提升过程的同步性，每个提升阶段再划分为10步，即每步提升100mm；当承重索两端距提升就位点距离约10cm时，再划分为5小步，每小步提升20mm。提升过程中，做好施工记录。承重索提升完成照片见图5.5-16。

图5.5-16 承重索提升完成照片

5.5.2 稳定索同步张拉关键技术

5.5.2.1 总体张拉方法

承重索就位后，由于有索夹相连，稳定索索头距离环桁架耳板的位置很近（小于0.4m），在环桁架操作平台上通过张拉工装连接稳定索和环桁架耳板，张拉工装组装完成后，即可进行稳定索的张拉。稳定索的张拉力为225~311t。稳定索张拉布置见图5.5-17，张拉力列表见表5.5-5。

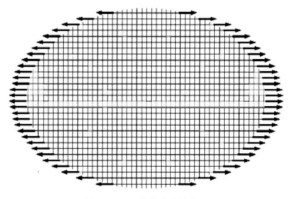

图5.5-17 稳定索张拉布置

（1）在场馆内FOP平台和看台上编织索网，场馆外安装幕墙索。

（2）张拉稳定索：承重索就位后，安装张拉工装及设备；然后张拉稳定索，保证稳定索对称、同步张拉，最终张拉成型。

稳定索张拉力列表（kN）　　　　　　　　　　　　　　表5.5-5

抗风索编号	张拉力	抗风索编号	张拉力
WDS-1	2251	WDS-5	2928
WDS-2	2780	WDS-6	2960
WDS-3	2854	WDS-7	2999
WDS-4	2896	WDS-8	2999

抗风索编号	张拉力	抗风索编号	张拉力
WDS-9	3030	WDS-20	3059
WDS-10	3047	WDS-21	3047
WDS-11	3059	WDS-22	3030
WDS-12	3068	WDS-23	2999
WDS-13	3094	WDS-24	2999
WDS-14	3111	WDS-25	2960
WDS-15	3091	WDS-26	2928
WDS-16	3091	WDS-27	2896
WDS-17	3111	WDS-28	2854
WDS-18	3094	WDS-29	2780
WDS-19	3068	WDS-30	2251

5.5.2.2 张拉设备选择

针对稳定索同步张拉的方法，采用有限元进行施工仿真计算，获取提升张拉过程中的每根拉索的索力，每根拉索在提升张拉过程中的最大索力作为该拉索的工装设计和千斤顶配置的控制依据。

稳定索张拉工装索采用两根ϕ65的钢拉杆，单根钢拉杆破断力348t，合计破断力348×2=696t，稳定索最大张拉力311t，稳定索张拉工装索的能力系数为696÷311=2.2，满足稳定索张拉的要求。

幕墙索的张拉工装索采用1根ϕ40的精轧螺纹钢，破断力105t，幕墙索最大张拉力为77t，幕墙索张拉工装索的能力系数为105÷77=1.4，满足幕墙索张拉的要求。

根据仿真计算结果，承重索提升过程中，若发生不同步现象，最大索力偏差为50kN，提升工装索和提升千斤顶的能力系数为2.2～3.2，远大于不同步引起的索力偏差。稳定索张拉设备选择见表5.5-6，千斤顶配置见图5.5-18。

稳定索张拉设备选择 表5.5-6

最大张拉索力（kN）	每个点配备的千斤顶规格（t）	每个点配备的千斤顶数量	工装索破断力（t）	张拉设备的能力系数	工装索能力系数
3111	250	2	696	1.6	2.2

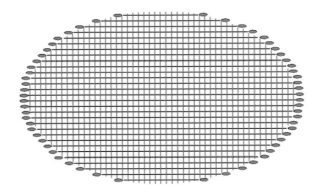

图5.5-18 稳定索张拉千斤顶配置图（共120台250t千斤顶）

5.5.2.3 张拉工装设计方案

屋面索张拉工装主要用于稳定索的张拉，利用拉索连接耳板作为着力点，每对拉索利用2个千斤顶进行拉索张拉安装，张拉工装示意图和实物照片见图5.5-19。

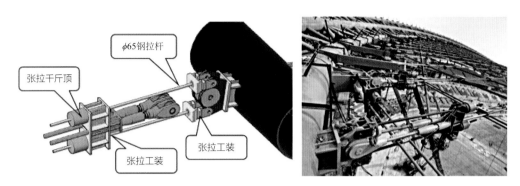

图5.5-19 张拉工装示意图和实物照片

5.5.2.4 张拉过程

承重索提升到位后，开始进行稳定索的张拉工作。由于稳定索张拉是索网结构成形的关键一步，张拉力大，同步性要求高，因此，稳定索张拉分为预张拉和正式张拉两个阶段。稳定索同步张拉最大距离约为370mm，张拉过程采用对称分步的原则进行。预张拉一步张拉完成，正式张拉分为9步张拉完成，每步张拉距离为30mm。为方便书写将"索距"进行定义，即为稳定索索孔与对应耳板孔的距离。

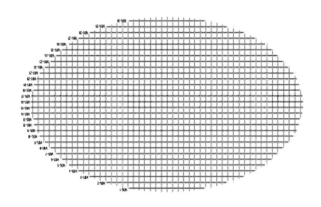

图5.5-20 稳定索布置图

（1）预张拉阶段：稳定索工装安装完成后，进行稳定索预张拉工作。为正式张拉提供指导，为第三方监测仪器提供数据累积。

①初始状态调整：经过大量计算分析，确定稳定索初始长度状态，稳定索布置图见图5.5-20，初始长度状态见表5.5-7。

稳定索张拉监测记录表   表5.5-7

稳定索编号	距就位点距离（mm）	实测距离（mm）		计算索力（kN）	实测张拉力（kN）	
		北侧	南侧		北侧	南侧
WDS-1	70			35		
WDS-2	125			58		
WDS-3	165			29		
WDS-4	190			80		
WDS-5	215			58		

稳定索编号	距就位点距离（mm）	实测距离（mm）		计算索力（kN）	实测张拉力（kN）	
		北侧	南侧		北侧	南侧
WDS-6	240			70		
WDS-7	260			55		
WDS-8	280			55		
WDS-9	300			36		
WDS-10	310			84		
WDS-11	320			58		
WDS-12	350			55		
WDS-13	360			73		
WDS-14	360			32		
WDS-15	370			68		
WDS-16	370			6S		
WDS-17	360			32		
WDS-18	360			73		
WDS-19	350			55		
WDS-20	320			58		
WDS-21	310			84		
WDS-22	300			36		
WDS-23	280			55		
WDS-24	260			55		
WDS-25	240			70		
WDS-26	215			58		
WDS-27	190			80		
WDS-28	165			29		
WDS-29	125			58		
WDS-30	70			35		
记录人				日期		

稳定索张拉监测记录表——初始位置

②预张拉过程：按照等距离30mm进行预张拉的原则，进行稳定索对称张拉；稳定索索孔与对应耳板孔距离较小（WDS1和WDS30距离最短为70mm）的先张拉到位，为保证施工安全，将到位拉索穿销轴固定；按照此方法继续进行稳定索WDS2和WDS29张拉安装。

③预张拉完成后稳定索长度和索力状态见表5.5-8。

稳定索张拉监测记录表——初始位置

稳定索编号	距就位点距离（mm）	实测距离（mm）		计算索力（kN）	实测张拉力（kN）	
		北侧	南侧		北侧	南侧
WDS-1	0			2456		
WDS-2	0			2968		
WDS-3	45			2029		
WDS-4	70			1783		
WDS-5	95			1555		
WDS-6	120			1410		
WDS-7	140			1334		
WDS-8	160			1227		
WDS-9	180			1135		
WDS-10	190			1195		
WDS-11	200			1186		
WDS-12	230			1000		
WDS-13	240			980		
WDS-14	240			1032		
WDS-15	250			964		
WDS-16	250			964		
WDS-17	240			1032		
WDS-18	240			980		
WDS-19	230			1000		
WDS-20	200			1186		
WDS-21	190			1195		
WDS-22	180			1135		
WDS-23	160			1227		
WDS-24	140			1334		
WDS-25	120			1410		
WDS-26	95			1555		
WDS-27	70			1783		
WDS-28	45			2029		
WDS-29	0			2968		
WDS-30	0			2456		
记录人				日期		

（2）正式张拉阶段。

稳定索预张拉完成后，进行正式张拉。预张拉完成后，稳定索（WDS15和WDS16）索距最大为250mm，正式张拉每步张拉30mm，因此，正式张拉需要8步完成。稳定索索孔与对应耳板孔距离最大拉索张拉到位后穿销轴固定。

通过油泵对千斤顶施加拉力，观察拉索销轴，测量得到每根稳定索对应状态的索力，即为索网成形时稳定索索力，并与设计索力对比，判断其偏差是否在15%范围内。若不满足，可通过调整对应调节螺杆进行调整。稳定索张拉完成照片见图5.5-21。

图5.5-21　稳定索张拉完成照片

5.5.2.5　索网张拉同步控制工艺

单层正交索网结构全柔性的特点决定了结构最终的形态和张拉顺序及张拉分级无关。但在结构提升机张拉过程中，由于提升及张拉的分级和顺序不同，将造成结构对外环梁的作用力具有众多偶然性。最显著的一点即各个位置的拉索拉力不均匀，这样可能会对边环梁稳定性造成不利影响，为此提出的分步提升整体张拉的施工方案能够保证各位置拉索的受力在整个过程中都保持一致，并研发了整体同步控制系统，制定了合理的拉索提升和张拉方案，在施工过程中采用智能同步控制系统对整个施工过程进行监控，保证施工质量满足要求。

1. 同步控制系统简介

计算机控制液压同步提升技术是一项新颖的构件提升安装施工技术，它采用柔性钢绞线承重、提升油缸集群、计算机控制、液压同步提升新原理，结合现代化施工工艺，将成千上万吨的构件在地面拼装后，整体提升到预定位置安装就位，实现大吨位、大跨度、大面积的超大型构件超高空整体同步提升。计算机控制液压同步提升技术的核心设备采用计算机控制，可以全自动完成同步升降、实现力和位移控制、操作闭锁、过程显示和故障报警等多种功能，是集机、电、液、传感器、计算机和控制技术于一体的现代化先进设备。

2. 系统组成

计算机控制液压同步提升系统由钢绞线及提升油缸集群（承重部件）、液压泵站（驱动部件）、传感检测及计算机控制（控制部件）和远程监视系统等几个部分组成。其中，提升油缸及钢绞线是系统的承重部件，用来承受提升构件的重量。可以根据提升重量（提升载荷）的大小来配置提升油缸的数量，每个提升吊点中油缸可以并联使用，为穿芯式结构。钢绞线采用高强度低松弛预应力钢绞线，公称直径为15.2mm和22mm，抗拉强度为1860N/mm。钢绞线符合国际标准ASTM A416—87a，其抗拉强度、几何尺寸和表面质量都得到严格保证。液压泵站是提升系统的动力驱动部分，它的性能及可靠性对整个提升系统稳定可靠工作影响最大。在液压系统中，采用比例同步技术，这样可以有效地提高整个系统的同步调节性能。传感检测主要用来获得提升油缸的位置信息、载荷信息和整个被提升构件空中姿态信息，并将这些信息通过现场实时网络传输给主控计算机。这样主控计算机可以根据当前网络传来的油缸位置信息决定提升油缸的下一步动作，同时，主控计算机也可以根据网络传来的提升载荷信息和构件姿态信息决定整个系统的同步调节量。

3. 同步提升控制原理

主控计算机除了控制所有提升油缸的统一动作之外，还必须保证各个提升吊点的位置同步。在提升体系中，设定主令提升吊点，其他提升吊点均以主令吊点的位置作为参考来进行调节。主令提升吊点决定整个提升系统的提升速度，操作人员可以根据泵站的流量分配和其他因素来设定提升速度。根据现有的提升系统设计，最大提升速度不大于1.5m/h。主令提升速度的设定是通过比例液压系统中的比例阀来实现的。主控计算机可以根据跟随提升吊点当前的高度差，依照一定的控制算法，来决定相应比例阀的控制量大小，从而实现每一跟随提升吊点与主令提升吊点的位置同步。

4. 泵站操作面板

泵站操作面板见图5.5-22。

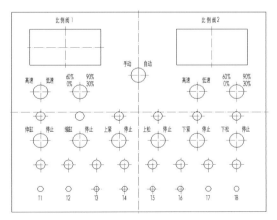 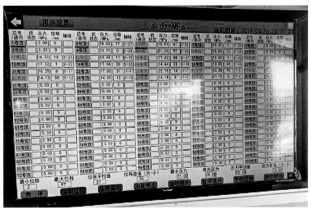

图5.5-22　泵站操作面及同步控制软件截面

5. 单层索网张拉同步控制工艺

在国家速滑馆屋盖单层双向正交索网张拉中，采用了自主开发的同步控制系统以保证张拉点拉力和张拉距离的同步性。在现场操作中，30个轴线的稳定索一端（南端）采用同步控制设备进行同步张拉。每台油泵控制两个张拉点，每个张拉点为2台250t的千斤顶，共采用60台250t的千斤顶，

15台油泵，再将15个控制串联至电脑进行控制，行程1套自动控制系统。在每个张拉点的每台千斤顶布置一个拉线传感器，用于采集钢绞线的位移信号并实时回馈到计算机，另外在每个电磁阀布置一个压力传感器，实时采集油压信号并反馈到计算机，以实现利用计算机同时控制油压和位移，通过在千斤顶上设计限位装置控制每次出缸量值，现场使用情况的部分图片见图5.5-23、图5.5-24。

图5.5-23　同步控制设备（内部控制系统及设备）

图5.5-24　同步控制设备（外部控制系统及设备）

5.5.3　安装结果分析

5.5.3.1　索网提升阶段

在提升过程中对索结构的内力、环桁架的各项指标进行了监测，得到以下结论：

（1）桁架主要受到索网结构的自重作用，对于桁架的内力影响相对较小，峰值为西北区域的108.5MPa。

（2）支座位移在全过程中的运动趋势较均匀，没有异常现象发生，其中南北两侧的支座移动距离为-16.1cm和-17.2cm，东西两侧的支座移动距离为14.0cm和14.2cm，通过对比关键位置的位移情况，可以发现在整个提升过程中桁架的整体形态正常（表5.5-9）。

（3）环桁架支座没有受到扭转，所有支座转动的角度均小于1°。

支座位移汇总表（mm）　　　　　　　　　　　　　　　　表5.5-9

支座编号	支座位置	环向平动	径向平动
1	西北侧支座	−45	140
12	西北侧支座	−3	−126
13	东北侧支座	−4	−161
24	东北侧支座	20	142
25	东南侧支座	−53	128
36	东南侧支座	−6	−170
37	西南侧支座	8	−172
48	西南侧支座	62	144

（4）随着屋面索网形态的改变，屋面索的索力也在发生变化。提升完成后，承重索的销轴安装固定，屋面索的全部自重由承重索传递到环桁架上。随着提升高度的上升，承重索索力不断增大，整体的趋势为南北两端大、中间小的情况，索力峰值为791.5kN。

根据仿真分析结果，在索网提升阶段，端部的承重索在接近提升就位时，索力增长较快，索力较大，最大达到1400kN。根据监测数据，承重索力最大的为CZS-03，为791.5kN，远小于仿真值（图5.5-25）。

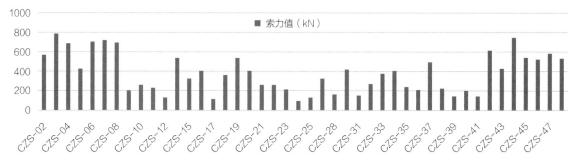

图5.5-25　承重索索力变化情况（kN）

根据仿真分析结果，在提升承重索和张拉稳定索的过程中，环桁架应力变化幅度不大。环桁架最大应力出现在索网施加配重时，此时最大拉应力为205.12MPa，最大压应力为−189.08MPa。根据监测数据，环桁架的最大拉应力和压应力分别为110.4MPa和−123.8MPa，远小于仿真值（图5.5-26）。

根据仿真分析结果，在索网提升阶段，最终幕墙索力在300kN左右，最大在650kN左右。根据监测数据，幕墙索力超过300kN的仅有MQS-39的309.6kN、MQS-72的384kN、MQS-83的329.6kN、MQS-95的309.8kN、MQS-103的342.5kN，其余绝大部分的数值远小于仿真值（图5.5-27）。

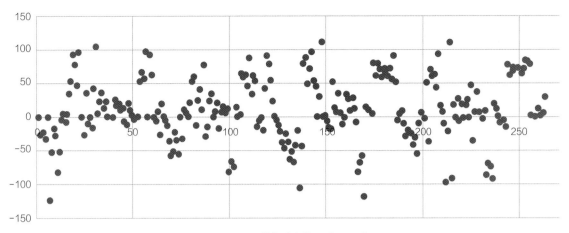

图5.5-26 环桁架内力情况（MPa）

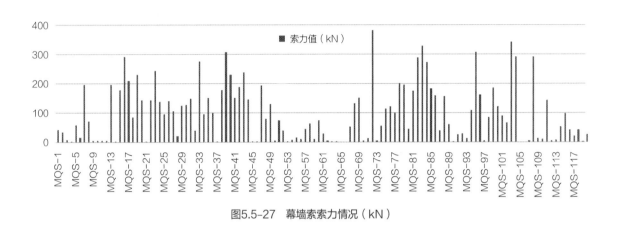

图5.5-27 幕墙索索力情况（kN）

5.5.3.2 索网张拉阶段

在屋面索网的张拉过程中，对支座、索力等进行了监测，可得到以下结论：

（1）屋面索网张拉施工完成后，环桁架南北两侧距初始位置（索网提升前）的支座移动距离为-12.2cm和-11.8cm，东西两侧的支座移动距离为12.5cm和13.4cm。

（2）屋面索网张拉施工完成后，稳定索索力的最大值与最小值的索力编号分别为WDS-20号与WDS-1号，其索力分别为3220.3kN与2405.9kN，为仿真值最大的9.45%。承重索索力的最大值与最小值的索力编号分别为CZS-45号与CZS-40号：其索力分别为1913.3kN与1255.7kN，见图5.5-28，其中与设计索力偏差超过15%的索编号为：CZS-38号（索力值为1270.5kN）、CZS-40号（索力值为1255.7kN）。

（3）屋面索网张拉施工完成后，幕墙索索力最大的编号分别为：MQS-61号，其索力为508.4kN，其中幕墙索存在个别未张紧的索，相应的索编号为：MQS-11、MQS-37、MQS-54、MQS-74以及MQS-91号（图5.5-29）。

（4）屋面结构整体张拉成型，各部位测点应力变化规律与理论计算结果基本一致，结构受力沿纵轴对称。

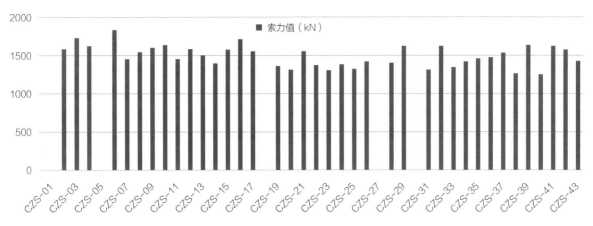

图5.5-28　承重索索力统计表（kN）

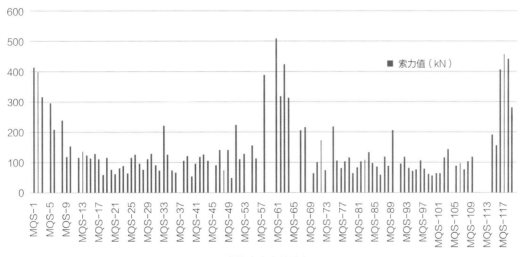

图5.5-29　幕墙索索力统计表

5.5.3.3　稳定阶段

为了进一步与设计理论值进行对比，选择结构温度18.0℃，环境温度18.3℃，接近设计温度20℃的时刻索网监测情况进行对比分析。从数据可知，稳定索监测索力与设计索力偏差为-9.5%～8.3%，平均值为-2.7%；承重索力与设计索力偏差-18.6%～10.8%，平均值为-6.67%；幕墙索力与设计索力偏差-42.8%～53.9%，平均值为-3.0%（图5.5-30～图5.5-32）。

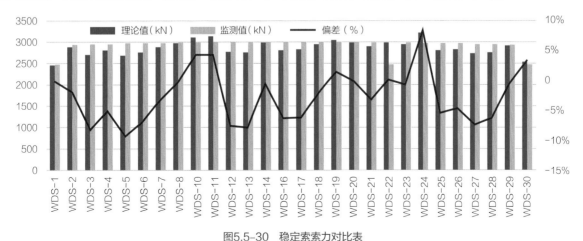

图5.5-30　稳定索索力对比表

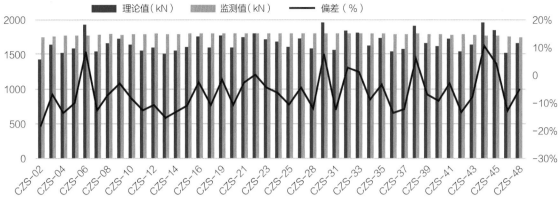

图5.5-31 承重索索力对比表

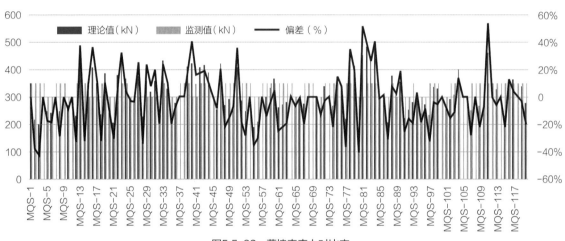

图5.5-32 幕墙索索力对比表

第6章

§

单元式柔性屋面工程施工关键技术

6.1 索网屋面变形协调工作方案

国家速滑馆屋面结构由钢结构环桁架和索网组成，常规的屋面方案为直立锁边金属屋面，但计算得出，索网的向上和向下包络位移均在470mm左右，位移云图如图6.1–1所示，因此需要采取一定的构造措施满足屋面与索网的变形协调。

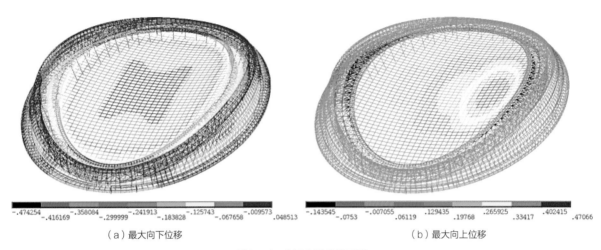

（a）最大向下位移　　　　　　　　　　　　（b）最大向上位移

图6.1–1　索网变形位移云图

6.1.1　建筑构件不同构造层不同变形协调工作机制

建筑构件一般都由结构层和非结构层构成。结构层一般是主受力构件，其应保持良好的力学性能，构造上保持连续性，保证构件的安全性；非结构层一般为功能层，具有一定的装饰性、建筑功能性（保温、防水、隔声）。结构层和非结构层因其功能不同，一般力学性能差异较大，导致二者在不同的荷载（力学荷载、温度荷载等）下变形不同步。为使二者更好地协同工作，需要设置可调构造，释放变形差异，避免变形不协调甚至撕裂风险，一般采用两种方法。

（1）将非结构层随网格离散化成独立单元，单元之间设置变形缝，使非结构层能适应结构层变形。

（2）结构层和非结构层之间设置隔离性可调构造，将二者的不同变形隔离，达到协同工作的目的。

6.1.2　索网屋面变形协调工作方案

国家速滑馆屋面整体呈双曲面马鞍形，索结构为结构层，具有整体性、连续性和良好的力学性能；金属屋面为非结构层，在满足一定的力学性能基础上具有保温、防水兼具建筑造型的功能。金属屋面体系一般由压型铝板、保温岩棉、隔汽层、防水层等组成，其受力层（压型铝板）与索网结构为完全不同的材质，材料属性差异很大，见表6.1-1。

铝和索体力学性能对比表   表6.1-1

材质	弹性模量（N/m²）	泊松比	质量密度（kg/m³）	抗拉强度（N/mm²）
铝材	0.7×10^{11}	0.32	27	$100 \sim 300$
索体	1.60×10^{11}	0.30	87.33	1570

6.1.2.1　变形协调方案

根据以上分析，解决屋面和索网变形有两个方面的考虑，第一是需要解决索网上下位移引起对单元板块屋面的挤压或者拉伸，解决思路是将刚性屋面划分为单元式屋面（类比伦敦自行车馆），需要对变形缝节点进行设计；第二是在屋面层和索网层之间设置滑动支座，将索网和屋面的变形隔离开来，减小索网和屋面之间的相互约束作用。

变形协调方案设计示意见图6.1-2、图6.1-3。

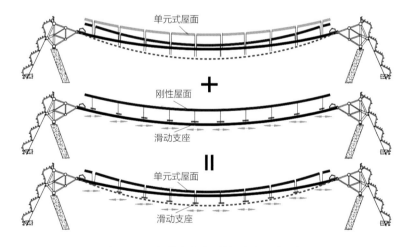

图6.1-2　短轴方向变形协调方案设计示意

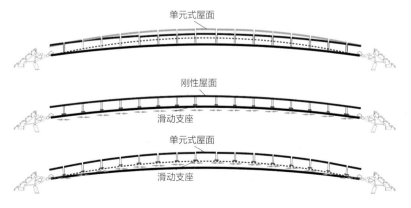

图6.1-3　长轴方向变形协调方案设计示意

6.1.2.2 变形缝设计

1. 变形缝设置

变形缝原则上与索网网格投影一致，其构造应满足牢固的基础上兼具一定的变形适应能力，金属屋面的其他功能如防水、保温等亦应满足，是屋面功能层的延续（图6.1-4）。

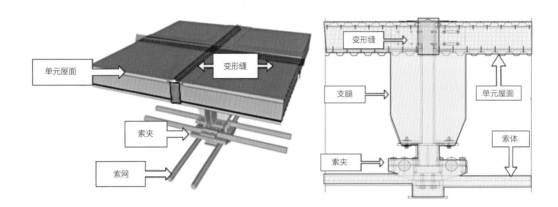

图6.1-4　变形缝轴侧示意、变形缝剖面示意

2. 变形缝复核

1）变形缝宽度计算

根据以上投影网格划分原则，短轴方向圆弧半径约238m，用4m间距划分弧线，考虑到屋面底部有排水沟，高度为高出索体1000mm。在交点处（索夹处）相邻两块板块夹角1.03°～1.04°，按2°极端情况计算，板缝宽度约为2倍的4m面板转角弧长为：

$$l_1 = 2 \times 1000 \times \frac{2 \times \pi}{180} \approx 70\text{mm}$$

长轴中断面圆弧半径约706m，4m长屋面板宽，1000mm高屋面高度，转角处转动角度0.31°～0.33°。按极端情况角度1°考虑，4m长面板转动弧长约：

$$l_0 = 1000 \times \frac{2 \times \pi}{360} \approx 17\text{mm}$$

短轴与长轴处变模拟见图6.1-5。

根据以上计算结果，极端工况板缝宽度应满足短轴和长轴变形缝要求：

$$l_2 = l_1 + l_0 = 87\text{mm}$$

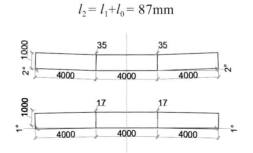

图6.1-5　短轴（上）与长轴（下）处变模拟

取90mm。

即90mm变形缝满足极端工况向下位移的情况下不会碰撞，且满足极端工况向上位移的拉伸容量。考虑拉索安装最大容许误差为±20mm，变形缝取值为（90±20）mm，来吸收屋面随着索网的变形。

2）变形缝容差能力复核

假定标准单元板块为4000mm×4000mm，每边内退45mm作为变形缝（图6.1-6），通过作图，将稳定态拉索（短轴和长轴两个方向）作向上和向下470mm位移量（图6.1-7、图6.1-8），复核索网中部单元板块变形缝适应能力。

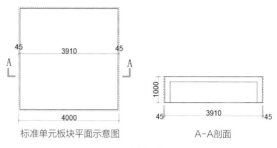

图6.1-6　标准单元板块示意图

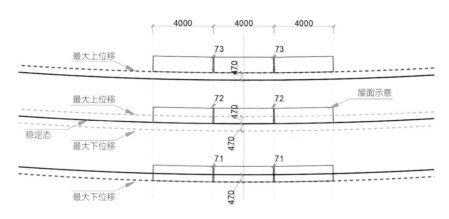

图6.1-7　短轴向上向下最大位移情况下中心变形示意图

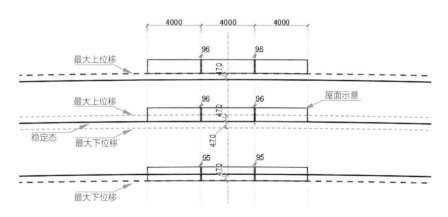

图6.1-8　长轴向上向下最大位移情况下中心变形示意图

通过以上复核可以看出，变形缝为90mm时，索网向上向下位移470mm时短轴变形缝在70mm左右，长轴变形缝在95mm左右，可以满足索网变形需求。

3）变形缝节点设计

变形缝处底部设置0.6mm压型铝板，单侧螺栓为长圆孔，可实现板缝处承托压型铝板的滑动性。上部填满保温岩棉毡嵌缝，作为金属屋面保温层的功能延续。岩棉毡上部为防水系统，自下而上分别为卷材附加层、成品成型岩棉棒、防水卷材层。其中防水层有两步变形要求，一是卷材本身需要具有一定的延展性；二是卷材附加层从屋面表层下凹30mm左右，利用卷材的长度作为物理变形量，岩棉棒作为填充物保障整体面层平整，防水层跨过变形缝满铺。具体构造见图6.1-9、图6.1-10所示。卷材内容详见本书第6.4节。

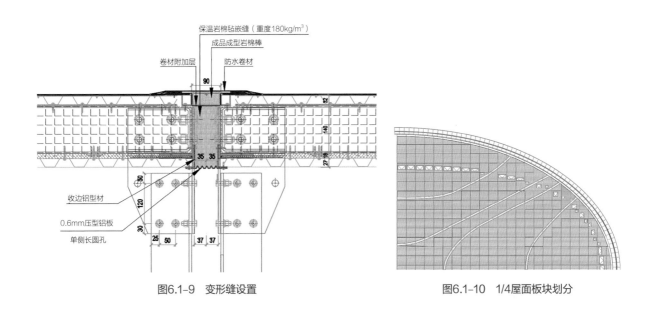

图6.1-9　变形缝设置

图6.1-10　1/4屋面板块划分

6.1.2.3　可调支座

屋面板块与索网支座进行栓接连接，通过设置1处固定，2处大圆孔滑移固定，1处长圆孔滑移固定，实现可调栓接，保障了屋面单元板块的安装精度和高适应性。

支腿可调支座示意见图6.1-11。

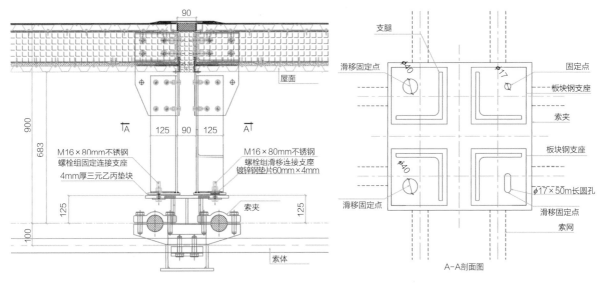

图6.1-11　支腿可调支座示意

6.1.3 小结

屋面索网在不同工况下向下和向上位移最大为470mm左右，从两个方面考虑索网和屋面的变形。

（1）类比伦敦自行车馆将刚性的金属屋面划分为单元式屋面，并设计了变形缝解决索网上下位移引起单元板块屋面的挤压或者拉伸，经计算变形缝大小为（90±20）mm；自下而上分别为卷材附加层、成品成型岩棉棒、防水卷材层，变形缝处利用卷材的延展性和附加层长度适应索网变形。

（2）屋面层和索网层之间设置滑动支座。将屋面和索夹之间支座的螺栓孔设置为可调节的螺栓孔，将索网和屋面的变形隔离开来，减小索网变形对屋面引起的平面内移动。

6.2 索网屋面荷载置换施工技术

6.2.1 原因分析

6.2.1.1 环桁架支座锁定要求

（1）要求一：屋面和幕墙索张拉完成；国家速滑馆索网在2019年3月19日全部张拉完毕，满足锁定要求。

（2）要求二：温度在10~20℃；根据对2018年的北京市最高和最低温度查询（图6.2-1），在进入5月份以后最高温度整体已经超过20℃，不适合支座锁定。因此要在2019年3月、4月份完成支座锁定（图6.2-2）。

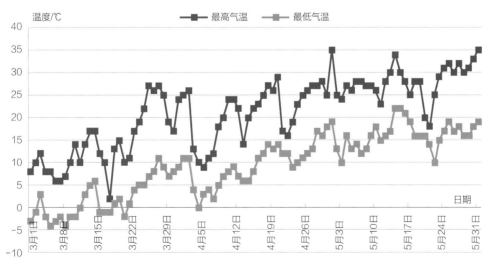

图6.2-1　2018年3~5月最高最低气温统计

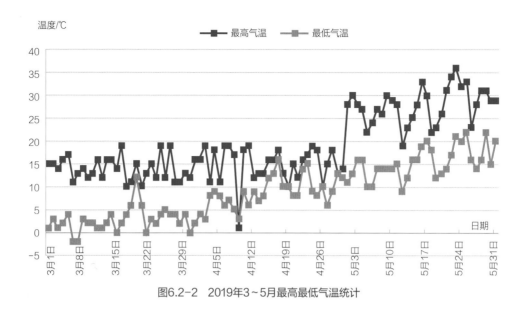

图6.2-2 2019年3~5月最高最低气温统计

（3）要求三：屋面荷载应加载完。屋面荷载加载完之后屋盖结构达到稳定，才有利于后续施工部署。按照正常施工顺序，屋面要在索网张拉之后（3月19日）现场复测返尺之后下料加工，持续时间达几个月后才能正常施加屋面荷载。

6.2.1.2　索网变形

有限元分析，主体结构索的变形如图6.2-3、图6.2-4所示。

由上面两图可知，由索网张拉完毕状态到屋面及马道安装完毕状态，索网中间区域变形最大，索结构最大竖向变形为–0.422–0.155=–0.577m。

以椭圆的长轴和短轴为例，主体结构索安装完成后，长轴方向索长约200m，短轴方向索长约120m。分别以长轴200m、短轴120m为弧长作图，如图6.2-5所示。

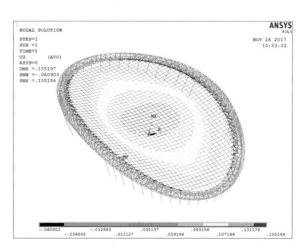

图6.2-3 拉索张拉完毕且未安装屋面及马道
状态下结构变形（m）

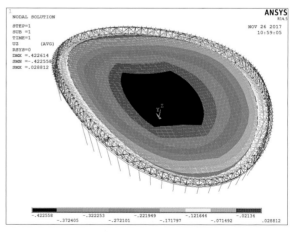

图6.2-4 屋面及马道安装完毕状态下结构变形（m）

索结构在最大竖向变形为0.577m时：

（1）长轴缩短0.132m，平均到每个单元板块上是：0.110/200×4=0.0022m=2.2mm，取3mm；

（2）短轴伸长0.220m，平均到每个单元板块上是：0.220/120×4=0.0073m=7.3mm，取8mm。

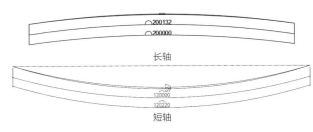

图6.2-5 弧长示意图

根据以上分析，索网安装屋面前后在长轴方向和短轴方向每个板块需均布拉伸3mm和8mm的变形量，金属屋面有撕拉变形甚至开裂变形的风险。

综上所述，在索网上施加屋面预负载，在屋面提前达到荷载预变形的条件下安装金属屋面，既可以满足钢结构支座锁定的需求，同时又降低了屋面荷载施加前后索网变形对屋面的破坏性风险。

6.2.2 配重与吊挂物选择

6.2.2.1 配重选择

现有的预加载配重多采用沙袋或钢锭。

（1）由于配重的总质量较大，采用沙袋配重时，需要在施工现场搬入搬出大量沙子，该方法存在沙子泄漏污染场地、沙子堆放占用较大场地、扬沙污染环境等问题；同时沙袋需要一定的防水措施，如果沙袋防水保护发生破损，降水、结露、浓雾等天气会造成配重重量改变。

（2）采用钢锭作为吊挂物时，需要采购大量的钢材，施工措施费用较高。

国家速滑馆索网屋面预加载时，创新采用了IBC水箱作为容器，配重填充物采用水，这样可以实现降低配重吊挂物的施工措施费用，同时避免吊挂物污染施工场地和环境，配重物的施加和撤除仅需通过水管注水和出水口排水即可实现，操作简单方便。

IBC集装桶1000L（图6.2-6）；内桶使用的材料是HDPE即高分子量低压聚乙烯材料，卫生性好，耐酸碱，只要使用温度不超过60℃，液体密度不要超过1.5，属于Ⅱ类或Ⅱ类以下危险品的种类都可以使用，1000L桶重量为（60±2）kg，壁厚平均3mm（表6.2-1）。

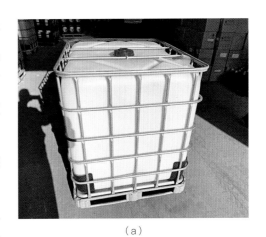

（a）

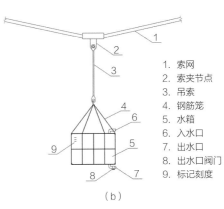

1. 索网
2. 索夹节点
3. 吊索
4. 钢筋笼
5. 水箱
6. 入水口
7. 出水口
8. 出水口阀门
9. 标记刻度

（b）

图6.2-6 IBC集装桶

产品规格			表6.2-1
规格	容积（L）	尺寸（$L \times W \times H$）（mm）	重量（kg）
JZ1000B	1000	$1200 \times 1000 \times 1150$	60 ± 2

6.2.2.2 钢丝绳选用

本工程每个吊挂点的荷载为1.16t，索夹下挂点销孔直径最小为26mm，钢丝绳选择应轻便易操作。

选用直径6.0mm的双钢丝绳悬挂，单根钢丝绳能承受的最小重量为3.0t（30000N），具有至少2.5的安全系数。

钢丝绳每100m重量为18.79kg，考虑索夹标高最高为26m，距离混凝土面（FOP面回填后标高-5.9m）最高距离为31.8m，但是实际最高点底部为看台板，考虑现场实际情况，将本次吊挂钢丝绳分为两种长度，在场馆内沿环桁架内圈外三层索夹采用40m，其他索夹部位采用52m钢丝绳，其中40m长度为155处，52m长度为498处，总长度约为32000m，荷载置换计算时需要考虑该钢丝绳的重量。

6.2.3 预负载安装

6.2.3.1 预负载计算与分布

标准单元屋面自重为44~45kg/m²，共582块，总重约419t；天沟单元屋面自重为60~65kg/m²，共384块，总重约399t；排烟天窗单元屋面自重为65~70kg/m²，共114块，总重约128t，合计屋面总重约930t。具体分布见图6.2-7。

采用"隔一拉一"梅花形布置的活载置换方案，共计653个索夹需要吊挂荷载，每个索夹要求的吊挂荷载大小为1160kg，吊挂预负载总计约757.48t；同时将索结构下部马道安装就位，可代替部分荷载，马道总重120t。索网吊挂荷载总计877.17t，满足设计要求。本次对以上653个吊点进行单独编号，FOP区域为52m吊点，看台区域为40m吊点（图6.2-8）。

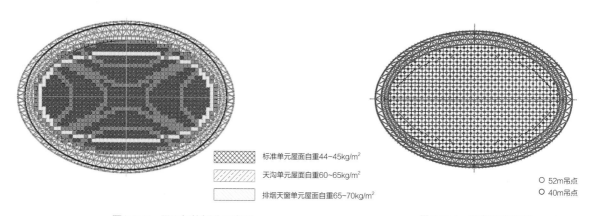

图6.2-7　屋面板块划分示意图　　　　　图6.2-8　预负载分布图

标准单元屋面自重44~45kg/m²
天沟单元屋面自重60~65kg/m²
排烟天窗单元屋面自重65~70kg/m²
○ 52m吊点
○ 40m吊点

6.2.3.2 悬挂方式

本工程屋面索夹共1142个，其中有571个索夹底部设计有吊挂点可用于吊挂荷载，额定荷载最小在1160kg，两圈马道均布82个吊挂点，总计653个吊挂点，满足设计吊挂荷载要求。吊挂荷载吊挂点设置在索夹底部的吊挂耳板上，当索夹没有设计吊耳时，直接绕过索夹斜跨在索夹之上。在索提升前，可以在地面上先将钢丝绳绑定，提升和张拉完以后，索夹标高为11.305~26.035m之间，对应底部在FOP底板或看台板上。

索夹荷载吊挂点示意图见图6.2-9，国家速滑馆索网配重吊挂物现场照片见图6.2-10。

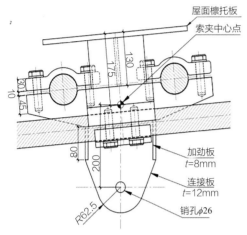

图6.2-9 索夹荷载吊挂点示意图

图6.2-10 国家速滑馆索网配重吊挂物现场照片

6.2.3.3 质量控制措施

（1）吊挂荷载的控制关键是吊挂荷载的精确度。为准确控制，同时减少施工操作过程中的误差和提高施工方便性，荷载重量需严格控制，误差控制在±0.5kg以内，称重采用100kg级电子台秤。

（2）定期专人巡视检查吊挂钢丝绳以及荷载，看是否有钢丝绳卡子松动、水箱损坏，或有无人为破坏，并及时通知相关负责人调整。

（3）为便于计算和操作控制，每个吊挂钢丝绳的长度离地或看台板高度尽量保持一致，FOP区域需要预留出40cm抗冻混凝土层。

（4）为了便于荷载能准确控制，每个吊点都有独立且唯一的编号。

6.2.3.4 安装步骤

根据上述特点分析，本工程屋面索网吊挂荷载拟采用钢丝绳吊挂标准重量的IBC集装桶。初步计划通过索网提升前安装好的$\phi6$钢丝绳将专用IBC集装桶吊挂离地面500mm，然后对挂好的IBC集装桶按照图6.2-11所述顺序注水，直至每个吊挂点荷载满足设计要求。随后将整个吊挂荷载区域封闭，严禁工人进入。对称安装屋面后卸载对应位置的配重水箱。安装流程图见图6.2-11。

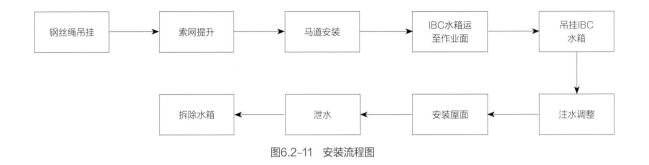

图6.2-11 安装流程图

具体步骤如下：

（1）在索网索夹安装完成并验收合格但未提升时，在索夹底部耳板位置穿挂钢丝绳（直径6.0mm钢丝绳），钢丝绳（双绳）的长度要大于张拉完成时吊挂点离地（混凝土结构面）高度的2倍，以便于以后操作人员在地面解除吊挂。

（2）测试：根据吊挂荷载的安装思路，在索网就位后先行安装一套IBC集装桶及外框，运至FOP板进行安装测试。同时对IBC集装桶内的容量进行校核。

（3）马道安装，根据钢结构施工方案将索网结构下部马道安装就位，同时将马道下部的吊挂钢丝绳安装就位。

（4）分区域将IBC集装桶运至FOP板。看台板区域分东西两个区域，按照就近原则，分散至每个吊挂点放置，同时在每个吊挂点下设置1.5m×1.5m大小的多层板保护预制看台板，FOP区域分南北两个区域堆放，以便安装车辆行走。

（5）安装IBC集装桶兜绳，截取9m长ϕ6钢丝绳，将兜绳穿入IBC集装桶外框，使用3个绳卡将兜绳锁死。

（6）按照每个吊挂点编号，分别在东、西和南、北四个方向对称吊挂IBC集装桶。使用25t汽车起重机和屈臂车配合将IBC集装桶吊挂，距地500mm。

（7）将所有IBC集装桶吊挂就位后，对IBC集装桶进行位置调整，保证距地高度，并使用钢丝绳辅助定位，保证IBC集装桶静止，不旋转，不晃动，并设置防风措施。

（8）注水，使用直径为100mm的水管，分别从东、西、南、北四个方向对称注水，并派专人监督，保证索网逐一加载。同时，保证注满水后IBC集装桶距地不小于400mm，并对编号的IBC集装桶进行标记和记录。

（9）吊挂完成后，在每个IBC集装桶上张贴安全标识。

（10）吊挂施工完成后，对整个吊挂区域进行封闭管理，设置定型围挡或警戒线，并配置相应警戒标识。

（11）日常检修维护，按照吊挂数量，购买不少于吊挂数量5%的IBC集装桶，以便安装损坏后及时替换。并设置1名管理人员和2名工人负责日常检查和维护，检查项目包括：是否渗漏、水量是否减少、封闭是否完好。

6.2.4 荷载置换

安装单元式屋面采用对称安装，将索范围内单元板块划分为5个施工分段，施工顺序为1-2-3-4-5，由东西向中部、再由中部向南北进行屋面安装，安装顺序如图6.2-12所示。

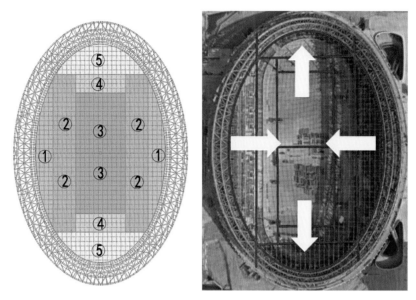

图6.2-12 安装批次划分

卸载顺序同安装顺序（1-2-3-4-5），每安装完一个区域的屋面将对应区域的水箱配重卸载，采取有组织排水；后卸载水箱，拆除钢丝绳，完成荷载置换。荷载置换对比见表6.2-2。

荷载置换对比（kN） 表6.2-2

安装区域	1	2	3	4	5	马道	合计
屋面荷载	179.04	285.44	230.08	73.60	153.28	0	921.44
卸载荷载	−113.68	−204.16	−212.28	−67.28	−160.08	−120.00	−877.48
合计	65.36	81.28	17.80	6.32	−6.80	−120.00	43.96

6.2.5 效益分析

以1000个吊挂物每个配重1t计算。采用沙袋时，总计需要约660m³的普通沙，每个吊点需要吊挂约20袋沙子，需要挂钩20个或另作一个吊篮，每个吊点的措施费用约1000元，总计约需100万元；采用钢锭时，钢锭目前每吨约5000元，措施费总价约500万元；采用本发明的水箱方案时，每个吊点采用1m³容量的水桶，造价约500元，水5元每吨（回收的雨水或施工降水收集的地下水可进一步降低水单价），措施费总价约55万元。可见，采用水箱对索网预加载的方案时，施工措施费大幅降低，经济效益明显。

6.2.6 小结

国家速滑馆创新地采用了IBC水箱加水的方式对索网进行预加载，该方案主要有以下几点优势：

（1）使屋面提前达到荷载预变形的条件下安装金属屋面，既可以满足钢结构支座锁定的需求，同时又降低了屋面荷载施加前后索网变形对屋面的破坏性风险。

（2）相对于传统预加载配重（如沙袋或钢锭），采用了IBC水箱作为容器，配重填充物采用水，避免吊挂物污染施工场地和环境，配重填充物环保清洁。

（3）配重物的施加和撤除仅需通过水管注水和出水口排水即可实现，操作简单方便。

（4）采用水箱对索网预加载的方案大幅降低了配重吊挂物的施工措施费用，具有极高的性价比。

6.3 单元金属屋面施工技术

6.3.1 施加配重后索网复测

6.3.1.1 索夹复测

屋面在安装前，预加877.17t屋面吊挂荷载，屋面支座锁定后，需要对整个屋面的索网形态进行返尺三维扫描。通过全站仪进行密集性的逐个复核，全站仪的测量分为两部分，一部分是环桁架场馆面积较大，现场配重较多，需要多台移动测量设备；一部分是索网形态测量，通过测量索夹的四个边部，同时为了保证测量数据的精准性，每个边部选取两个测量点，最后根据索夹的尺寸，在索夹的形态建模的空间坐标系中，取出中心点坐标。图6.3-1中红色箭头所指位置为现场测量点。

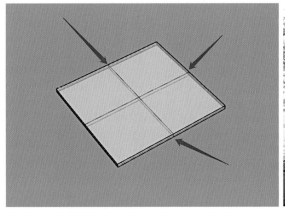

图6.3-1 索夹测点

6.3.1.2 整理建模

经过返尺复测后，取得了大量测量数据，对测量数据进行整理建模。如图6.3-2所示，红色标记即为天窗悬挑梁结构，黑色分布点即为现场所有索夹的空间形态分布。

因环桁架支座锁定限定了东西向位移，根据实测数据建模与原设计模型对比，速滑馆整体张拉完毕锁定支座后，东西向缩短，南北向拉长，在设计允许范围内，具体数值见图6.3-3。

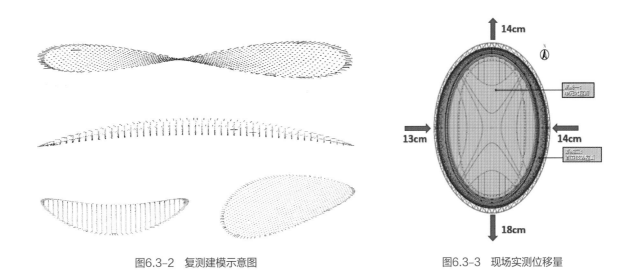

图6.3-2　复测建模示意图　　　　　　　　　　　图6.3-3　现场实测位移量

6.3.1.3 模型调整

返尺完成后，对已测量的形态与理论形态索夹进行对比（图6.3-4），然后分析数据，进行模型调整。经过实测返尺，需要将整个屋面的形态按照实测的数据，顺滑的调整成新的模型。

将返尺后的支座进行分析，考虑支座长度标准化、板块在厚度标高上不能斜切，板块缝隙尽量控制在（90±20）mm范围内，参数化生成单元板块龙骨及面板的BIM模型（图6.3-5），板块龙骨及面材加工数据均由BIM模型提取，实现从设计到加工的数据传递和统一，保障了单元式屋面板块的加工精度。

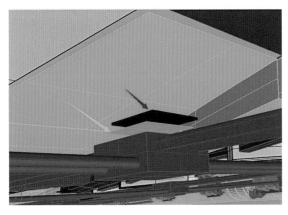 

图6.3-4　索夹制作理论模型与实测模型对比　　　图6.3-5　屋面板块表皮分格模型调整

6.3.2 基于BIM模型的下单和加工技术

6.3.2.1 BIM下单

把每一种构件都下单给厂家，每一种构件大部分为三维异形（图6.3-6、图6.3-7），下单给厂家后，厂家根据三维异形对构件进行拆分，拆分到每一支龙骨。

不规则四边形单元式屋面体量大，单元板块尺寸种类多，见图6.3-8、图6.3-9。本工程单元式屋面面积约16600m²，共1080多块单元板块，其中：标准单元板块610块，天沟单元板块356块，排烟窗单元板块114块。

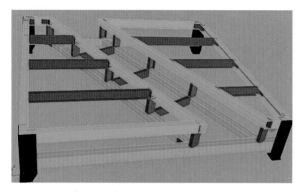

图6.3-6 屋面带水沟钢件三维模型

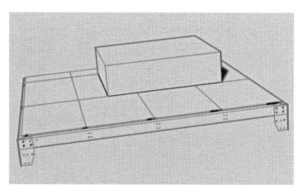

图6.3-7 屋面带天窗钢件三维模型

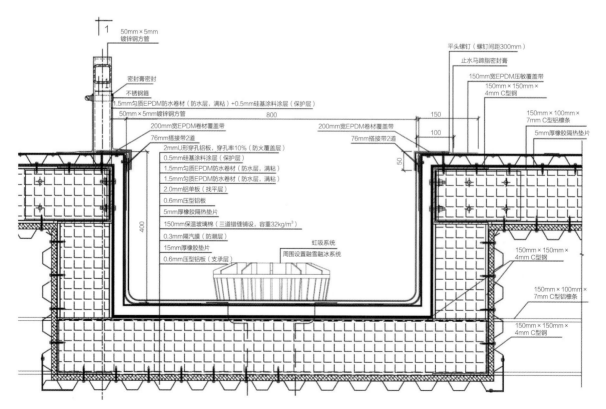

图6.3-8 排水天沟单元板块节点图

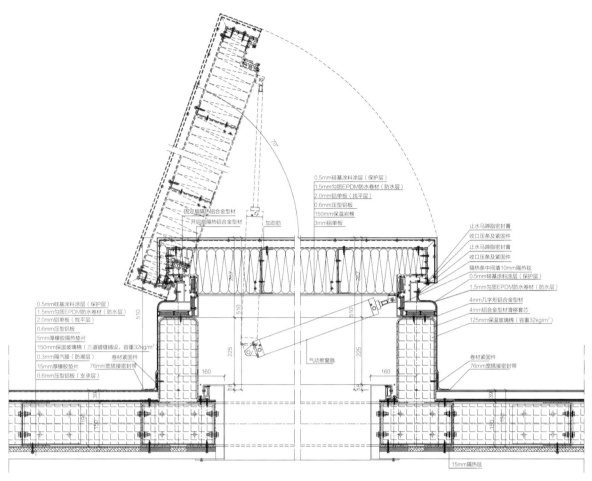

图6.3-9　防排烟窗单元板块节点图

6.3.2.2　工厂加工

工厂加工流程见图 6.3-10。

图6.3-10　工厂加工流程

屋面板加工实体见图6.3-11，屋面加工实体见图6.3-12。

（a）反面朝上框架组装

图6.3-11　屋面板加工实体

（b）反面朝上隔汽膜及三元乙丙垫片安装　　　　　　（c）反面朝上底部压型铝板安装

（d）正面朝上三层保温玻璃棉错缝铺设　　　　　　　（e）正面朝上顶部压型铝板安装

（f）正面朝顶部压型铝板安装　　　　　　　（g）正面朝上顶部铝单板找平层安装

图6.3-11　屋面板加工实体（续）

图6.3-12　屋面加工实体

6.3.3 单元式金属屋面安装技术

6.3.3.1 安装顺序
详见6.2.4荷载置换内容。

6.3.3.2 吊装机具选择
其中1、2批在南北端肥槽外使用300t汽车起重机吊运，场内两台升降车配合安装；3、4批在场馆东西两侧车库顶板使用80t汽车起重机吊运，场内两台升降车配合安装；5、6、7、8在场馆内FOP使用25t汽车起重机吊装，两台升降车配合安装（图6.3-13）。

图6.3-13　起重机吊运路线

6.3.3.3 地面转运
（1）运输车辆将板块运至东车库顶板，板块规格为4m×4m，FOP区域内4个工人及一台25t起重机配合接运材料。

（2）运输至FOP场地内后，采用汽车起重机配合叉车将单元板块转运至待装区正下方；同时汽车起重机及高空车进入待装区就位准备吊装，行驶时注意施工现场交通安全；成品区、待装区安排专人看护。

6.3.3.4 单元板块安装
由于单元板块采用了装配式的理念，安装过程比较简捷。只需要一次吊装到位后通过螺栓安装支腿，后续为板缝处理和防水施工。每块单元板块金属屋面安装流程如图6.3-14所示。

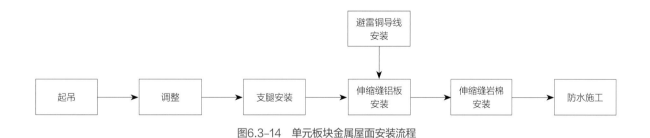

图6.3-14　单元板块金属屋面安装流程

（1）测量放线及标记：根据BIM提取每个位置坐标点，近7000个点位。借助四台全站仪，每组3个人进行测量放线。因不同板块尺寸不一，需在每个板块上标记方向，定位板块朝向。

（2）FOP安装：首先室内转运班组将待安装板块运输至吊装下方，将25t起重机支臂从附近索网分格伸出，起重机的两个吊钩同时下落将板块垂直从网格对角线吊出，吊装过程中下方设置两根揽风绳调整板块方向，吊装位于索网上方后调整起重机大小钩将板块放置水平，利用高处作业车对板块支座进行连接。屋面一名调整工反复调整、找位、再调整，最终将板块与连接件找位准确，2台高空车上4个工人负责安装支腿（图6.3-15、图6.3-16）。每安装6块需要挪动起重机位置，每次挪车覆盖的安装范围见图6.3-17。

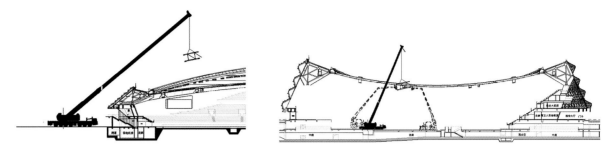

图6.3-15 南北低跨区域的板块吊装　　　　　　图6.3-16 场馆内的吊装

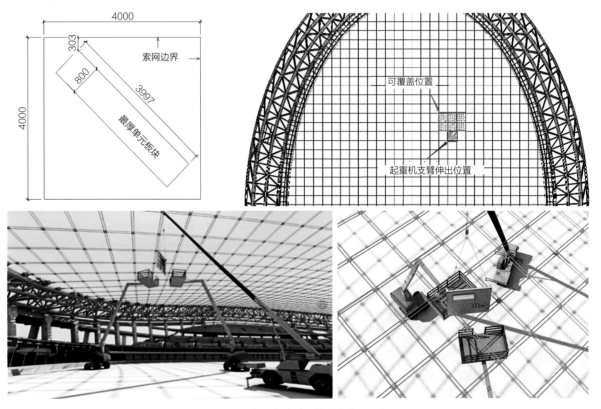

图6.3-17 起重机支臂覆盖安装范围示意图

说明：单元板块从索网对角传出时，需要精准控制板块起吊位置及起重机大臂的落点位置，起重机支车时，每个位置都要根据起吊尺寸、对角线关系计算，选择合适的支车位置及出杆角度，通知起吊过程中，需要高空车操作人员及下方起吊人员密切配合，缓慢起钩，尤其在板块即将出屋面时必须密切关注板块状态，为防止碰撞索体本身，须在单元体板块下部两端，设置至少两根缆风绳，用于单元板块在上升过程中的扶正工作。起重机吊装板块起升过程中，周围10m范围内，不允许站人，设置好警戒带。现场安装实拍见图6.3-18～图6.3-20。

图6.3-18　屋面单元块场外吊装

图6.3-19　屋面单元块场内吊装

图6.3-20　单元式屋面航拍图

6.3.3.5 安装效率对比

1. 单元板块安装流程与金属屋面对比

对比常规金属屋面安装流程（图6.3-21），首先需要铺设大量的安装马道，且每层材料均需要吊装倒运，吊装倒运流程繁琐、复杂且耗费时间。

图6.3-21 常规金属屋面安装流程

2. 安装机具及人工对比

1块单元板块金属屋面现场安装时，仅需要吊装起重机1辆，配司机1名、信号工1名，安装曲臂车2辆，配司机2名、安装工2名、信号工1名和调整工2名（地面和屋面）。共3台机械（1台起重机+2台曲臂车）、7个人工。一套班组在天气和熟练度达到要求后单日可完成14块左右（224m²）。一个班组需要约80d（7人）完成安装，两个班组（14人）需要约40d完成安装。设计提前介入和工厂产能足够的前提下，工厂加工可提前插入，加工时间耗损可忽略。

而如果采用金属屋面，每100m²材料吊装1d（配1台起重机、1名信号工），每种材料安装配5名安装工人（按3种计算），安装时长约3d。即每100m²约16人一班组、4d，按照4个班组计算，共需要约130d，共四个月左右。采用装配式单元金属屋面较传统金属屋面安装可提高安装效率4倍以上。

6.3.4 三维激光扫描

屋面和幕墙安装完成后对屋面整体进行三维激光扫描复测，与施加预负载状态的BIM模型进行安装对比，具体如下。

扫描采用大空间三维激光扫描仪FocusS Series S 70（图6.3-22），其测距最大值为70m，精度在±1mm以内。扫描点云处理及对比均采用专业的Geomagic Control进行后续处理。

图6.3-22 大空间三维激光扫描仪FocusS Series S 70及索网扫描图

图6.3-23是扫描结果封装前后图。可以清晰地看出其中索网和屋面所在的点云，充分说明了点云数据的可靠性。

在对扫描模型进行封装后，将其与设计模型进行对比，得到对比示意图如图6.3-24所示。其中

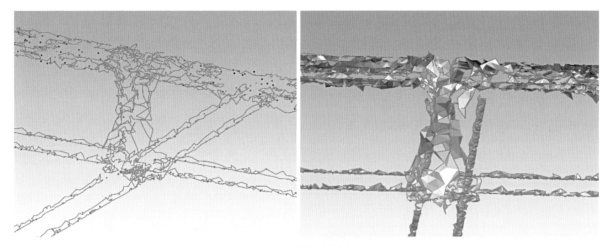

图6.3-23　扫描模型封装前后对比

绿色部分为扫描模型，灰色部分为设计模型。

图6.3-25为包含误差标尺的对比图，单位为m，最小精度为0.05m。红色表示扫描模型偏高，蓝色表示扫描模型偏低。

从图6.3-25中可以看出，实际施工模型整体精度较好，形态与参照模型基本吻合。

由于软件对比的机理是采用扫描得到的支座点云与参照模型的"索夹—支座"节点模型进行对比，误差对比模型中只显示参照模型的索夹节点模型，不显示扫描模型，因此图示节点处最小误差为实际误差。将标尺最小精度调整为0.01m。随机选取其中一块放大，如图6.3-26所示。

由图6.3-26可知，节点处误差分为红色和青色两部分，其中红色为铝板柱脚顶部，青色为铝板柱脚底部，也即索夹处。由此可知，我们需要选取柱脚底部的误差作为该节点的误差，图示可知该节点处误差在0.01m以内，即10mm以内。

以类似的判断依据，选取一处，采取最小精度0.005mm进行判断。

从图6.3-26可以看出，大部分节点误差在5mm以内。小部分节点误差在0.01m左右，

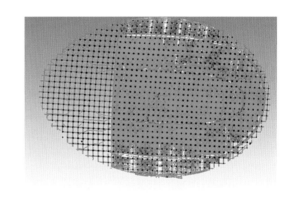

图6.3-24　三维扫描数据对比示意图

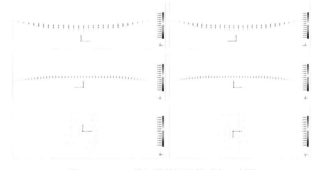

图6.3-25　三维扫描数据误差对比示意图
（前视图、后视图，左视图、右视图，俯视图、仰视图）

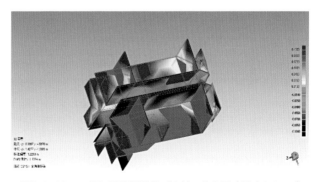

图6.3-26　三维扫描数据误差对比某一节点图（精度0.01m）

即10mm以内。基于以上屋面扫描文件及设计模型，可以得到图6.3-27的误差云图，基本确定索网节点的66.31%的误差在5mm以内，94%的误差在10mm以内。

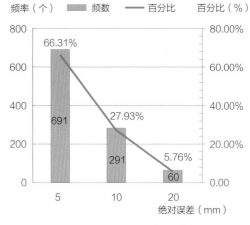

图6.3-27 三维扫描数据误差统计

6.3.5 小结

总结出一套基于索网变形坐标复测值建立BIM模型进行精准下料，并高精度安装的单元板块金属屋面安装技术，94%以上的安装误差控制在10mm以内。

采用装配单元式金属屋面，在设计提前插入且加工工厂产能足够的情况下，仅考虑现场安装，可提高安装效率4倍以上；大大提高了施工效率，缩短工期，且能保证安装精度，是金属屋面的装配化的大胆尝试，为同类工程提供参考。

6.4 单层高延展性屋面防水体系研究

6.4.1 防水体系选用

6.4.1.1 卷材性能对比

常规的屋面防水卷材有TPO、PVC、EPDM，其常用性能对比表见表6.4-1。

常规屋面防水卷材性能对比 表6.4-1

比较项目	TPO防水卷材	PVC防水卷材	EPDM防水卷材
国家标准	《热塑性聚烯烃（TPO）防水卷材》GB 27789—2011	《聚氯乙烯（PVC）防水卷材》GB 12952—2011	《高分子防水材料 第1部分：片材》GB/T 18173.1—2012
材料构成	主要材料为乙丙橡胶和聚丙烯无增塑剂，天然柔性，不含氯成分，环保性较好	主要材料为聚氯乙烯和增塑剂。与含苯等有机物接触存在增塑剂迁移的问题，但与增塑剂质量有关	主要材料为三元乙丙橡胶和织物
固定方法	机械固定或专用胶粘剂粘接固定；搭接部位热风焊接	机械固定或专用胶粘剂粘接固定；搭接部位热风焊接	专用胶粘剂粘接固定；搭接部位专用胶粘剂粘接固定
材料样式	卷材，单卷长度30~60m，宽度不同厂家尺寸不一致	卷材，单卷长度30~60m，宽度不同厂家尺寸不一致	片材，长度、宽度不同厂家尺寸不一致

比较项目	TPO防水卷材	PVC防水卷材	EPDM防水卷材
延伸率	一般	一般	非常好
表面颜色	白色，与建筑效果吻合	白色，与建筑效果吻合	黑色，与建筑效果不吻合。白色，与建筑效果存在差异且耐久年限厂家未能提供数据支持
耐低温性	耐低温性能更好（-40℃）	国家标准耐低温性能为-25℃，优质PVC卷材可达-40℃	国家标准耐低温性能为-35℃，优质EPDM卷材可达-40℃
热老化	在国标测试下（115℃，672h），优质TPO材料拉力变化率变化较小。跟TPO生产经验和材料配方有关。如需要热稳定性强的TPO材料造价会较高	聚酯纤维内增强型PVC卷材有较强的高温稳定性。在国标测试下（80℃，672h），优质PVC卷材拉力变化率基本维持不变或变化极小。跟增塑剂的种类的PVC材料配方有关系	在国标测试下（80℃，168h），优质EPDM卷材拉力变化率较大
耐久性（人工气候加速老化）	工程质保15年，使用年限不小于20年，国产品牌、国际品牌均表现尚可	工程质保15年，使用年限不小于20年，国产品牌表现较差，国际优质品牌表现尚可	工程质保15年，使用年限不小于20年，国产品牌、国际品牌均表现良好
施工便捷性	材料较硬需要采用专用细部TPO卷材处理节点，节点多时操作较繁琐。另TPO卷材需要在细部切边时应用切边密封膏防止卷材脱开	卷材材质较软，细部处理方便，适用于节点多的屋面	最大幅宽约6.0m，对于本项目4m×4m单元板块可以有效减少搭接缝数量。卷材材质较软，细部处理方便，适用于节点多的屋面
环保性	无增塑剂，环保性能良好	含增塑剂、软化剂，有一定的挥发性，优质PVC相对控制增塑剂迁移比较好	良好
可焊接性	焊接温度范围较窄。操作焊枪如果过慢或过热，卷材都会烧糊；如果过快或过冷，则会得到假焊或冷焊。对焊枪质量和工人熟练度要求较高	对焊接温度不敏感，适用范围宽，PVC属于热塑性材料，焊缝熔化标识着焊枪操作达到了正确的温度，易于操作检查	无需焊接
	可焊性较弱，需要用专门的清洗剂处理污染处，当天的节点必须当天处理完毕，容易受灰尘和潮湿影响，在T形接缝部位必须加补丁	良好的可焊接性能，污染对卷材焊接影响较少，即使屋面使用几年，仍具有很好的焊接性	无需焊接

根据国家速滑馆设计要求，防水层为屋面系统与室外接触的最后一层，其不仅要满足国家规范对屋面防水系统的一般要求，还应该兼具美观性和对索网变形的适应性。从表6.4-1可以对比看出，EPDM的延伸性能最好，便于现场操作，能减少焊接作业，更适合速滑馆索网区域单元屋面细节多的屋面。唯一缺陷是其颜色为黑色，为满足建筑外观要求，需配套使用白色EPDM硅基涂料保护层。

6.4.1.2 卷材试验

1. 试验材料

本试验对象共包括三种卷材，分别为黑色阻燃型匀质EPDM，EPDM压敏自硫化泛水和UltraPly TPO卷材，其具体规格如表6.4-2所示。

材料名称	生产单位	规格型号	使用工程
1.5mm黑色阻燃型匀质EPDM	美国卡莱工厂	1.5mm厚、6.1m×30.48m	屋面防水
EPDM压敏自硫化泛水	美国卡莱工厂	1.5mm厚、6.0m×100.0m	屋面防水
UltraPly TPO卷材	美国卡莱工厂	1.5mm厚、3.05m×30.5m	屋面防水

本试验项目包括拉伸强度、拉断伸长率、热空气老化的测试，试验方法均按照《高分子防水材料　第1部分：片材》GB 18173.1—2012执行，三种卷材的试件如图6.4-1～图6.4-3所示。

2. 拉伸试验

通过拉伸试验测量拉伸强度，进而计算拉断伸长率，拉伸试验（图6.4-4）按《硫化橡胶或热塑性橡胶　拉伸应力应变性能的测定》GB/T 528—2009进行。对于每种卷材，在其横向和纵向裁剪试件进行拉伸，分别测量试件在23℃、60℃、-20℃的拉伸强度和拉断伸长率，每组试验重复5次，取中值。除此之外，EPDM压敏自硫化泛水分为未硫化、硫化46h和硫化166h三种工况，每种工况下分别测量上述指标（图6.4-5）。

TPO与EPDM卷材分别在23℃、60℃的纵横向拉伸强度对比（图6.4-6）。

TPO与EPDM卷材分别在23℃、-20℃的纵横向拉断伸长率对比（图6.4-7）。

图6.4-1　黑色阻燃型匀质EPDM试件照片

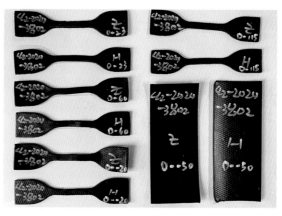

图6.4-2　EPDM压敏自硫化泛水试件照片

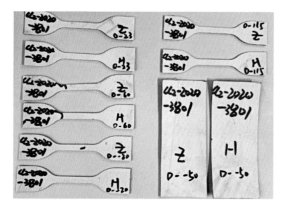

图6.4-3　UltraPly TPO卷材试件照片

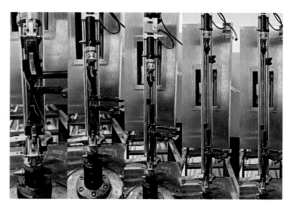

图6.4-4　EPDM拉伸试验

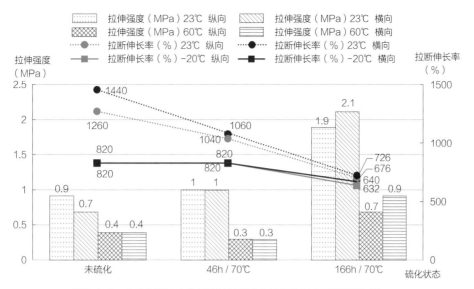

图6.4-5 自硫化泛水老化过程拉伸强度和拉断伸长率试验数据对比

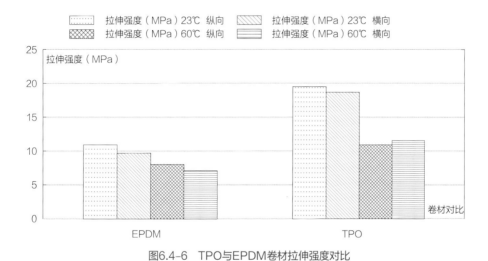

图6.4-6 TPO与EPDM卷材拉伸强度对比

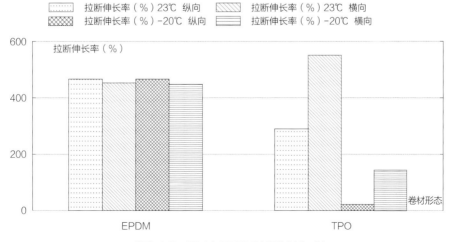

图6.4-7 TPO与EPDM拉断伸长率对比

3. 空气热老化试验

片材的热空气老化试验按《硫化橡胶或热塑性橡胶 热空气加速老化和耐热试验》GB/T 3512—2014的规定执行。在115℃的高温下处理三种片材168h，进而进行常温拉伸试验得出拉伸强度并计算拉断伸长率（图6.4-8）。对于每种卷材，分别在其横向和纵向裁剪试件进行拉伸，每组试验重复5次，取中值。除此之外，EPDM压敏自硫化泛水分为未硫化、硫化46h和硫化166h三种工况，每种工况下分别测量上述指标（图6.4-9）。

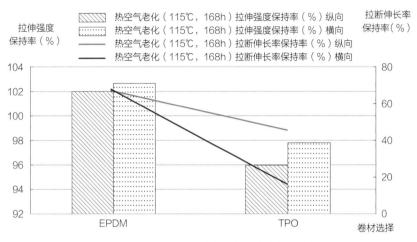

图6.4-8　EPDM和TPO空气热老化试验数据对比

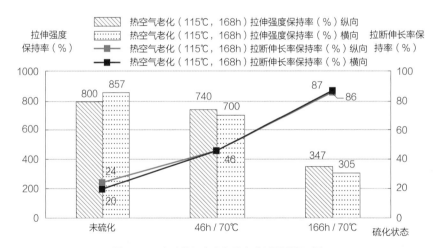

图6.4-9　自硫化泛水空气热老化试验数据对比

6.4.1.3　试验结论分析

试验数据表明，TPO拉伸性能测试数据较EPDM高，这是由于TPO卷材内部采用聚酯纤维进行增强，同时也因此导致TPO卷材的拉断伸长率性能表现不稳定，其数值较高时检测数值与EPDM卷材检测数值表现接近，但其内部的聚酯纤维增强层已经破坏，对TPO卷材造成不可逆转的损坏，致使卷材破坏。

EPDM采用的是匀质型（非内增强型）卷材，相较于TPO卷材的拉断伸长率性能的不稳定性，EPDM卷材在该项测试中表现十分稳定，且EPDM卷材在达到拉伸极限之前，卷材仍保持较好的稳定性，并未出现卷材损坏，尤其是拉断伸长率性能测试环节中。综合分析EPDM卷材的尺寸稳定性更优。

结合EPDM压敏自硫化泛水在未硫化、加速硫化（46h，70℃）、加速硫化（166h，70℃）三种状态下的拉伸强度、拉断伸长率以及热老化性能的测试数据分析，EPDM压敏自硫化泛水随着卷材硫化时间的增加，其性能由最初的塑性逐渐开始表现出具有成品EPDM卷材的弹性性能，从使用要求和施工工艺上完全满足防水节点的使用要求。

综合分析，EPDM卷材搭配自硫化泛水更适合本项目单元板块金属屋面的变形缝的使用要求。

6.4.2 单层高延展性EPDM防水体系

国内屋面EPDM卷材因其引自国外时仅引用了材料，且搭接带靠粘胶，体系不够牢固，屋面使用较少，多用于管道防水处理。本项目引用国外成熟做法，且创新使用满粘+机械固定的做法，搭接部位使用搭接带配合专用底涂，异形细部采用自硫化泛水进行细部处理，具体如下。

6.4.2.1 主要配套材料

（1）（76mm）搭接带：是一种三元乙丙/丁基合成橡胶基的自粘带，设计用于现场搭接宽幅的三元乙丙橡胶卷材，它完全硫化，可以在接缝部位形成均匀的粘接厚度。

（2）搭接底涂：是一种高固含量的底涂，设计用于清洗和处理三元乙丙橡胶卷材的搭接部位，以便应用搭接带和自硫化系列产品。使用特别设计的板刷或直立式板刷工具操作涂刷。

（3）压敏自硫化泛水：压敏自流化泛水是由1.5mm厚未完全硫化的EPDM卷材与0.75mm的压敏胶粘剂层压合而成。设计用于对阴角、阳角以及屋面穿孔部位等异形部位进行泛水处理。

（4）基层胶粘剂：是一种氯丁橡胶基的压合式胶粘剂，用于三元乙丙橡胶片材同木质、金属、砖石和其他基面的粘接。

（5）外密封膏：是一种三元乙丙橡胶密封膏，用于密封和保护所有暴露在外的胶粘剂接缝的边缘，以及用于所指定的细部处理。

（6）止水玛蹄脂：是一种丁基密封膏，用于压缩部位的闭水密封，例如在屋顶排水管的下面，或者是收头部位的后面。

（7）RUSS机械固定条带：是一种带加强筋的EPDM卷材，出厂自带粘接条带，可实现EPDM卷材无穿孔机械固定。

（8）压敏覆盖带：用于EPDM卷材裁切处的修补，背面自带粘接层，需配合底涂使用。

各材料见图6.4-10。

6.4.2.2 节点设计

1. 变形缝

变形缝处采用EPDM卷材作为附加防水层。将EPDM卷材按照变形缝尺寸宽度进行裁切，保证缝隙之间的变形长度不小于20mm。附加EPDM防水层采用两道76mm宽搭接带配合专用底涂粘

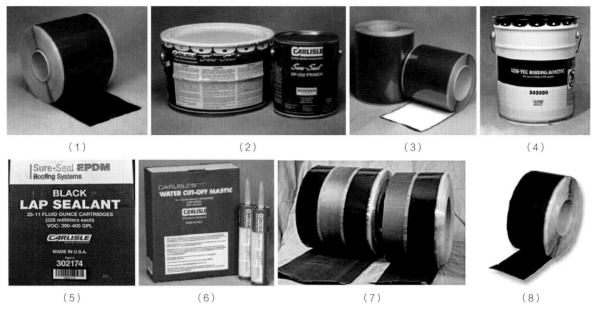

（1）　　　　　　　　（2）　　　　　　　　（3）　　　　　　　　（4）

（5）　　　　　　　　（6）　　　　　　　　（7）　　　　　　　　（8）

图6.4-10　主要配套材料

接固定到单元体铝框上，搭接带起到防水密封作用，卷材与屋面单元体搭接宽度不小于70mm。然后采用机械固定垫片对附件防水层进行机械固定，两个固定垫片间距300mm且两侧垫片要相互错开排布。变形缝十字交叉处采用最大尺寸（300mm×300mm）的EPDM自硫化泛水进行节点处理，裁切的EPDM自硫化周边需涂抹专用密封膏。

变形缝节点见图6.4-11。

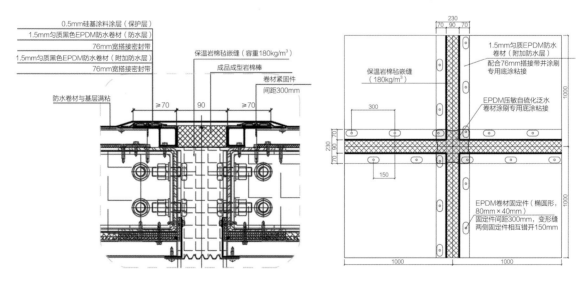

图6.4-11　变形缝节点

2. 拉铆钉

采用EPDM卷材条带做覆盖处理，以免对大面卷材产生破坏。具体做法：把有尖锐部位的拉铆钉打磨光滑，把EPDM卷材裁剪成40mm宽，并用专用胶粘剂将40mm宽EPDM条带粘接到相应的拉铆钉处。

拉铆钉节点见图6.4-12。

3. RUSS机械固定条带的安装

将机械固定条带按照板块尺寸进行裁切，采用专用固定垫片螺钉进行固定，螺钉需固定到铝板下方的檩条上，间距为300mm。

机械固定见图6.14-13。

4. 内天沟

天沟采用两道EPDM防水卷材，卷材顺着天沟方向进行铺设，第一道满粘固定到铝板基层

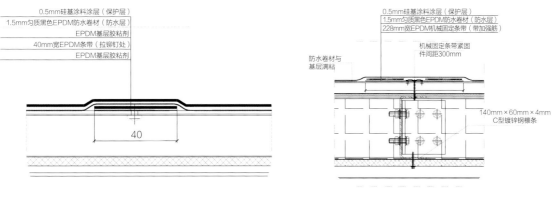

图6.4-12　拉铆钉节点　　　　　　　　　　图6.4-13　机械固定

上，第二道满粘固定到第一道防水卷材上。铺设天沟的防水卷材需分段进行铺设，每段卷材的长度根据天沟变形情况进行裁切，尽量采用更长的卷材进行铺设，减少搭接，降低渗漏几率。天沟处卷材搭接宽度不小于100mm。天沟立面卷材采用搭接带固定到立面基层钢板上，卷材收头高度同天沟深度（图6.4-14）。

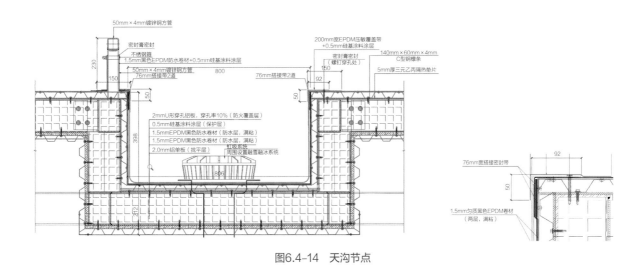

图6.4-14　天沟节点

5. 采光天窗天沟

边天沟防水做法同内天沟防水卷材做法。此处为EPDM屋面同采光天窗的分界线，需要在

采光天窗处进行防水卷材收头处理。屋面EPDM防水卷材收头固定到采光天窗铝型材上，具体如节点图6.4-15所示，卷材采用铝合金压条和固定螺钉固定到铝型材上，并涂抹内外两层密封膏。

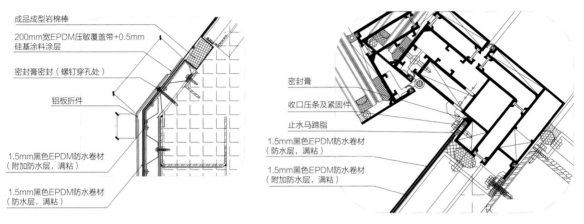

图6.4-15　采光天窗节点

6. 排烟天窗

排烟天窗防水采用EPDM防水卷材全包做法。转角处做法如图6.4-16所示，屋面防水卷材在转角处断开，并采用固定垫片固定将防水卷材固定到天窗立面，防水卷材同屋面卷材搭接宽度不小于100mm。排烟窗卷材收口采用铝合金压条和固定螺钉固定到预留好的铝型材上，并涂抹内密封膏。

排烟窗阳角采用EPDM自硫化泛水配合搭接底涂进行粘接处理，将EPDM自硫化泛水裁剪成150mm×150mm的片材，使用滚轴压匀。

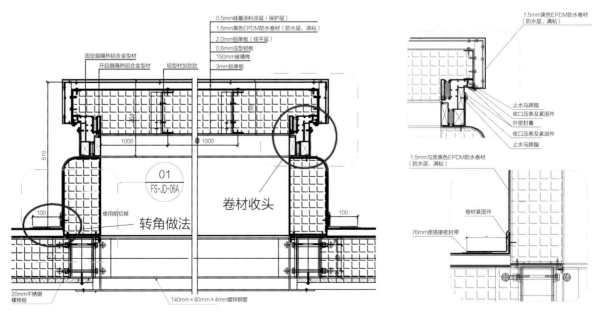

图6.4-16　气动天窗节点

6.4.3 单层高延展性防水体系施工技术

6.4.3.1 工艺流程

工艺流程图见图6.4–17。

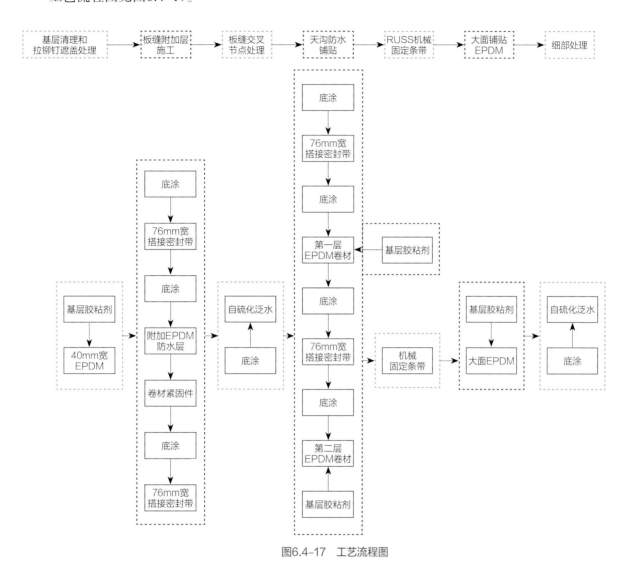

图6.4–17 工艺流程图

6.4.3.2 卷材铺设布置

卷材铺设布置图见图6.4–18。

卷材采用1.5mm厚黑色EPDM防水卷材，宽6.1m，长30.5m。EPDM防水卷材长边沿南北方向布置，遇天窗、天沟等位置进行裁切。卷材施工由屋面中心最低点向东西两个方向进行铺设，或者由东西两侧最高点向南北两侧进行铺设施工，卷材的搭接方向必须保证顺水搭接。

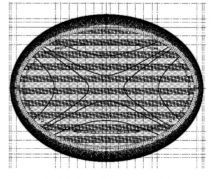

图6.4–18 卷材铺设布置图

6.4.3.3 施工步骤

1. 基层清理和拉铆钉遮盖处理

在铺设卷材之前,将屋面基层垃圾、杂物和积水清理干净,将有金属突起的部位打磨光滑(图6.4-19)。

对凸出屋面单元板块表面的拉铆钉部位,采用40mm宽EPDM条带,用基层胶粘剂粘接覆盖,保证凸出的拉铆钉不对大面卷材防水造成损坏。

图6.4-19 基层清理

2. 板缝附加层施工

屋面单元板块板缝宽度为90mm,板缝部位填充保温岩棉嵌缝,顶部预留30mm变形深度,满足防水卷材对索网屋面的变形需求。板缝部位采用EPDM防水卷材作为防水附加层,将EPDM卷材按照变形缝尺寸宽度进行裁切,附加EPDM防水卷材采用两道76mm宽搭接带,配合专用底涂,粘接固定到单元体铝框上,搭接带起到粘接及防水密封的作用。

卷材粘接前先将卷材与板缝间岩棉顶部贴紧,确保变形高度,同时左右调整卷材保证板缝两侧铝板搭接宽度一致。

板缝附加层施工见图6.4-20。

图6.4-20 板缝附加层施工

3. 板缝交叉节点处理

变形缝十字交叉处采用最大尺寸300mm×300mm的EPDM自硫化泛水进行节点处理(图6.4-21)。裁切的EPDM自硫化泛水周边需涂抹专用密封膏。

4. 天沟防水

天沟内采用两道EPDM防水卷材,卷材顺天沟方向进行敷设。第一道满粘固定到铝板基层上,第二道满粘固定到第一道防水卷材上。

敷设天沟的防水卷材需分段进行,每道卷材的长度根据天沟造型进行裁切。尽量采用较长的卷材进行铺设,减少搭接,天沟处卷材搭接宽度不小于100mm。天沟立面卷材采用搭接带固定在天沟顶部。

天沟防水见图6.4-22。

图6.4-21 交叉节点自硫化泛水

图6.4-22 天沟防水　　　　　图6.4-23 机械固定条带

5. RUSS机械固定条带安装

在卷材大面积铺贴前，首先需要固定RUSS机械固定条带（图6.4-23），条带间距1m设置，将条带按照板块尺寸进行裁切，采用专用固定垫片螺钉进行固定，螺钉需固定在铝板下方的檩条上，间距300mm。

6. 大面卷材铺贴

卷材厚1.5mm，宽6.1m，长30.5m，呈黑色。EPDM防水卷材长边沿南北方向布置，遇天窗、天沟等位置进行裁切。卷材施工由屋面中心最低点向东西两个方向进行敷设，卷材的搭接方向保证顺水搭接。将卷材打开放置在合适的基层表面，杜绝拉伸，将卷材松弛大约半小时，以释放内应力。卷起半片卷材，使一半的卷材背面暴露，卷起卷材时，不要有褶皱和起拱。

大面铺贴见图6.4-24。

图6.4-24 大面铺贴

7. 细部处理

屋面凸出的天窗、防坠栏杆等部位，采用压敏自硫化泛水进行处理（图6.4-25）。

6.4.4　小结

速滑馆采用装配式金属屋面，其索网区域单元对于防水卷材的延性有一定要求，是变形缝设计中的重点环节。经过案例分析及调研，采用EPDM防水卷材体系。对黑色阻燃型匀质EPDM、EPDM压敏自硫化泛水和TPO三种防水卷材进行了材性试验，包括拉伸试验、热空气老化试验。横纵向分析试验数据，发现EPDM压敏自硫化泛水材料在硫化后具有成品EPDM的性能，满足屋面防水的要求，而且EPDM压敏自硫化泛水材料在硫化前的高延性满足单元板块金属屋面变形缝以及节点细部处理的使用要求。搭接带配底涂的搭接方式、满粘+机械固定、配有自硫化泛水的EPDM防水体系适用于柔性变形索网屋面，使得卷材与基层粘接更牢固，施工更便捷，更能保证柔性屋面防水的施工质量。

图6.4-25　细部处理

第7章

高工艺曲面玻璃幕墙系统施工关键技术

7.1 高性能曲面幕墙玻璃加工技术

7.1.1 国家速滑馆外玻璃幕墙组成

国家速滑馆二层以上外幕墙分为两部分。

一部分为天坛形曲面幕墙，整体曲面形幕墙剖面由"五凹四凸"曲面幕墙、8块平板玻璃构成"天坛形"，幕墙骨架为"预应力拉索+竖向波浪形钢龙骨+水平向钢龙骨"，中空夹胶曲面玻璃。

另一部分为"冰丝带"，即天坛形曲面幕墙外侧设置22道玻璃圆管，由晶莹剔透的超白玻璃彩釉印刷"冰裂纹"，内设LED灯带，营造出轻盈飘逸的丝带效果，玻璃管结合夜景照明系统，在夜间呈现极具表现力的灯光效果，所以被称为"冰丝带"。

速滑馆外幕墙体系由3360块玻璃单元板块、160根S形钢龙骨、3520根连接横杆、3520根冰丝带玻璃、3520根冰丝带圆钢管组成，整体配置见表7.1-1。综合考虑国家速滑馆的幕墙参数，性能要求高且造型复杂，弧形玻璃半径较小，需要突破传统的玻璃加工工艺才能满足要求。

国家速滑馆天坛形幕墙系统节能指标 表7.1-1

位置	外立面			
受力构件	钢龙骨、幕墙拉索	幕墙拉索 幕墙网壳		
玻璃配置				
1	弧段玻璃	8+2.28SGP+8+12Ar+8+2.28SGP+8双超白双银Low-E半钢化玻璃		
2	平段玻璃	8+1.52SGP+8+12Ar+8+1.52SGP+8双超白双银Low-E半钢化玻璃		
3	冰丝带玻璃管	6+1.52SGP+6双超白热弯半钢化玻璃		

7.1.2 加工重点难点

7.1.2.1 高透双银low-E膜

遮阳率SC是节能玻璃的一项重要指标，普通玻璃为0.84~0.9、吸热玻璃0.69~0.76，Low-E玻璃能达到0.02~0.62。速滑馆遮阳系数0.457，是一个比较低的值；可见光透过率代表室内的采光性，Low-E玻璃的可见光透过率从理论上为0~95%（6mm白玻很难做到）不等，速滑馆要求透光率达到70%以上，是一个比较高的要求，对于玻璃Low-E膜，

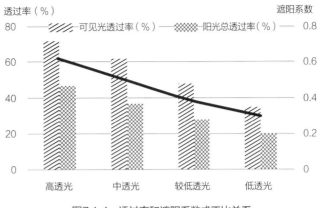

图7.1-1 透过率和遮阳系数成正比关系

透过率和遮阳系数是呈正比的（图7.1-1），想要达到二者的平衡就比较困难。

高透膜要求膜层厚度要薄，但是遮阳性能要求银层（双银层）要厚，双银Low-E膜共有9层膜，这样就大大压缩了其他膜层的厚度，尤其是保护层膜。鉴于速滑馆产品复合程度高，尤其是加工过程中膜层容易氧化、脱模等，研发了新型的双银Low-E膜，既解决了高透性能，又解决了遮阳性能。

7.1.2.2 正弯与反弯

速滑馆曲面幕墙剖面为S形，为保证Low-E膜的连续性，需镀在从外到内的第四层，相对于单块玻璃来说，曲面幕墙存在镀在凹面和镀在凸面两种情况，这样才能保证膜层在从室外数相同的位置性能一样，如果同在凹面或同在凸面，从建筑室外面就会不同的位置性能有一定的差异。

正弯反弯镀膜示意见图7.1-2。

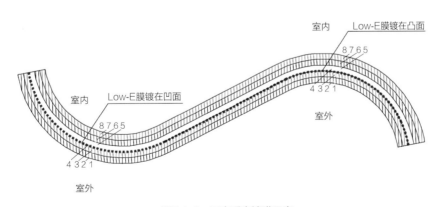

图7.1-2 正弯反弯镀膜示意

正弯弧成型时两边抬起（图7.1-3），而反弯正好相反（图7.1-4），中间拱起，两边下沉，为此研发了反弯设备用于本项目。且该项目半径小（最小半径不足1.5m），反弯时两边靠重力无法自然成型到位，需采取外力干预成型的方式成型，确保两片玻璃的偏差在1.5mm以内。

图7.1-3　正弯钢化玻璃炉

图7.1-4　反弯钢化玻璃炉

7.1.2.3　成像变形（PDCA过程）

天坛成品产品结构为：8mm超白+2.28SGP+8mm超白高透双银+12A+8mm超白+2.28SGP+8mm超白弯钢化。由于玻璃经过两次夹层，由于弯钢化后4片玻璃均有一定程度的变形，相当于经过两次凸透镜凹透镜的组合，外侧景物变形明显（图7.1-5）。幕墙玻璃成像是玻璃质量控制的关键，成像变形控制主要有以下几点。

图7.1-5　初次样品透过成像变形严重

1. 钢化加热时间长

根据玻璃品种不同和装载率不同，玻璃加热时间控制在35~45s之间，半钢化玻璃温度适当降低，在生产之前应根据玻璃的参数要求进行试验并确定工艺参数。

2. 钢化温度控制

钢化温度对玻璃的成品质量也是至关重要的，经过反复试验对比，确定了速滑馆冰丝带和天坛形幕墙单元玻璃的温度参数，具体见表7.1-2、表7.1-3。

冰丝带玻璃（半钢化）温度参数对比　　　　　　表7.1-2

6mm	温度			冷却			应力（MPa）
	加热（℃）	保温	急冷风压	急冷时间	冷却风压	冷却时间	
热弯玻璃	600	30min	无	无	无	自然冷却	<24
钢化玻璃	660~680	3min	90%	80s	80%	80s	≥90
半钢化玻璃	605~640	3min	65%	120s	60%	160s	24~60

注：在相同的设备、相同的玻璃品种做工艺对比，不同厂家的设备略有不同。

天坛形幕墙玻璃（半钢化）温度参数对比　　　　　表7.1-3

8mm	温度			冷却			应力（MPa）
	加热（℃）	保温	急冷风压	急冷时间	冷却风压	冷却时间	
热弯玻璃	600	40min	无	无	无	自然冷却	<24
钢化玻璃	700	7min	80%	150s	60%	300s	90~120
半钢化玻璃	660~670	7min	45%	300s	50%	260s	24~60

注：在相同的设备、相同的玻璃品种做工艺对比，不同厂家的设备略有不同。

3. 钢化设备辊道控制

定期对钢化设备进行维护保养，同一条生产线设备水平误差≤2mm，与其接触的陶瓷辊道跳动冷态下误差≤0.15mm，平行间距误差≤1mm。冷却段风刀偏差≤2mm，定期检查传动系统的同步性。图7.1-6～图7.1-9给出局部辊道各参数调整前后对比数据统计。

4. 调整

为保证天坛形幕墙单元成像效果良好，每加工一片玻璃都需要手动调试变弧度，保证玻璃吻合度。

5. PDCA质量控制

生产过程中遵循PDCA原则，对玻璃的弓形、波形跟踪检验，严控局部翘曲等质量问题，每

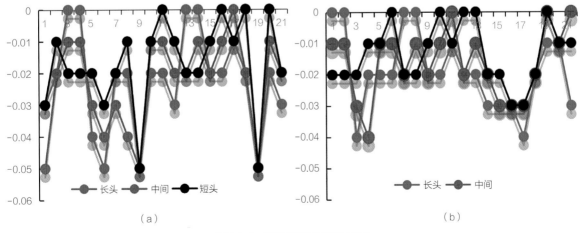

（a）　　　　　　　　　　　　　　　　（b）

图7.1-6　辊道公差调整前后对比

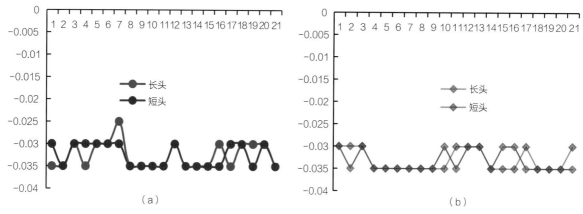

图7.1-7 轴头公差调整前后对比

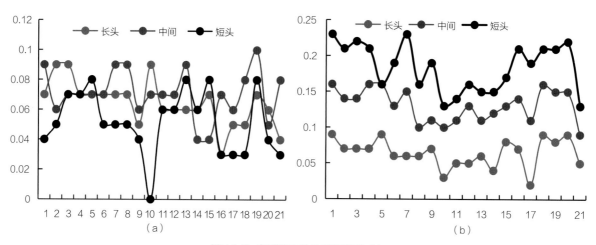

图7.1-8 辊道径向跳动调整前后对比

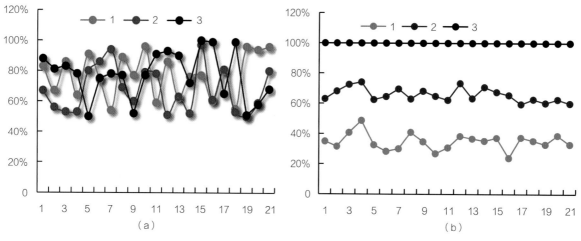

图7.1-9 表面粗糙度调整前后对比

天定时将生产线产品放置到室外进行目视观察（图7.1-10），固定观察地点、固定角度和反射参照物，分别距试样20m、40m、60m处小于15°角观察参照物的影像变形情况并拍照存档。

经过以上手段，减少玻璃变形以及表面应力的均匀性，使成型有了质的提高，即便是玻璃角部，也几乎没有变形（图7.1-11），颠覆了玻璃行业对弯夹层产品成像的认识。

图7.1-10 室外目视观察样板

图7.1-11 最终成品透过成像效果

7.1.2.4 冰丝带小半径玻璃加工

1. 冰丝带加工技术可行性分析

1）$R = 120mm$

从整体测量数据和实际样品来看：$R = 120mm$的小半径冰丝带夹层玻璃由于半径较小，故采用先热弯后钢化加工工艺，因为热弯加工的温度为610℃，弯弧成型时间长，表面变形较重，表面存在热弯加工过程中的模具痕迹，两端弧度偏差较大。再加上冰丝带横向首尾相接的安装方式，大小片甩边（外片大内片小，单边飞边5mm），外片边部存在明显的变形痕迹和外观视觉缺陷。

2）$R = 150mm$

$R = 150mm$的小半径冰丝带夹层玻璃相比$R = 120mm$的弯弧玻璃，同样的加热温度，加热时间相对较短，弧度形状合格。由于半径相对较小，玻璃表面存在麻点缺陷，变形相对较差，不利于批量加工及外幕墙使用，成型较难控制。

3）R = 175mm

R = 175mm的小半径冰丝带夹层玻璃采用同样的温度，加热时间最短，玻璃外观及视觉影像较好，弯弧成型圆滑度顺畅，弧度偏差最小，视觉变形最轻。根据项目的设计要求，可采用多台设备同时加工，可批量生产，加工性较强。采用3660mm×5600mm的专用设备，每天（24h计算）可做46对成品，可以满足项目进度和要货计划需求。

4）结论

根据试验数据对比（图7.1-12）和现场视觉大样评估，通过对加工难度评估、加工过程中存在的质量缺陷对比、外观质量检查、不同半径产品的加工效率等方面进行分析和批量加工的可行性评估，R = 175mm的小半径冰丝带夹层玻璃的质量相对较好，方案可行性最优，建议推荐应用此方案。

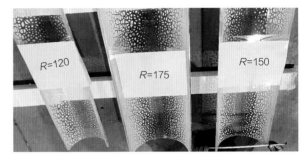

图7.1-12　冰丝带加工试验

2. 175mm冰丝带加工具体分析

小半径夹胶玻璃加工制作的主要技术难度在于两块玻璃半径匹配的吻合度。由于圆弧玻璃的特殊性，两块玻璃在合片时理论上其圆心是完全重合的，但在实际生产中为了提高效率，在钢化时只要不是半径特别小和夹层层数大于三层以上的玻璃，一般会用同一个半径模板钢化内片、外片玻璃，使其提高生产率。即使吻合度不太好，在合夹层时也是可以合到一起的，毕竟玻璃半径大还具有一定的韧性。但是小半径夹胶玻璃在吻合度方面就会出现一些问题，以R = 175mm的1/2圆玻璃和R = 800mm的1/3圆玻璃在合夹层时的区别为例（图7.1-13）。

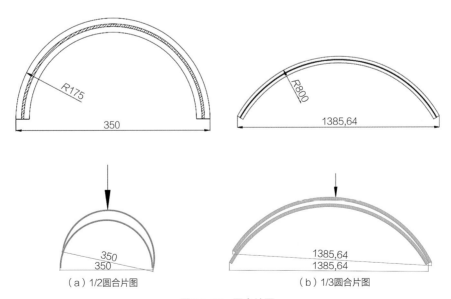

（a）1/2圆合片图　　　　　　　　（b）1/3圆合片图

图7.1-13　圆合片图

（1）R = 175mm的玻璃由于半径小、弧长短，韧性大大降低，借助外力消除误差的可操作性降低。

（2）假设弦长加工误差为-3.5mm，在R = 175mm小半径玻璃上的误差率达到了1%，而在R = 800mm半径玻璃上的误差率只有0.25%。

（3）假设内片弦长加工误差为+3mm，在R = 175mm小半径玻璃的情况下1.52SGP胶片的空间被挤占；合片时内片容易直接卡在中间，至少有三分之一的玻璃无法进去，如果强行挤压进去，玻璃受力过大外片或者内片可能从中间受力集中的地方直接炸开，即使合片时没有问题，但在出釜后也都会裂开，即使合片不裂在后期使用中也会因受力集中而埋下隐患；而小于1/3圆的玻璃不存在弦长即半径的问题，即使有3、4mm的误差量，也是可以合上的，因为外片玻璃张口大，不会卡在中间下不去，然后通过高压釜利用胶片粘结力使其紧密贴合。

3. 175mm冰丝带加工

通过计算得出玻璃半钢化温度为605～640℃，设计出适合小半径钢化玻璃的试验设备（即小半径钢化炉），可以加工的弯弧玻璃半径为175mm的半钢化玻璃，可成套加工玻璃。

正常的弯弧设备由于辊道直径及间距排布问题无法达到175mm半径的要求，同时经过对钢化成型段多次模具修正，控制高温下模具的变形量为4mm，把高温状态下的变形量考虑到玻璃的制作中，生产出吻合度好的半钢化玻璃。

目前1/2圆小半径玻璃只能用热弯的方式制作，而热弯玻璃的热炸裂现象严重，主要原因为它不是钢化玻璃，机械强度不高，以及自身退火不好，应力不均，在阳光暴晒后突然大雨就可能造成炸裂，安全性降低；而小半径半圆钢化玻璃可以很好地避免热炸裂现象，提高安全性。

冰丝带的半径为175mm，也是弯弧夹层玻璃没有尝试过的极限半径，经过对设备进行改造，加工出针对速滑馆小半径弯弧玻璃的模具（图7.1-14），不仅半径达到了设计要求，在弯弧的吻合度以及直边的弯曲度控制方面（偏差1mm以内），都达到了产品控制的极限水平。

通过采取以上措施，速滑馆高性能玻璃各项指标均满足设计要求及相关规范要求（表7.1-4）。

图7.1-14　冰丝带特制模具

速滑馆玻璃实测指标与设计指标对比表　　　　　　　　　　表7.1-4

序号	检验项目	设计要求	实测值
1	成品厚度偏差	理论厚度：（47.04±1.5）mm	39.65mm
2	成品叠差	≤2.0mm	1.0mm

序号	检验项目	设计要求	实测值
3	弯弧玻璃吻合度	≤1.5mm	1.0mm
4	有效丁基胶宽度	≥3.0mm	4.5mm
5	弯弧玻璃外形要求（边部翘曲）	≤0.50mm	0.35mm
6	弓形弯曲度	≤测量边长的0.15%	<0.1%
7	波形弯曲度	≤0.12mm	0.08mm
8	中部波形差	≤0.076mm	0.06mm
9	中空玻璃间隔框接口	≤5个	4个
10	弯弧玻璃的表面应力值	24~60MPa	（45±5）MPa
11	弯弧玻璃相对变形量	以VMU大样为准	目视无变形
12	成品玻璃的氩气含量	≥90%	93%
13	（遮阳系数）SC值	设计要求≤0.44	0.42
14	（传热系数）K值	设计要求≤1.41	1.36
15	室外反射	≤12	12.20
16	室内反射	≤14	13.40
17	太阳能得热系数（SHGC）	≤0.38	0.37

7.1.3 弯弧幕墙玻璃加工技术

7.1.3.1 幕墙弯弧玻璃加工技术

本工程弯弧玻璃平面投影并不是常规的矩形，而是不规则多边形，不能进行机械自动磨边。通过定制3660mm以上超常规原片，所有玻璃均复测后建立独立的BIM模型（图7.1-16）。采用单边设备逐边切割磨边，玻璃钢化热弯弧形偏差控制，四层双夹胶抽真空防破损，保障弯弧玻璃的加工质量和精度。

曲面幕墙玻璃加工流程见图7.1-15。

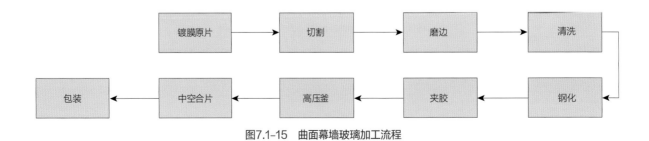

图7.1-15 曲面幕墙玻璃加工流程

序号	单元编号	1#外玻璃左边 长度(mm)	1#外玻璃右边 长度(mm)	1#外玻璃下边 长度(mm)	1#外玻璃上边 长度(mm)	外玻璃对角线左下右上 长度(mm)	#外玻璃对角线右下左上 长度(mm)
1	B21-79a	288.14	285.17	3157.71	3141.27	3160.02	3164.97
2	B21-78a	293.59	287.74	3167.99	3151.59	3168.22	3178.01
3	B21-77a	301.69	292.97	3184.3	3167.99	3182.69	3197.34
4	B21-76a	312.5	300.89	3205.78	3189.58	3202.46	3222.19
5	B21-75a	326.13	311.56	3231.41	3215.36	3226.49	3251.66
6	B21-74a	342.71	325.1	3260.15	3244.26	3253.69	3284.79
7	B21-73a	362.38	341.64	3290.95	3275.25	3283	3320.66
8	B21-72a	385.31	361.32	3322.86	3307.35	3313.47	3358.42
9	B21-71a	411.64	384.29	3355.03	3339.72	3344.27	3397.33
10	B21-09a	384.24	411.7	3355.1	3339.54	3397.41	3344.09
11	B21-08a	361.28	385.35	3322.93	3307.21	3358.54	3313.28
12	B21-07a	341.61	362.42	3291.01	3275.14	3320.79	3282.83
13	B21-06a	325.08	342.73	3260.19	3244.19	3284.91	3253.54
14	B21-05a	311.54	326.14	3231.44	3215.32	3251.76	3226.37
15	B21-04a	300.87	312.5	3205.8	3189.57	3222.28	3202.38
16	B21-03a	292.95	301.68	3184.31	3167.99	3197.4	3182.64
17	B21-02a	287.72	293.58	3167.99	3151.6	3178.04	3168.2
18	B21-01a	285.16	288.13	3157.71	3141.28	3164.98	3160.02
19	B18-79t	1059.05	1056.31	3298.64	3250.1	3428.41	3453.29
20	B18-78t	1063.98	1058.58	3307.5	3259.69	3434.41	3474.96

图7.1-16　BIM模型导出玻璃加工信息

1. 切割

玻璃规格均不相同且为超大板块（图7.1-17），导致加工效率低、玻璃排板后套裁率低。为此每次切割玻璃时先将玻璃展平，出玻璃切割图纸并建立独立的BIM模型（图7.1-18）；按照不同批次、半径逐片切割并标记（图7.1-19）。

2. 磨边

全部采用机械磨边（图7.1-20），提高生产效率。

图7.1-17　玻璃原片

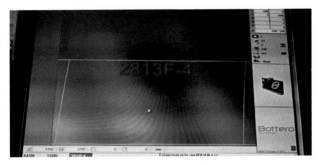

图7.1-18　BIM下料

图7.1-19　原片裁切

图7.1-20　磨边实景

3. 清洗

清洗实景见图7.1-21。

4. 钢化热弯

弯钢化母线定位，偏差控制在1mm以内。钢化热弯实景见图7.1-22。

5. SGP夹胶

夹胶SGP胶片，逐边人工包边，防止残胶溢出，见图7.1-23。

6. 进高压釜

进高压釜（图7.1-24、图7.1-25）将SGP胶片和玻璃在高温高压下融合在一起。

图7.1-21 清洗实景

图7.1-22 钢化热弯实景

图7.1-23 夹胶室夹胶

图7.1-24 高压釜

图7.1-25 进釜后对尺寸、弓高等检测

7. 中空充氩合片

玻璃夹层抽真空充氩气（图7.1-26）。

8. 包装

为保证玻璃质量，采用木箱包装（图7.1-27），准备运输至下一阶段玻璃单元体组框。

图7.1-26　中空室中空充氩

图7.1-27　包装运输

7.1.3.2　冰丝带弯弧玻璃加工技术

加工流程见图7.1-28。

冰丝带与天坛形弯弧玻璃加工工艺基本一致，为营造冰雪的效果，增加了丝印彩釉的工序，且由于半径小，无法直接弯钢化，需热弯后再钢化。为此特制了冰丝带的模具进行热弯（图7.1-29～图7.1-31）。

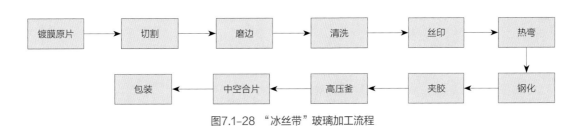

图7.1-28　"冰丝带"玻璃加工流程

图7.1-29　冰丝带模具

图7.1-30 冰丝带成品	图7.1-31 冰丝带包装

7.1.3.3 异形玻璃批量化加工技术

本项目为非规则椭圆形，加上钢索紧固后的变形，玻璃全部为异形，为保证精度和弯曲方向的准确性，加工时需要根据图纸逐片标记，弯曲时每片根据图纸仔细定位，即便这样由于玻璃在设备中跑偏，成品率很低。

为保证生产供应需求，需从设计到加工全部采用BIM建模，提高下料的效率，同时针对本项目特殊的工艺要求制造针对性的设备（反弯设备、冰丝带模具等），提高生产效率。

在玻璃原片准备好的条件下，单元弧形玻璃每天可生产20块，36d可生产完成；平板玻璃每天可生产40块，24d可生产完成；冰丝带玻璃每天可生产40块，44d可生产完成。

7.1.4 小结

经过一系列措施，使国家速滑馆幕墙玻璃实现了高标准生产，产品指标全部达到或超过质量要求，高于国标要求，绝大部分指标高于美标和欧标要求。具体各项指标见表7.1-5。

速滑馆玻璃产品技术资料　　　　　　　　　　　表7.1-5

工序	项目	本次质量要求	国标要求	美标要求	欧标要求	实测结果
原片	可见光透射比	换算成5mm标准厚度＞91%	≥90%	白玻透光率＞82%，没有超白要求	没有超白要求	换算成5mm标准厚度＞91%
	厚度偏差	（6/8±0.2）mm	6mm，±0.2mm；8mm，±0.3mm	6mm，+0.20mm，−0.44mm；8mm，+0.43mm，−0.58mm	6mm，±0.2mm；8mm，±0.3mm	6mm，±0.1mm；8mm，±0.15mm
	超白铁含量	$Fe_2O_3 \leq 0.013\%$	$Fe_2O_3 \leq 0.015\%$	无要求	无要求	$Fe_2O_3 \leq 0.013\%$

工序	项目	本次质量要求	国标要求	美标要求	欧标要求	实测结果
原片	原片结石、结石	0.3mm≤L≤0.5mm，2×S	0.5mm≤L≤1.0mm，2×S	<0.5mm，不考虑	L≤0.6mm，允许	L≤1.2mm，1×S
		0.5mm<L≤1.0mm，允许2m²/个	1.0mm<L≤2.0mm，1×S	0.5mm≤L<0.8mm，允许	0.6mm≤L<1.5mm，允许	
		1.0mm<L≤1.5mm，允许5m²/个	2.0mm<L≤3.0mm，0.5×S	0.8mm≤L<1.2mm，允许	1.5mm≤L<3.0mm，3个/m²	
				1.2mm≤L<2.0mm，允许，但是两缺陷间距大于600mm	3.0mm≤L<9.0mm，0.6个/m²	
		L>1.5mm，不允许	L>3.0mm，不允许	2.0mm≤L<2.5mm，不允许	L>9.0mm，不允许	L>1.2mm，不允许存在
	光学变形（斑马角）	≥60°	≥50°	≥35°	≥50°	≥60°
	镀膜玻璃颜色	ΔEab≤2.0	ΔEab≤2.5	ΔEab≤4.5	无要求	ΔEab≤2.0
磨边	磨边方式	采用单边机精磨边	双方协商	无要求	无要求	采用机器精磨边
	精磨边	≥180目	≥180目	同VMU大样	磨边要求6D方式	≥240目
	精磨抛光边	金刚轮目数≥400目并抛光处理	≥180目并抛光处理	见VMU大样	见大样	≥400目并抛光处理
	划伤要求	宽度≤0.1mm，长度≤75mm，允许4条/m²	宽度≤0.1mm，长度≤100mm，允许4条/m²	观察距离3.3m可见为重度缺陷。1m处可见为中度缺陷。0.2m处可见为轻度缺陷。0.2m以下可见为轻微缺陷	长度>75mm，中部：不允许；边部：允许，但是相邻两条划伤间距>50mm	宽度≤0.2mm，长度≤30mm，允许2条/m²
		0.1mm<宽度≤0.2mm，长度≤75mm，允许2条/m²	0.1mm<宽度≤0.5mm，长度≤100mm，允许4条/m²		长度≤75mm，允许，局部划伤不影响外观视觉效果（边部和中部相同）	宽度>0.2mm，长度>30mm，不允许

工序	项目	本次质量要求	国标要求	美标要求	欧标要求	实测结果
磨边	爆边	最大爆边长度≤5mm，宽度≤2mm，深度≤1/3，1处/m。灯带部分双长边不允许存在爆边缺陷	每米边长上允许有长度不超过10mm，自玻璃边部向玻璃表面延伸深度不超过2mm，自玻璃板面向玻璃厚度延伸深度不超过玻璃厚度1/3的爆边个数，允许存在1处	深度不超过玻璃厚度的一半，宽度不超过玻璃的厚度或6mm（哪个更大以哪个为准），长度不超过爆边宽度的2倍	每m边长上允许有长度不超过10mm，自玻璃边部向玻璃表面延伸深度不超过2mm，自玻璃板面向玻璃厚度延伸深度不超过玻璃厚度的1/3，1个/m	无爆边
丝印	基准边偏差	≤2.0mm	无要求	无要求	无要求	彩釉基准边偏差≤1.5mm
	印刷环境要求	温度（23±3）℃，湿度40%~70%	无要求	无要求	无要求	温度23℃，湿度50%
	图案完整性	图案欠缺600mm处目视不可见	图案欠缺2000mm处目视不可见	无要求，一般会参照VMU样品	无要求	无要求
	油料颜色差异	试样在2000mm处目视不明显	试样在3000mm处目视不明显	无要求	无要求	无要求
半钢化	波形	边部≤0.06%，中部≤0.04%	波形≤0.1%	波形≤0.53%	（0.3mm/300mm）波形≤0.1%	边部≤0.04%，中部≤0.03%，弯弧玻璃参照VMU大样
	弓形	≤0.15%	弓形≤0.3%	根据尺寸变化，按照4000mm算弓形≤0.6%	弓形≤0.3%	弓形≤测量边长的0.1%
	表面应力值	（45±5）MPa	24MPa≤表面应力值≤60MPa	24MPa≤表面应力值≤52MPa	无应力值要求，要求的是抗弯强度	45MPa
	碎片状态	半钢化玻璃碎片符合标准要求	符合标准要求	符合标准要求	符合标准要求	符合标准要求
	内外弯弧玻璃吻合度	≤2.0mm	无要求	—	无要求	≤1.5mm
	弧度偏差	±3.0mm	±5.0mm	—	无要求	≤2.5mm
	外观视觉效果	每班次同大样对比	无要求	参照VMU	无要求	每班次室外同大样对比QC拍照
夹层	合片环境要求	温度18~25℃，湿度18%~28%，十万级净化室	无要求	无要求	无要求	温度22℃，湿度24.7%
	离子型中间层厚度	2.28mm SGP±0.1mm	暂无标准	无要求	无要求	2.30mm

工序	项目	本次质量要求	国标要求	美标要求	欧标要求	实测结果
夹层	清洗水质要求	pH值6.5~7.5，电导率≤15	电导率≤30	无要求	无要求	pH值7.0，电导率8.5
	边部质量	修边整齐，目视均匀一致	无要求	参照VMU大样	见VMU大样	边部进行封边处理，目视平整光洁
	叠差	L≤1000mm，最大允许叠差1.0mm	L≤1000mm，最大允许叠差2.0mm	无要求，客户参照VMU大样	无要求，客户参照VMU大样	最大允许叠差1.0mm
		1000mm<L≤2000mm，最大允许叠差1.5mm	1000mm<L≤2000mm，最大允许叠差3.0mm			1000mm<L≤2000mm，最大允许叠差1.2mm
		2000mm<L≤4000mm，最大允许叠差2.0mm	2000mm<L≤4000mm，最大允许叠差4.0mm			最大允许叠差1.5mm
		4000mm<L≤6000mm，最大允许叠差3.0mm	L>4000mm，最大允许叠差6.0mm			最大允许叠差2.0mm
	点状缺陷	缺陷直径ϕ≤0.5mm不考虑	缺陷直径ϕ≤0.5mm不考虑	中部允许缺陷直径≤1.6mm长度和宽度的80%区域为中部	缺陷直径ϕ≤0.5mm不考虑	缺陷直径ϕ≤0.5mm，允许，但是不得密集存在
		0.5mm<缺陷直径ϕ≤1.0mm，2个/1.0m²	0.5mm<缺陷直径ϕ≤1.0mm，不得密集存在		0.5mm<缺陷直径ϕ≤1.0mm，不限个数，但不得密集存在	0.5mm<缺陷直径ϕ≤1.0mm，1个/1.0m²
		1.0mm<缺陷直径ϕ≤2.0mm，1个/1.0m²	1.0mm<缺陷直径ϕ≤3.0mm，1个/1.0m²	边部允许缺陷直径≤2.4mm，整块玻璃面积内除中部区域外的其他部分	1.0mm<缺陷直径ϕ≤3.0mm，1.0个/m²（2<S≤8m²）	1.0mm<缺陷直径ϕ≤1.5mm，1个/1.0m²
		缺陷直径ϕ>2.0mm，不允许	缺陷直径ϕ>3.0mm，不允许		缺陷直径ϕ>3.0mm，不允许	缺陷直径ϕ>1.5mm，不允许
	雾度	≤2%	≤2%	无要求，美国参照VMU大样	无要求	≤1.5%（实际测量1.47%）
	煮沸试验、烘焙试验	每批生产前定期进行样品测试	季度送样3块	季度送样3块	按照要求进行送样委托检验，每年1次	每周做2次试验
中空	尺寸公差	L<1000mm，±1.0mm	L<1000mm，±2mm	针对夹层厚度12.7≤t≤25.4，面积不大于6.96m²，其公差：+7.9，−3.2mm	针对项目提供质量控制计划，供客户确认	L<1000mm，−1.0mm

工序	项目	本次质量要求	国标要求	美标要求	欧标要求	实测结果
中空	尺寸公差	$1000mm \leq L <4000mm$；+1，-2mm	$1000mm \leq L <2000mm$；+2，-3mm	针对夹层厚度 $12.7 \leq t \leq 25.4$，面积不大于 $6.96m^2$，其公差：+7.9，-3.2mm	针对项目提供质量控制计划，供客户确认	$1000mm \leq L <4000mm$；-1.5mm
		$2000mm \leq L <6000mm$；+2，-3mm	$L \geq 2000mm$；±3mm			$2000mm \leq L <6000mm$；-2mm
	对角线偏差	≤对角线平均长度的0.1%	<对角线平均长度的0.2%	无要求	无要求	<对角线平均长度的0.1%
	边部叠差	$L<1000mm$，允许1mm	$L<1000mm$，允许2mm	无要求，客户参照VMU大样	无要求，客户参照VMU大样	$L<1000mm$，允许1mm
		$1000mm \leq L <2000mm$，允许2mm	$1000mm \leq L <2000mm$，允许3mm			$1000mm \leq L <2000mm$，允许最大叠差1.5mm
		$L \geq 2000mm$，允许2.5mm	$L \geq 2000mm$，允许4mm			$L \geq 2000mm$，允许2.0mm
	胶深偏差	±2.0mm	±2.0mm	见VMU大样	见大样	胶深宽度+1.0mm
	露点	试样露点≤-60℃为合格	试样露点<-40℃为合格	试样露点≤-40℃为合格	试样露点<-60℃	制品露点-65℃，无结露结霜现象
	初始惰性气体含量	≥90%	≥85%	≥90%	90%（+10，-5）	93%

7.2 天坛形曲面幕墙系统施工容差技术

7.2.1 背景条件

国家速滑馆曲面幕墙玻璃体系由"预应力拉索（钢结构环桁架、混凝土结构）+竖向波浪形钢龙骨+水平向钢龙骨+铝合金框架+玻璃"组成。天坛曲面玻璃幕墙采用纵向S形箱形钢与横向圆钢管通过牛腿连接在一起形成幕墙网壳结构体系。S形箱形钢通过支座与环形桁架或幕墙拉索固定。其中编号SLM-01~SLM-30的S形箱形钢与幕墙拉索、环形桁架和混凝土悬挑梁相连，编号SLM-31~SLM-40的S形箱形钢只与环形桁架和型钢混凝土悬挑梁相连。

幕墙结构采用单层网格结构，典型剖面如图7.2-1所示。拉索拟采用高钒密闭索（单层封闭），索径48mm、56mm，拉索上端拉接于环桁架上V形桁架的中间弦杆处，下端拉接于混凝土悬挑梁边缘。东西两侧最高点区域拉索长约20.7m，与水平面夹角约64°；最低区域索长约

7.3m，与水平面夹角约47°，索间距 4m。单层网格钢竖梁上部两个支撑点与环桁架连接，中间2个反弯弯曲处与拉索铰接，下端与混凝土结构内埋件铰接；南北两侧无拉索区域，上部3~4个点固定在环桁架上，下部与混凝土搭接（沿长度方向释放）；22道近似水平布置的钢横梁用于支撑建筑外直径350mm的玻璃管"丝带"，与竖梁之间刚接连接，相邻横梁间距约2m。

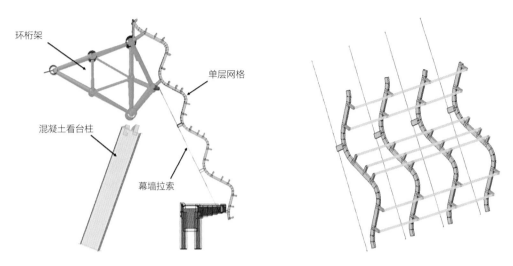

图7.2-1　幕墙结构体系典型剖面

S形钢结构壳体由竖向S形矩形钢管和横向圆管及两者之间的牛腿组成，S形矩形管截面为360mm×150mm，共160根，其中与竖向拉索相连的有120根；横向圆管截面为P180×6mm，共22圈。S形矩形管最长一根为32.6m，最短为17.4m，竖向S形龙骨顶部与主体环桁架有1或2个连接点，中部与竖向拉索有两个连接点，底部与混凝土结构有一个连接点见图7.2-2、图7.2-3。

根据设计计算得出，幕墙结构体系最大相对位移为80mm左右，平均到一个椭圆周长上，每米约0.73mm的位移，按照0.8mm计算，每块幕墙应允许的变形约3.2mm，按照两块玻璃，则留有

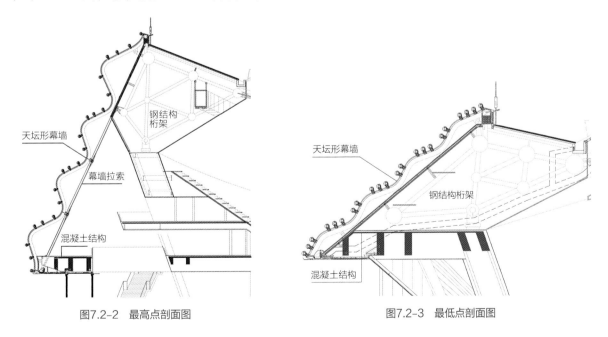

图7.2-2　最高点剖面图

图7.2-3　最低点剖面图

的变形空间应满足6.5mm的空间。在进行幕墙深化时，应考虑一定的构造措施调节幕墙和结构之间的施工误差和变形。

7.2.2 曲面玻璃体系与结构的拟合构造

将玻璃与铝型材在加工厂预制成高精度的幕墙单元板块，单元上下横梁附框与160mm×70mm×16mm的方通钢管通过铝连接件螺栓连接，单元立框通过螺钉压块与"S"形钢结构连接固定。外观表现为横向有350mm宽的铝合金压盖，竖向90mm宽的铝合金压盖与玻璃面平齐的明框幕墙效果。

材料种类多，加工误差精度差别大，尤其索网结构为柔性结构，需采取一定的措施调节索网和幕墙玻璃的误差。依据变形协调机制，幕墙体系中，混凝土结构、钢结构、幕墙拉索为结构层，单元式幕墙为非结构层，将幕墙非结构层和结构层的拟合亦分为两部分处理，达到不同弧形材料的变形协调。

7.2.2.1 S形钢龙骨和结构的拟合调节构造

曲面幕墙玻璃与结构（环桁架、混凝土结构、索网）的拟合构造属于"结构层和非结构层"的类型，二者之间的隔离性可调构造为S形钢龙骨。可利用调节钢龙骨的位置调节幕墙拉索和单元式幕墙的加工误差。

S形钢龙骨示意见图7.2-4。

（1）顶部钢结构环桁架上S形钢龙骨调节：通过套座设计实现S形钢龙骨顶部与环形桁架连接的六向调整，消除顶部环形钢桁架施工偏差对幕墙S形钢龙骨上端定位、安装的影响。

（2）中段幕墙预应力索上S形钢龙骨调节：通过定制长度的单片钢耳板，消化拉索和幕墙S形钢龙骨之间的前后偏差，其他方向（上下、左右以及偏转）的偏差，在容差范围内都能消化。

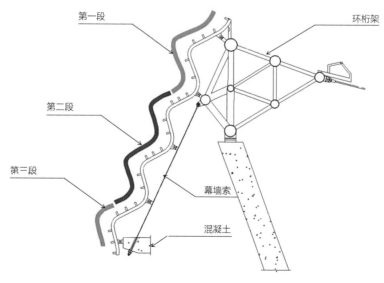

图7.2-4　S形龙骨示意

根据现场返尺情况定制连接钢耳板，沿天坛形钢龙骨上下移动耳板，可以吸收上下±30mm的尺寸偏差，具体如图7.2-5所示。

若出现钢龙骨中心与主体拉索中心偏心时，可左右扭转移动耳板，可以吸收左右±70mm的尺寸偏差；根据现场返尺情况定制连接钢耳板，沿天坛形钢龙骨前后方向调节耳板的大小，可以吸收进出±25mm的尺寸偏差，详见图7.2-6。

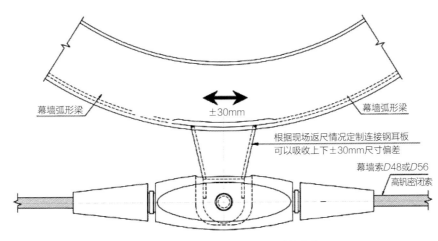

图7.2-5　幕墙拉索与天坛形钢龙骨连接节点图

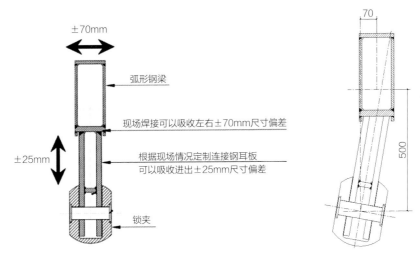

图7.2-6　索网节点调节示意

（3）底部混凝土悬挑梁上S形钢龙骨调节：通过现场实测S形钢龙骨销轴基准点与主体结构埋件之间的距离，定制支座耳板，从而消化主体结构的前后进出偏差。其他方向（上下、左右以及偏转）的偏差由现场安装调节。

S形钢龙骨连接形式见图7.2-7。

7.2.2.2　冰丝带钢管容差调节

冰丝带钢管直径180mm，原设计牛腿宽度也是180mm，几乎没有容差，对现场安装精度要求较高。优化原方案后，牛腿做了"大头"处理（图7.2-8），用于调整冰丝带钢管安装偏差及S形钢定位偏差。

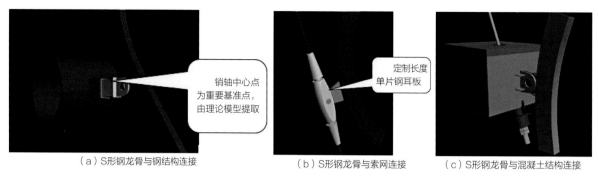

（a）S形钢龙骨与钢结构连接　　　　（b）S形钢龙骨与索网连接　　　　（c）S形钢龙骨与混凝土结构连接

图7.2-7　S形钢龙骨连接形式

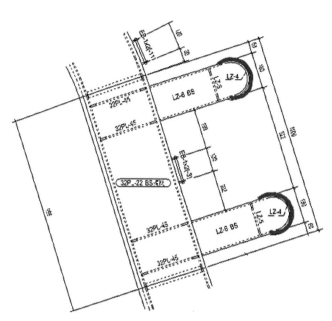

图7.2-8　牛腿处大头处理

7.2.3　曲面幕墙系统变形协调

单元式曲面幕墙之间属于"非结构层"独立单元，单元之间设置变形缝，使非结构层能适应结构层变形。由于幕墙的受力特性，按照竖向缝和水平缝分别处理。

7.2.3.1　天坛形幕墙L形压块构造

曲面幕墙龙骨采用铝合金材料，面板采用的是半钢化中空玻璃，玻璃与铝合金龙骨之间采用结构胶粘剂固定，再者两种材料的加工偏差都相对平面板块的加工偏差大一倍以上，但是幕墙的组装精度要求无法适应如此大的加工偏差，这给幕墙加工组装带来了非常大的困难。为了解决这种矛盾，在幕墙加工过程中需要将两种材料的不同的加工误差拟合到理论需要的尺寸上，特别设计了玻璃与龙骨压制贴合用的压板构造（图7.2-9），使玻璃板与龙骨之间的尺寸强制变形至注胶厚度需要的尺寸并维持这个尺寸，此外这个压板构造还能额外提供负风压下的结构受力强度，从而减轻结构胶的荷载压力，一举两得。

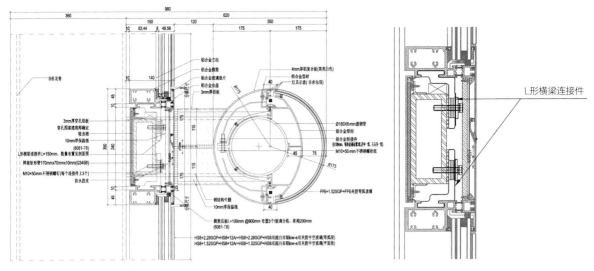

图7.2-9　冰丝带构造

　　幕墙与横向钢龙骨之间采用L形转接铝压板，上拉下托，150mm长，距端200mm和距端1100mm布置，按受力不同布置3或4个，幕墙单元之间彼此隔离。

　　这个构造（图7.2-10）对于所有的弯弧或者非平面幕墙板块都有很大的借鉴意义，为幕墙的整体安全性提供了更高的安全储备。

7.2.3.2　上下天坛幕墙单元瓦式连接

　　我国现行的幕墙防水体系主要分为干密封和湿密封两种，干密封体系主要是靠构造进行处理达到防排水密缝的效果，湿密封主要是靠硅酮耐候密封胶进行打胶密缝防水处理。相对湿密封处理而言，干密封的构造相对复杂，对设计、加工、安装的水平要求都很高，一般只是使用在单元式幕墙体系中，单元式幕墙的防水构造靠型材插接和密封条搭接来实现，构造复杂，防水效果不理想。本项目研究了一种幕墙瓦式防水构造，将幕墙板块之间的防水由插接和密封条密缝简化为搭接密缝，免去插接构造，上下两片幕墙形成屋面瓦式搭接构造（图7.2-11），使水由上而下顺幕墙面流动，防止倒灌，幕墙板块之间既可以实现防水又可以满足结构变形带给幕墙的位移变形需求，在竖向上可以吸收±10mm的位移量。

图7.2-10　L形转接压块构造

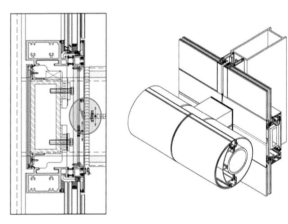

图7.2-11　瓦式连接

7.2.3.3 冰丝带水平向容差构造

1. 冰丝带幕墙变形计算

钢材线膨胀系数：$1.2 \times 10^{-5} \times 1/℃$；

玻璃线膨胀系数：$1.0 \times 10^{-5} \times 1/℃$；

考虑年温差80℃，钢材和玻璃管长度均为4m，在年温差下钢材和玻璃向左右两个方向伸长，总最大伸长量为：

钢材：$d1 = 4000mm \times 80℃ \times 1.2 \times 10^{-5} \times 1/℃ = 3.84mm$；

玻璃：$d2 = 4000mm \times 80℃ \times 1.0 \times 10^{-5} \times 1/℃ = 3.2mm$。

2. 冰丝带容差构造

冰丝带为直径350mm的圆管，前半部分为彩釉夹胶玻璃，后半部分为铝塑板，灯具设置在两种材料的交接处，通过照射玻璃侧壁使灯管均匀点亮并变换色彩。整个灯管是通过铝型材箍在S形钢结构壳体横向$P180 \times 6$的圆管上，独立在玻璃幕墙以外，采用折线拼接，灯管之间预留10mm胶缝以吸收幕墙自身变形及结构变形（图7.2-12），整体沿钢管方向呈线性位移，容差性能强。

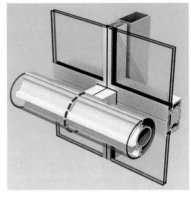

图7.2-12 冰丝带10mm胶缝吸收变形

7.2.4 玻璃面板计算

7.2.4.1 天坛形曲面幕墙面板计算

中空玻璃TP8mm+2.28SGP+TP8mm+12A+TP8mm+2.28SGP+TP8mm，重度取$\rho = 25.6kN/m^3$，弹性模量取$E = 72000MPa$，泊松比取$v = 0.2$，面板宽度$B = 4000mm$，面板高度$H = 2400mm$。

1. 强度校核

荷载组合取1.2恒荷载+1.4动荷载+0.65地震作用，对冰丝带面板强度进行有限元计算（图7.2-13～图7.2-16），经计算，应力$\sigma = 33.8MPa$，小于容许应力56MPa。

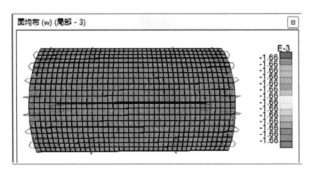

图7.2-13 局部风荷载

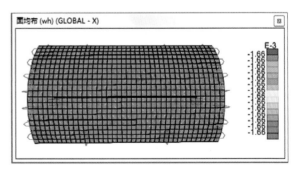

图7.2-14 均布风荷载

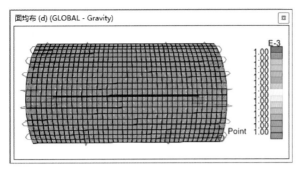

图7.2-15　自重荷载

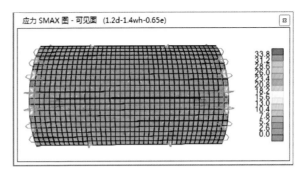

图7.2-16　强度计算

2．挠度计算

荷载组合取1.0恒荷载+1.0动荷载，对弧形面板挠度进行有限元计算（图7.2-17～图7.2-19），挠度$d = 2.1$mm，小于容许挠度40mm。

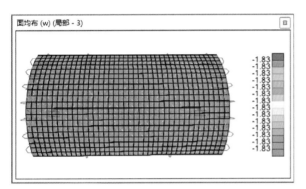

图7.2-17　局部风荷载

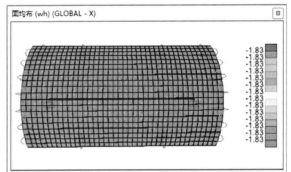

图7.2-18　均布风荷载

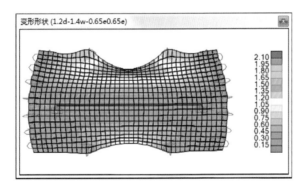

图7.2-19　挠度计算

7.2.4.2　冰丝带面板计算

冰丝带为TP6+1.52SGP+TP6夹胶弯弧玻璃，重度取$\rho = 25.6$kN/m^3，弹性模量取$E = 72000$MPa，泊松比取$v = 0.2$，面板宽度$B = 4000$mm，面板高度$H = 350$mm。

1．强度校核

荷载组合取1.2恒荷载+1.4动荷载+0.65地震作用，对冰丝带面板强度进行有限元计算（图7.2-20～图7.2-23），应力$\sigma = 0.54$MPa，小于容许应力56MPa。

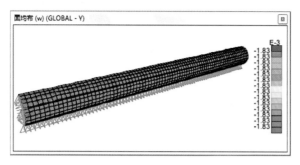

图7.2-20 均布风荷载

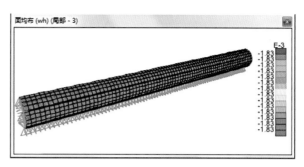

图7.2-21 局部风荷载

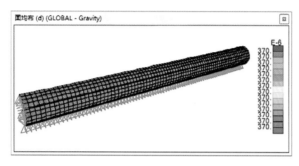

图7.2-22 均布自重荷载

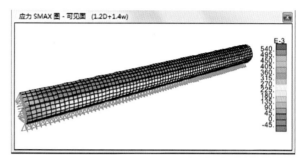

图7.2-23 强度计算

2. 挠度计算

荷载组合取1.0恒荷载+1.0动荷载,对冰丝带面板挠度进行有限元计算(图7.2-24),挠度 $d = 1.12$mm,小于容许挠度5.83mm。

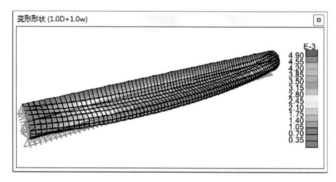

图7.2-24 挠度计算

7.2.5 小结

国家速滑馆幕墙系统"天坛形曲面幕墙"和"冰丝带"结构组成复杂,由"混凝土结构、钢结构、幕墙索"组成受力支座,S形钢龙骨和矩形钢管组成幕墙龙骨骨架,幕墙采用单元式幕墙,通过调整S形钢龙骨的连接方式解决幕墙体系和结构(混凝土结构、钢结构环桁架、索网)的变形协调问题。设置压块和瓦式连接构造等解决单元式幕墙的容差调节问题,同时也为幕墙防水提供了新思路。

7.3 天坛形曲面幕墙单元独立安装施工技术

目前，无论是框架式玻璃幕墙还是单元式玻璃幕墙，在面板安装时都是有一定的安装顺序要求的，单元式幕墙更是有自下而上的安装顺序的限制，这就对幕墙安装的组织管理、材料安排及作业面的需求提出了很高的要求，一定程度上限制了安装效率。

7.3.1 幕墙索及埋件复测

屋面预负载施加后，幕墙索处于预应力张拉状态，在此状态下进行幕墙索及幕墙S形钢龙骨埋件安装位置复测（图7.3-1、图7.3-2），据此复测结果建立BIM模型。

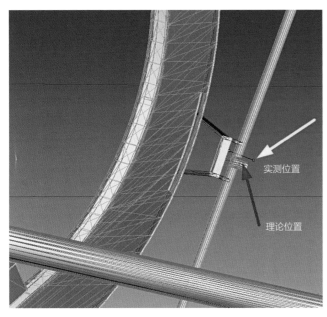

图7.3-1 幕墙索位置复测

图7.3-2 环桁架预埋件位置复测

7.3.2 BIM建模下料加工

而幕墙分割线必须与S形钢中心重合才能满足建筑效果的要求。幕墙安装后幕墙索仍会有变形，无需施加幕墙预负载，为了提高生产效率，根据复测结果，反复对比模型（图7.3-3），首先生产没有受变形影响的S形钢龙骨和相应的幕墙单元。

根据复测结果，受影响的区域需根据BIM模型（图7.3-4）重新下料加工，基于本书第7.2节中所提的内容调节误差。幕墙玻璃的加工见本书第7.1节。

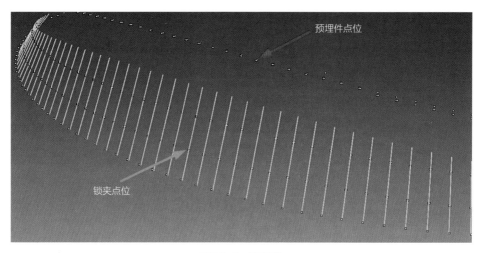

图7.3-3 测模型

图7.3-4 幕墙索扫描后点位BIM模型放样

7.3.3 整体对称

由于速滑馆平面外形完全对称，为保证幕墙安装过程中受力均匀对称，整体安装顺序需保证对称性。依据主场馆南北17号轴划分为东西两个标段，一标段为东标段，二标段为西标段。两侧同步进行，从低区向高区逐步安装，见图7.3-5。

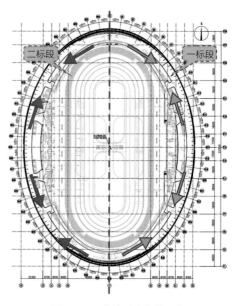

图7.3-5 幕墙对称安装示意

7.3.4 独立安装

根据《建筑幕墙》GB/T 21086—2007中的定义，单元式幕墙是由各种墙面板与支承框架在工厂制成完整的幕墙结构基本单位，直接安装在主体结构上的建筑幕墙。传统的单元式幕墙是插接式的（图7.3-6），如果是标准单元板块则安装不受影响。为了保证工期，决定采用单元式幕墙，但由于本项目每块幕墙单元尺寸不一样，如果采用插接式，受幕墙加工过程中自爆以及排产的影响，无法保证幕墙单元顺序供应。

采用本书第7.2节的节点设计以及容差调节方案，实现了幕墙板块的安装固定区别于常规的固定方案，玻璃幕墙板块之间无插接关系，固定也无关联性，可以实现单个板块独立固定，从而实现幕墙板块的无序安装，只要有作业面就可以进行板块的安装，见图7.3-7。

图7.3-6 传统单元式幕墙安装示意

图7.3-7 幕墙曲面玻璃安装

7.3.5 安装工艺流程

安装工艺流程见图7.3-8。

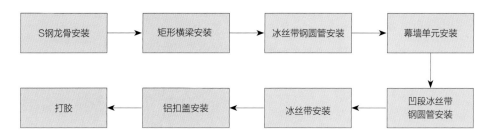

图7.3-8　幕墙体系安装工艺流程

7.3.5.1　S形钢龙骨安装

1. S形钢龙骨分段加工

S形弧梁整体重量不大，吊装重量小于7.5t，最大直线长度32m，无法整体运输，因此将箱形弧梁构件分为两段制作。若采用两段分段吊装、高空对接的方案，由于弧形梁与幕墙拉索节点的连接方式导致构件分段安装时无可靠稳定的支撑点，高空对接及焊接难度大，安装精度不易控制。因此弧形梁采用地面拼装后整体吊装的方式，为防止整体吊装可能出现的变形问题，采用扁担吊装的方式，保证弧形梁变形在可控范围内，保证安装精度及成型质量。

根据拟定施工方案及结构特点，本工程箱形幕墙S形弧形梁超过运输限制的分三段进行制作，满足运输条件的整体制作。

超长构件分三段制作，现场将下两段组装成整体后吊装，即超长构件分两段吊装。其余构件整根构件制作及吊装。超长构件采用70t汽车起重机吊装，其余小构件采用25t汽车起重机吊装。

三段加工两段安装见图7.3-9。

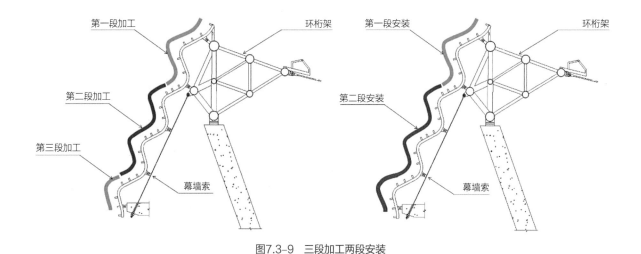

图7.3-9　三段加工两段安装

2. S形钢龙骨安装

（1）幕墙拉索施工完成（图7.3-10），具备幕墙网壳钢结构安装条件。

图7.3-10　幕墙索张拉完成BIM模拟

图7.3-11　长段S形钢龙骨安装BIM模拟

（2）弧形梁在地面上拼装成整体，按要求设置吊装扁担梁后，70t汽车起重机整体吊装S形弧钢龙骨，见图7.3-11。

（3）25t（局部50t）汽车起重机按照矩管横梁、水平圆管、封边梁的先后顺序吊装S形梁间的杆件，见图7.3-12。

（4）继续依次由低到高安装幕墙钢结构，见图7.3-13～图7.3-15。

7.3.5.2　冰丝带凹段安装顺序

因凹段外侧冰丝带使得安装空间不足，影响后续幕墙单元的安装，局部冰丝带钢圆管需待天坛幕墙单元安装后再安装（图7.3-16）。

图7.3-12　短段S形钢龙骨及横梁安装BIM模拟

图7.3-13　幕墙骨架安装完成BIM模拟

图7.3-14 低区幕墙龙骨首段吊装

图7.3-15 幕墙龙骨吊装完成

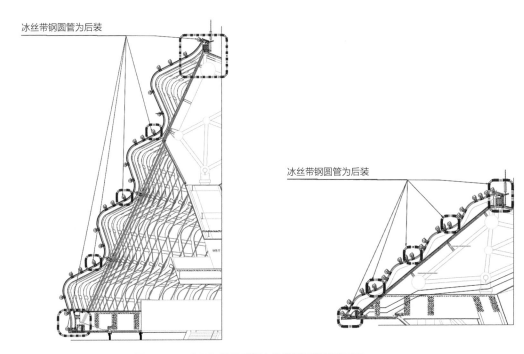

图7.3-16 高区和低区后装冰丝带钢圆管位置示意

7.3.5.3 天坛形单元体和冰丝带安装

S形钢结构安装完成后，从两侧开始进行单元体的吊装及安装工作。外幕墙安装流程如图7.3-17所示。

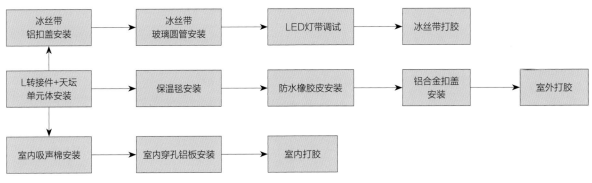

图7.3-17 幕墙板块安装流程

1. 单元体吊装和单元体安装

使用80t起重机起吊单元体，单元体起吊到预定邻近位置后，脚手架的操作人员在单元体的左右两侧将单元体扶正、入位，固定单元体左右侧压块，固定完成后，再分别在单元体的上、下固定单元体上下转接件，转接件采用机丝孔正面固定，根据板块大小，每樘单元体单边横向布置转接件3或4个。固定完成后，完成本块单元体的吊装（图7.3-18），继续施工下一樘单元体。

单元体安装节点示意见图7.3-19。

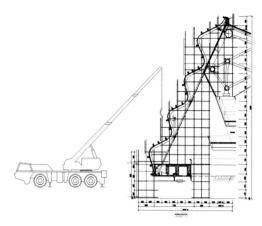

图7.3-18　单元体吊装

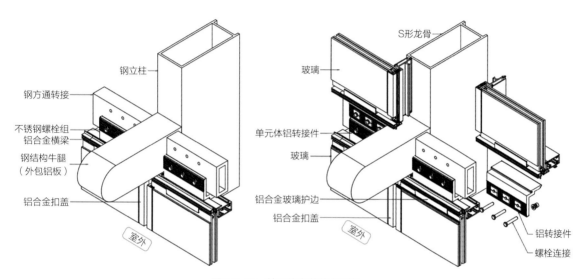

图7.3-19　单元体安装节点示意

2. 室内扣盖安装

所有室内扣盖在单元体后（图7.3-20），室内脚手架操作安装。

3. 室外扣盖安装

单元体安装完10个分格后，开始从17轴位置向中间流水安装单元体扣盖、保温毯等（图7.3-21），扣盖安装完成后，对单元体十字交叉位置进行打胶处理。

4. 单元体钢圆管安装

由于横向钢结构圆管的阻碍，在内凹区的玻璃安装无法实现，需要考虑将横向钢结构圆管在玻璃安装之后再行安装，受影响的该位置P180圆管每个分格内共

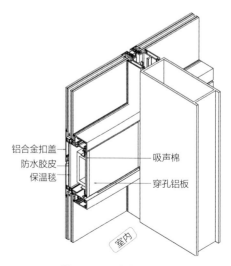

图7.3-20　室内扣盖安装

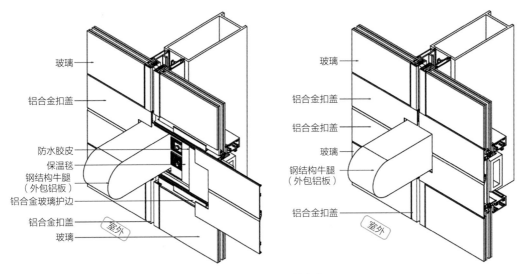

图7.3-21　室外扣盖安装

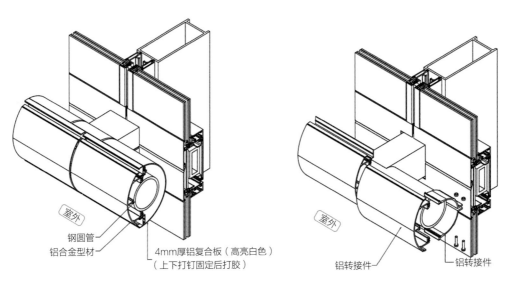

图7.3-22　铝转接件安装

计5支，单元体扣盖安装完成后，将5圈未安装的钢圆管栓接在主钢结构预留的钢挑板上。

5. 冰丝带安装

冰丝带安装固定在单元体外侧的22圈钢圆管上，使用脚手架安装转接件（图7.3-22），转接件安装完成后，安装防火铝塑板。

安装丝带玻璃半圆管，半圆管使用起重机绑扎吊装，脚手架作业人员配合扶装入位后，进行打钉固定。安装完成后，对胶缝位置进行打胶，见图7.3-23。

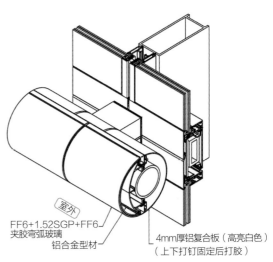

图7.3-23　冰丝带玻璃安装

对于复杂异形项目来说，能够做到材料到场就能安装对整体工期和施工组织都是非常大的助益，对装配式幕墙也是一种参考。

7.3.6　三维激光扫描

7.3.6.1　基站布置

扫描仪架设在国家速滑馆外围地面，一共架设了8个测站，获得点云数据大小共21.6GB。使用Geomagic点云数据处理软件对点云数据进行处理，导入测站数据后，通过"手动注册"对点云数据进行拼接，拼接时特征点一般选用地面的静止起重机、货物等。拼接并去除杂点后的点云数据俯视图如图7.3-24所示。

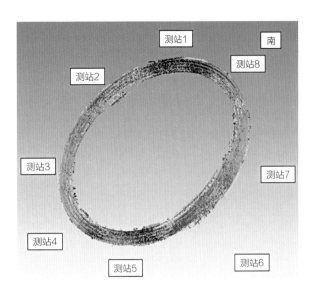

图7.3-24　基站布置

7.3.6.2　扫描结果和模型对比

从宏观上来看三维扫描结果与模型吻合较好（图7.3-25），但是由于玻璃幕墙是S形的，而三维扫描仪位于地面，因此玻璃幕墙的凹处未被扫描到。

对测站点云数据云进行封装，生成三角网格面（图7.3-26）。中间部分是两个测站的交界处，该部分所扫描的数据点相对较少，因此未生成足够多的三角形。对封装后的细部（图7.3-27）进

图7.3-25　模型和扫描结果对比图

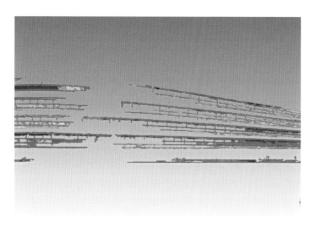

图7.3-26　测站1和测站2的三维扫描数据封装结果

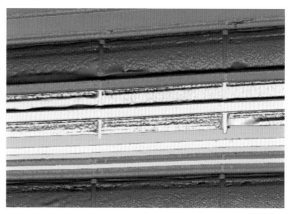

图7.3-27　封装细节

行观察，发现由于玻璃反射率低以及受到圆钢管遮挡的因素，玻璃幕墙未能被完整扫描，主要扫描的是玻璃边框。

7.3.6.3　测量结果

玻璃之间的接缝分为水平接缝和竖直接缝，由于玻璃幕墙是S形，且外侧还有圆钢管，因此竖直接缝很难在点云中识别，因此对水平接缝进行测量分析。

由于玻璃幕墙的反射率偏低，扫描出来的主要是玻璃幕墙接缝处的铝合金托板和密封胶，因此水平接缝的理论宽度为5+35+ 20+35+5=100mm。

通过测量工具对水平接缝宽度进行了测量，对每个水平接缝测量5次，取平均值得到水平接缝的宽度。

对测量数据进行分析，速滑馆玻璃幕墙共有21排，本次测量的主要是由下往上数第4排、第9排、第14排和第19排（图7.3-28）。将这几排的接缝宽度进行汇总，分别求出平均宽度和标准差，绘制出柱形图（图7.3-29）。可以看出平均宽度均在100mm左右，而第4排和第9排的标准差更小一些，分别为9.87和10.60，第14排和第19排的标准差稍大一些，分别为14.61和14.58。

国家速滑馆的玻璃幕墙分别由两家分包单位负责东侧和西侧的幕墙安装，编号为DYT开头的为东侧，编号为B开头的为西侧。从图7.3-30中可以看出东侧的幕墙水平接缝平均宽度误差更小，但东侧的标准差比西侧的标准差更大，分别为13.09和11.59。

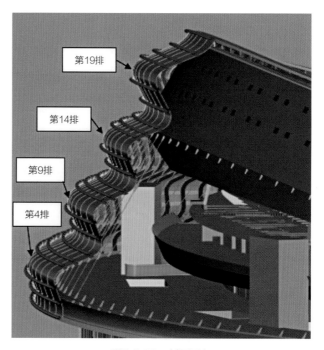

图7.3-28　剖面示意

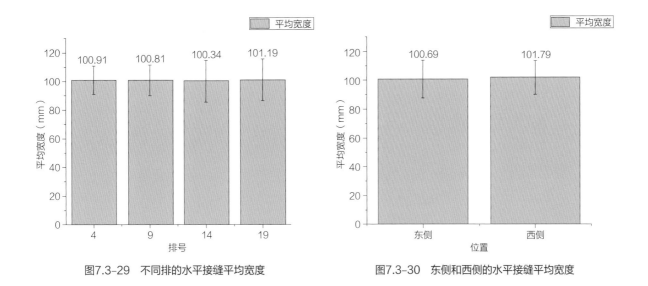

图7.3-29 不同排的水平接缝平均宽度　　　　图7.3-30 东侧和西侧的水平接缝平均宽度

7.3.7 小结

国家速滑馆幕墙体系造型独特，极具曲线感，将工程幕墙的机械连接方式进行了改进，没有使用以往单元幕墙承插的结构，使得幕墙单元板块之间互相独立，可以实现独立安装，不受幕墙玻璃加工排产的影响，提高了现场的安装效率，为单元式幕墙的装配化提供了新的解决方案，具有一定的参考价值。

第 8 章

§

超大平面 CO₂ 跨临界直冷多功能冰场建造技术

8.1 超大平面抗冻融混凝土抗裂技术

根据国际滑联规定，国家速滑馆冰面下的抗冻融混凝土层不允许设施工缝，因此，12000m²、厚度仅170mm的C35F200混凝土层需分区域一次性浇筑完毕，顺序和面积依次为：速滑道5600m²、练习道2000m²、两个场芯冰场区域各1800m²，见图8.1-1。

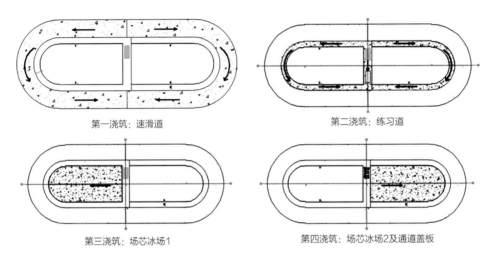

第一浇筑：速滑道　　　　　　　　　　　第二浇筑：练习道

第三浇筑：场芯冰场1　　　　　　　　　　第四浇筑：场芯冰场2及通道盖板

图8.1-1　浇筑分区

8.1.1 混凝土抗裂性能的配比试验

8.1.1.1 假设开裂原因分析

超大平面混凝土结构若产生收缩变形，一旦收缩产生的拉应力超过混凝土抗拉强度，混凝土则有开裂风险，具体机理如图8.1-2所示，可能的开裂位置则是应力和位移变化较大的区域。

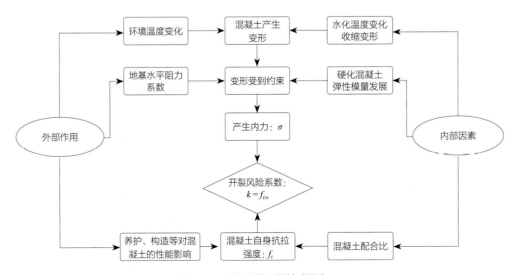

图8.1-2　混凝土的开裂敏感因素

通过经验判断、数值模拟（图8.1-3）和有限元分析对国家速滑馆冰面混凝土可能开裂的时间和位置进行了研究，可能的开裂时间点有两个，一是施工时混凝土由于受到水化温度应力和收缩应力的影响而开裂，二是使用时受制冰系统温度应力影响，抗冻性能降低而开裂；可能的开裂位置有两处，速滑道弯道变截面区域和直道中间区域。

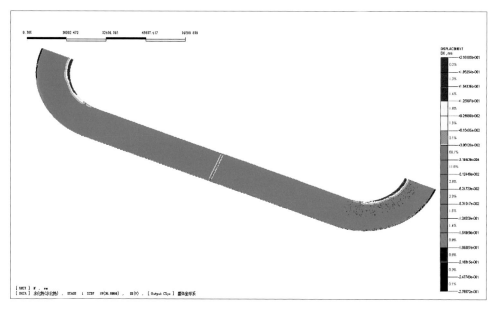

图8.1-3 速滑道纵向位移数值模拟云图

8.1.1.2 原材料优选

1. 膨胀剂的选择

通过对ZY-Ⅰ、ZY-Ⅱ和HCSA-Ⅱ三种膨胀剂性能进行试验可知（表8.1-1），配制的混凝土都能满足补偿收缩混凝土要求，其中ZY-Ⅰ型膨胀剂掺量相对较高。通过对比水中限制膨胀率7d到14d变化，掺ZY-Ⅱ型膨胀剂略有增长，掺ZY-Ⅰ型膨胀剂略有降低，掺HCSA-Ⅱ型膨胀剂没有变化，对比水中14d到转空气中28d变形，掺ZY-Ⅱ型膨胀剂变形最小，这就说明ZY-Ⅱ型膨胀剂在早期能较好地发挥其膨胀作用，中后期微膨胀可减小混凝土结构的干缩变形，推荐用ZY-Ⅱ型膨胀剂。

膨胀剂性能试验 　　　　　　　　　　　　　　　　　　　表8.1-1

产品	膨胀剂		掺量	掺膨胀剂的混凝土			
	限制膨胀率（×10⁻⁴）			出机坍落度（mm）	限制膨胀率（×10⁻⁴）		
	水中7d	转空气中21d			水中7d	水中14d	转空气中28d
ZY-Ⅰ	3.5	−1.9	10%	225	3.1	3.0	−0.9
ZY-Ⅱ	7.2	1.2	8%	235	4.4	4.8	1.0
HCSA-Ⅱ	6.8	0.4	8%	230	4.6	4.6	0.5

2. 碎石粒径选择

通过试验模拟最不利情况，为保证混凝土能够振捣密实及面层混凝土的平整度，混凝土中的碎石最大粒径为20mm，对于粒径小于20mm的碎石，则通过混凝土的抗裂性能对比试验来确定。

目前国内外对混凝土材料早期抗裂性能研究的测试方法有平板式约束收缩试验法（图8.1-4）、圆环式约束收缩试验法和单轴约束试验法。其中平板式约束收缩试验法可比性高、主观影响因素较小，圆环约束试验可以定量获取钢环内外部应变发展数据，因此本次抗裂性能对比主要采用平板约束收缩，圆环约束试验进行辅助。混凝土平板约束收缩试验按照《普通混凝土长期性能和耐久性能试验方法标准》GB/T 50082—2009中的早期抗裂试验方法进行。

图8.1-4 平板约束收缩试验

不同粒径碎石对混凝土抗裂性能的影响差异较大（表8.1-2），石子粒径为5～10mm时，混凝土的总开裂面积为422.79mm²/m²，石子粒径为5～16mm时，混凝土的总开裂面积为364.25mm²/m²，石子粒径为5～20mm时，混凝土的总开裂面积为227.58mm²/m²，由此可知，石子最大粒径由10mm提高到20mm时，混凝土抗裂性能得到提高。

不同粒径碎石对混凝土裂缝性能的影响　　　　　　　　　　　　　　表8.1-2

序号	碎石级配	最大裂缝宽度（mm）	裂缝平均开裂面积（mm²/根）	单位面积的裂缝数目（根/m²）	总开裂面积（mm²/m²）
S-1	5～10mm	0.41	29.00	14.58	422.79
S-2	5～16mm	0.24	24.98	14.58	364.25
S-3	5～20mm	0.14	18.21	12.50	227.58

8.1.1.3 配合比研究

1. 掺加料的研究

1）不同种类掺合料对混凝土抗裂性能的影响

不同种类掺合料对混凝土抗裂性能的影响结果见表8.1-3，对于纯水泥的混凝土，总开裂面积为1258.24mm²/m²，掺粉煤灰的混凝土开裂面积为483.75mm²/m²，同时掺加粉煤灰与矿粉的混凝土开裂面积为1176.67mm²/m²，由此可知，单掺粉煤灰时，混凝土抗裂效果最好。

不同种类掺合料对混凝土裂缝的影响 表8.1-3

序号	掺加掺合料方案	最大裂缝宽度（mm）	裂缝平均开裂面积（mm²/根）	单位面积裂缝数目（根/m²）	总开裂面积（mm²/m²）
R-1	纯水泥	0.68	86.30	14.58	1258.24
R-2	单掺粉煤灰	0.44	33.18	14.58	483.75
R-3	掺粉煤灰+矿粉	0.60	80.70	14.58	1176.67

2）掺加膨胀剂对混凝土抗裂性能的影响

（1）掺加膨胀剂对混凝土裂缝的影响。

掺粉煤灰的混凝土开裂面积为483.75mm²/m²，同时掺加粉煤灰和膨胀剂的混凝土开裂面积为225.92mm²/m²，见表8.1-4，由此可知，掺加膨胀剂时，混凝土抗裂性能得到提高。

掺加膨胀剂对混凝土裂缝的影响 表8.1-4

序号	掺加掺合料方案	最大裂缝宽度（mm）	裂缝平均开裂面积（mm²/根）	单位面积裂缝数目（根/m²）	总开裂面积（mm²/m²）
R-2	单掺粉煤灰	0.44	33.18	14.58	483.75
R-4	掺粉煤灰+膨胀剂	0.21	18.07	12.50	225.92

（2）掺加膨胀剂对混凝土收缩变形的影响。

参考《混凝土和砂浆限制收缩开裂时间和产生拉应力的特性标准测试方法》ASTM C 1581 M-09a，进行了钢环试验，试验用的环形约束试验装置由内钢环和外混凝土环组成。钢环采用Q345钢，高为100mm，外径为220mm，壁厚为10mm。混凝土环内径为220mm，外径为400mm，混凝土环的厚度为90mm。在钢环内表面距其底面50mm处和钢环外部混凝土表面距其底面50mm处，粘贴应变片以监测试验过程中钢环内表面和混凝土外部环向应变的发展。环境温度为（20±2）℃，湿度为40%～70%。钢环试验的配比组成分别为添加膨胀剂（膨胀组）和不加膨胀剂（普通组）。

钢环内部的环向应变发展整体为下降趋势，数据见图8.1-5，表明钢环受混凝土挤压而变形缩小，普通组的内环挤压变形由混凝土收缩导致，而膨胀组的内环则由混凝土收缩挤压和膨胀剂体积增大叠加导致；从开始干燥（龄期约为3d）开始计时，到11d（龄期为14d），钢环的受压变形速度较小，从11d开始，速度逐渐加快，并在19d左右逐渐平稳；膨胀组对比普通组，前11d区别不明显，从11d开始，膨胀组的内环变形发展逐渐弱于普通组，说明膨胀剂开始逐渐发挥作用，抵消了一部分混凝土的收缩。使得21d时钢环内部应变减小了约60με，减小收缩变形比例为28.6%。

钢环外部混凝土的环向应变发展不尽相同，数据见图8.1-5，从开始干燥（龄期约为3d）计时到第3d（龄期为6d），膨胀组应变逐渐增大，表明膨胀剂的第一阶段的膨胀作用已经开始发挥作用。而普通组的应变前1.5d基本无变化；膨胀组从第3d开始，普通组从1.5d开始，混凝土环向应变出现下降，即混凝土开始收缩，一直持续到11d（龄期为14d）。由于膨胀剂第一阶段的膨胀作用，截至11d的混凝土收缩应变，膨胀组比普通组小了约为60με，减小收缩变形比例为42.9%；从11d开始，膨胀组开始出现应变正增长，并在16d左右抵消了前期的收缩负应变，后期应变继续正增长。而普通组则继续收缩，两组都在19d左右趋势逐渐平稳。因此，掺加膨胀剂对于减小和抵消混凝土收缩导致的开裂应变存在一定的作用，本工程选择使用膨胀剂。

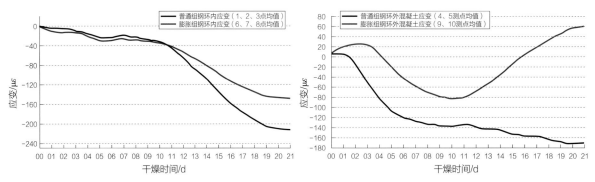

图8.1-5 钢环测点应变发展趋势（左：内部；右：外部）

3）掺加不锈钢钢纤维对混凝土裂缝的影响

掺加钢纤维后，混凝土的单位面积裂缝数目由12.50根/m²减少到10.41根/m²，但总开裂面积没有明显改善，见表8.1-5。在掺加钢纤维的混凝土中，钢纤维是均匀乱向分布，当竖立或斜向的钢纤维露出表面时，混凝土激光抹平时就出现钢纤维的晃动，使混凝土面层平整度受到影响，因此不建议使用钢纤维。

掺加不锈钢对混凝土裂缝的影响 表8.1-5

序号	掺加掺合料方案	最大裂缝宽度（mm）	裂缝平均开裂面积（mm²/根）	单位面积裂缝数目（根/m²）	总开裂面积（mm²/m²）
R-4	掺粉煤灰+膨胀剂	0.21	18.07	12.50	225.92
R-5	掺粉煤灰+膨胀剂+钢纤维	0.24	20.51	10.41	213.54

2. 混凝土含气量的控制

通过调整引气剂的掺量得到不同含气量，从而研究含气量对混凝土抗冻能力的影响，并基于此项研究获取最优含气量。选取本项目优化的C35配合比，通过调整引气剂的掺量，获得含气量分别为3.4%、4.6%、5.5%、6.5%的混凝土，制成100mm×100mm×400mm的抗冻试件，进行抗冻试验，试验方法按《普通混凝土长期性能和耐久性能试验方法标准》GB/T 50082—2009中快冻法，结果见表8.1-6。

不同含气量对混凝土抗冻性能的影响 表8.1-6

序号	含气量（%）	冻融循环次数	相对动弹性模量（%）	质量损失率（%）
T-1	3.4	200	79.3	2.7
		250	72.6	3.4
		300	64.3	4.7
T-2	4.6	200	83.2	2.2
		250	76.5	3.1
		300	68.4	4.0
T-3	5.5	200	87.5	2.0
		250	80.1	2.6
		300	71.3	3.7
T-4	6.5	200	79.9	2.6
		250	75.7	3.5
		300	69.8	4.2

通过试验可知，随着混凝土含气量的增加，混凝土抗冻性能呈现出先增强后减弱的趋势。当含气量在5.5%左右时，混凝土的抗冻融能力较好。这是由于混凝土中气泡的增加可以降低连通孔中水结冰产生的膨胀压力，较好地起到应力缓冲作用，并且隔断了混凝土内部的连通孔，使冻融破坏应力对混凝土的损害降低。混凝土中平均气泡间距是影响抗冻性的关键因素，而平均气泡间距系数是由含气量与平均气泡半径计算而得，当气泡尺寸不变时，含气量越大，气泡间距系数越小，抗冻性能越好。但当混凝土中的含气量增加到一定程度以后，混凝土的抗冻性能能力下降，原因是含气量过大后，混凝土中的间隙过多，严重影响到混凝土的密实度，降低了混凝土的抗冻性能。混凝土含气量宜控制为5.5%。

8.1.1.4 混凝土性能

（1）混凝土的早期抗裂试验：混凝土的最大裂缝宽度为0.15mm，裂缝平均开裂面积为19.94mm²/根，单位面积的裂缝数目为10.41根/m²，总开裂面积为207.57mm²/m²，混凝土早期抗裂性能等级为L-Ⅳ。

（2）抗冻融性能试验：经过200次冻融循环后，混凝土的相对动弹性模量为85.5%，质量损失率为2.0%，这是由于混凝土中引入了5.5%的微小气泡，使得混凝土孔结构的平均孔径、最可几孔径和临界孔径减小，孔级配分布更为合理，从而混凝土的抗冻耐久性得到显著提高。

（3）胀缩试验：混凝土胀缩试验结果见表8.1-7，从表中可知混凝土1年的干缩率为0.031%，比普通混凝土的1年干缩率（0.04%～0.06%）要小。水中养护14d后，混凝土的1年干缩率为0.018%，这说明通过加强保湿养护混凝土的1年干缩率会降低。在实际施工过程中，为防止混凝土开裂，混凝土的保温保湿养护不少于14d，见表8.1-7。

混凝土胀缩试验 表8.1-7

试验项目	水中养护（×10⁻⁴）			空气中养护（×10⁻⁴）						
	3d	7d	14d	3d	7d	14d	28d	90d	180d	1年
限制膨胀率	2.0	2.5	2.6	—	—	—	0.8	—	—	—
自由膨胀率1	2.3	2.9	3.4	—	—	—	1.2	0.1	-1.1	-1.8
自由膨胀率2	—	—	—	-1.2	-1.6	-1.9	-2.0	-2.4	-2.9	-3.1

8.1.2 钢筋优化

为了充分发挥钢筋的限制收缩作用，首先通过模拟分析确定容易开裂的位置，根据模拟分析结果，确定钢筋优化方案。

8.1.2.1 混凝土温度变形分析

冰面下的混凝土由于受到温度的剧烈变化，温度变形明显，通过软件模拟了混凝土在不同温度下的变形数据，得出了弹性板的变形结果。考虑冰面下的混凝土板的温度变化区间为-20℃～20℃。计算发现，分区1和分区2的最大变形均为南北两端，最大变形量约36mm和31mm；分区3和分区4的最大变形为南北两端及角部，最大变形量约15mm和7mm（图8.1-6）。

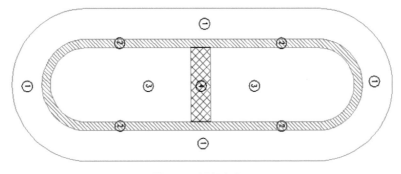

图8.1-6 混凝土分区

8.1.2.2 钢筋优化方案

根据模拟分析结果得出，分块1和2也就是大道速滑3区、4区的变形量较大，并且变形主要集中在南北两端的圆弧段。以此模拟分析为基础，结合专家讨论会的意见，进行了几个方面的优化：

（1）上层钢筋间距改为100mm×100mm，同时采用不锈钢钢筋以避免出现碳钢钢筋与不锈钢管产生电化学腐蚀现象。（2）钢筋绑扎前，第一排钢筋离各区分格缝边缘50mm，然后依据钢筋位置线摆放、绑扎下铁钢筋。（3）绑扎丝：下层普通钢筋采用20号~22号火烧丝。绑扎切断长度应满足使用要求。上层不锈钢钢筋采用不锈钢绑丝进行绑扎。（4）所有钢筋交错点均绑扎，且必须牢固。同一水平直线上相邻绑扣呈八字形，朝向混凝土体内部，同一直线上相邻绑扣露头部分朝向正反交错。（5）上下两层钢筋均为抗裂构造钢筋，钢筋均按500mm进行绑扎搭接长度，搭接范围进行错开1m。（6）弧形段钢筋底平行于管道方向钢筋与管道平行，按照管道弧度进行弯折。垂直于管道钢筋先内弧进行间距分隔布置后垂直于内弧，在外弧段多出的三角形部分在垂至外弧进行布置，如图8.1-7所示。（7）利用成品管道支架控制上下两道钢筋网的保护层厚度，成品支架如图8.1-8所示，下部钢筋网片搁置在支架下部通长钢筋上，上部不锈钢钢筋搁置在M形支架顶部，支架加工高度严格按照制冷管道距混凝土表面32mm高度加工。

图8.1-7　弧形段钢筋加密

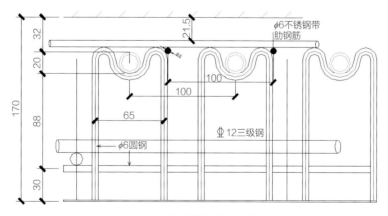

图8.1-8　冰板制冷层成品综合支架

8.1.2.3　握裹力试验

不锈钢管的物理性能不同于钢筋，在混凝土内的收缩比不同，对混凝土抗裂性能产生影响，需要对其在混凝土内的握裹力进行试验验证。经第三方的试验验证，依据《混凝土物理力学性能试验方法标准》GB/T 50081—2019，混凝土与不锈钢管的握裹力强度达到1.77MPa，满足需求。

8.1.3 混凝土浇筑

针对上部170mm厚抗冻融混凝土承压层施工。混凝土采用预拌混凝土，车载泵浇筑。

8.1.3.1 浇筑顺序

根据设计要求，各区域混凝土浇筑不应有施工缝，根据冰面使用功能分区，抗冻融混凝土分四段浇筑，第一段浇筑场芯北区（即5区），第二段浇筑场芯南区（即6、10区），第三段浇筑练习道（7、8区），最后浇筑第四段速滑大道（1、2、3、4区）。

1. 场芯北区浇筑

场芯北区浇筑面积为2024m²（344m³），设置地泵一台、敷设单根泵管（图8.1-9左），采取1个班组浇筑，按照每小时浇筑30m³浇筑速度考虑（约180m²），总共配备50人分4个班组进行轮换，保证连续浇筑。每个班组按工序配备以下人员：1人指挥，混凝土4人负责振捣平整、普工4人负责摊铺、抹灰工4人负责机械抹光操作，2人负责拆卸泵管，测量2人负责测量，电工1人负责用电保证。

2. 场芯南区浇筑

场芯南区浇筑面积为2224m²（378m³），根据场芯北区的浇筑经验，优化了场芯南区的浇筑模式，南区设两台地泵、敷设两根泵管进行浇筑（图8.1-9右）。设2个班组同时浇筑，按照每小时浇筑60m³浇筑速度考虑（约180m²/班组），总共配备50人进行轮换保证连续浇筑。每个班组按工序配备以下人员：1人指挥，混凝土4人负责振捣平整、普工4人负责摊铺、抹灰工4人负责机械抹光操作，2人负责拆卸泵管，测量2人负责测量，电工1人负责用电保证。与场芯北区人员设置一致，但极大地加快了浇筑进度。

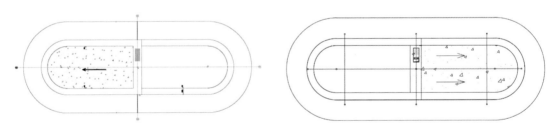

图8.1-9 场芯浇筑顺序（左：北区；右：南区）

3. 练习道浇筑

场馆南侧、北侧各设一台地泵和单根泵管，浇筑顺序从练习道东侧中间两个班组往南北两侧顺时针、逆时针两个方向进行浇筑，在西侧中间汇合（图8.1-10左）。

浇筑面积300m×5m，分两个班组同时浇筑，按照每小时浇筑30m³（浇筑西侧时，浇筑速度下降为20m³/小时×班组）浇筑速度考虑（约180m²），共配备50人分四个班组进行轮换保证连续浇筑。保持每个班组按工序配备以下人员：1人指挥，混凝土4人负责振捣平整、普工4人负责摊铺、抹灰工4人负责机械抹光操作，2人负责拆卸泵管，测量2人负责测量，电工1人负责用电保证。但各班组浇筑到练习道西侧时，泵管不是按常规退管浇筑，必须不断加长泵管方能完成浇

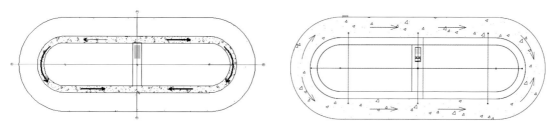

图8.1-10　浇筑顺序（左：练习道；右：速滑道）

筑，且发生了多次泵管堵管的情况，导致施工效率大大降低。

4. 速滑大道浇筑

为了避免与练习道浇筑产生同样的问题，速滑大道浇筑改变了浇筑顺序（图8.1-10右），该区域浇筑面积400m×14m，场馆南侧设地泵两台，并同时敷设两根泵管，分两个班组同时从大道最北侧开始浇筑，每个班组浇筑2800m²，按照每小时浇筑30m³/班组浇筑速度考虑（约180m²），依旧配备50人分四个班组进行轮换保证连续浇筑。

8.1.3.2　混凝土施工设备选型

混凝土均采用预拌混凝土，现场设2～4台拖式HBT80型车载泵（每台泵均设有一台备用泵），功率110kW，最大理论输出量80m³/h，最大泵送压力16MPa，混凝土输送泵输送管道主要采用3m长、直径150mm的泵管和90°弯管连接而成。

8.1.3.3　混凝土输送管的敷设

（1）地面水平管选用钢筋及角钢做的固定卡具，在管道连接处固定牢靠。

（2）水平管用150mm无缝钢管，水平方向在接头处用木方将管道水平支垫。

（3）管道的配置线路应最短，尽量少用弯管和软管，避免使用弯度过大的弯头（转弯部分采用弯管连接，采用90°弯管）。弯管处用混凝土墩和ϕ48钢管做地锚固定弯管。管道末端活动软管不得超过1.8m，泵机出口应有一定长度的水平管（出口处水平管长度不应小于5m），然后再接弯管。管路布置应使泵送的方向相反，使在浇筑过程中容易拆除管段而不增设管段。

（4）垂直管路最下面的弯管为厚壁管，并容易拆卸，不能用弯管做支撑，普通直管及弯管需要用架子固定。

（5）为避免混凝土浇筑时对工艺管道的影响，浇筑中间冰场时，混凝土泵送管必须长距离进入核心区域，因此必须采取减振措施，减少浇筑时对上层钢筋网的影响，根据以往施工经验和现场浇筑热管保护层和两道保护层的施工经验，采用增大泵管与底层接触面积、上部垫减振橡胶轮胎的办法（图8.1-11），可以有效减少浇筑混凝土时泵管的来

图8.1-11　泵管敷设

回振动。

8.1.3.4 混凝土的泵送

施工前对混凝土输送泵司机及其他配合人员进行详细的安全技术操作的交底，明确施工的技术要求。

施工现场设专人负责统一指挥和调度，配备相应的通信设备，保证施工顺利进行。

按要求接好泵管，混凝土输送泵与输送管连通后，按使用说明书的规定进行全面检查，符合要求后方可开机进行空运转。

混凝土输送泵启动后，先泵送适量水以湿润混凝土输送泵的活塞及输送管的内壁等直接与混凝土接触部位，并检查管道是否有漏气现象，如果有要立即处理。

确认混凝土泵和输送管中无异物后，送入水泥砂浆润滑混凝土泵和输送管内壁，再开始泵送混凝土；润滑用的水泥砂浆用料斗装好，分散布料，不得集中浇筑在同一处。

开始泵送时，混凝土输送泵处于慢速、匀速并随时可反泵的状态。泵送速度先慢后快、逐步加速，同时观察泵的压力和各系统的工作情况，待各系统运转顺利后，方可以正常速度进行泵送。

泵送混凝土时，活塞保持最大行程运转，使料斗内保持一定量的混凝土。

泵送混凝土时，如料斗内剩余的混凝土降低到20cm以下，则易吸入空气，致使转换开关阀间造成混凝土逆流，形成堵塞。如输送管内吸入了空气，立即反泵吸出混凝土至料斗中重新搅拌，排出空气后再泵送。

泵送混凝土时，水箱或活塞清洗室中经常保持充满水。

因泵管接续较长，在混凝土泵送前预先用水泥砂浆湿润和润滑管道内壁。

泵送过程中，不得把拆下的输送管内的混凝土洒落在未浇筑的地方。

当混凝土泵出现压力升高且不稳定、油温升高、输送管明显振动等现象而泵送困难时，不得强行泵送，应立即查明原因，采取措施排除。可先用木槌敲击输送管弯管、锥形管等部位，并进行慢速泵送或反泵，防止堵塞。

当输送管被堵塞时，及时采取相应措施进行排除。重复进行反泵和正泵，逐步吸出混凝土至料斗中，重新搅拌后泵送。用木槌敲击等方法，查明堵塞部位，将混凝土击松后，重复进行反泵和正泵，排除堵塞。当以上方法无效时，在混凝土输送泵卸压后，拆除堵塞部位的输送管，排出混凝土堵塞物后，方可接管。重新泵送前，先排除管内空气后，方可拧紧接头。

混凝土保证连续供，以确保泵送连续进行，防止停歇。

严禁向混凝土拌合物中加水，以增大其坍落度。

泵机料斗上加装筛网，其规格与混凝土骨料最大粒径相匹配，并派专人值班监视喂料情况，如发现大块物料时，立即捡出。

8.1.3.5 混凝土浇筑和振捣

场芯冰场宽度32m，采用Laserscreed激光整平机（图8.1-12）摊铺，混凝土浇筑首先按地坪标高人工将混凝土大致铺平，铺平完成的部位立即用大型激光整平机整平，确保地坪的平整度。激光整平机有效半径为3m。使用激光整平机时应注意激光发射器的摆放位置和有效半径，以免出现死角。激光整平机整平后，应采用手动整平尺进行第二次刮平，去掉混凝土表面的浮游物等杂质，并再一次提高表面的平整度。局部和边角部位处由人工进行整平。

图8.1-12　激光整平机

练习道5m宽度，两侧边模采用定制C型钢，安装时控制精度，可直接采用激光摊铺机过程控制。

速滑大道宽14m，浇筑的时候，内侧是已经完成的练习道，外侧在缓冲带墙壁上设定标高控制线，过程中两侧激光扫平仪控制。

采用浇筑方向从远至近，泵管边浇筑边拆管的方式。为了避免冷缝产生，混凝土运输、浇筑及间歇的全部时间不超过混凝土初凝时间。同一施工段的混凝土必须连续浇筑，要合理安排施工顺序，分层浇筑可使下层混凝土的水化热在初凝时间内充分散发，可减少混凝土的蓄热量，防止水化热的积聚，从而减少温度应力。

首先按地坪标高人工将混凝土大致铺平。

在正常情况下，平板式振动器在一点位的连续振动时应以混凝土表面均匀出现浆液为准。移动振动器时应成排依次振捣前进，前后位置和排与排间相互搭100mm，严防漏振。振动倾斜混凝土表面时，应由低处逐渐向高处移动，以保证振动密实。铺平振捣完成的部位立即用激光整平机进行整平，确保地坪的平整度。

在浇筑过程中，因面积较大且不能产生任何施工缝，因此采用两台激光整平机同时往两个方向进行浇筑和整平。激光整平机采用Somero lCopperhead，其有效作用半径为1000英尺，使用激光整平机时注意激光发射器的摆放位置，以免出现接收不到激光的死角。整平机整平后，采用手动整平刮尺进行二次刮平，去除混凝土表面的浮游物，并再次提高表面的平整度。局部边角处由专人进行镘刀整平。

制冰管道在浇筑过程中处于保压状态，将会安排专人进行巡视工作，保证浇筑过程中管道焊接处发生泄漏时能够及时处理。

混凝土浇筑见图8.1-13。

图8.1-13　混凝土浇筑

8.1.4　混凝土的打磨、抛光

混凝土浇筑后需进行混凝土收光作业，地面收光采用2台双盘磨光机及8台单盘磨光机配合使用，配备经验丰富的施工技术人员，确保地面收光的平整度。

当新浇筑混凝土初凝后，用加装圆盘的磨光机进行提浆作业，施工中至少要提浆两次。

完成地面提浆施工后，根据混凝土的硬化情况，当地坪表面渐无光泽后，即可进行面层的收光施工。每次收光开始时调节一次叶片的角度，避免损伤地坪。收光是地坪最终修饰作业，所以施工时一定要选择责任心强、技术水平较高的人员进行作业。

机械作业处理不到的部位则由人工用铁抹子进行压光处理，施工时人工收光应稍早于机械收光，作业时不允许砂眼和收光痕迹的出现，并保持接缝平整，以确保整个地面的施工质量。

刮平完成，混凝土面没有水浆后，采用单盘磨光机进行研磨提浆，研磨三遍。根据硬化强度，采用双盘磨光机进行抛光，抛光作业进行两次及以上。

在混凝土浇筑过程中，收光专业工种实时跟踪，配合混凝土班组对场馆周边进行人工收光，防止周边过早凝固无法处理的现象发生，发现有漏筋现象，及时通知混凝土班组进行处理。

使用加装圆盘的磨光机均匀的去除混凝土表面的浮浆层，混凝土浇筑完毕3~4h以后，根据现场实际情况（脚踩在混凝土面上2~3mm下陷方可）进行加装圆盘施工，去除表面的浮浆层。

根据混凝土水分情况进行2或3次加装圆盘提浆作业。混凝土浇筑5~6h后，根据现场情况及可施工的面积安排施工人员3或4人进行提浆作业（提浆时如发现有钢筋外露应及时处理），一次提浆完成等半小时以后进行二次提浆，两次提浆完成后视现场实际情况安排是否进行第三次提浆，机械镘作业纵、横交错进行。

根据混凝土的硬化情况，安排3或4人进行第一次未加装圆盘上的机械镘作业至表面基本平整即可。大约1h以后进行二次机械镘作业，表面平整方可。用2m的靠尺对地面进行平整度的检查，对高差较大的地方进行反复镘作业直至达到平整度的要求，二次镘作业完成后大约1h后进行第三次的作业至表面光亮。三次镘作业完成后，对混凝土面进行检查。如果有不光的地方进行第四次作业，机械的运转速度和机械镘角度的变化根据混凝土的硬化做相应的调整，机械镘作业纵、横交错进行。

根据混凝土的表面情况对混凝土面进行砂眼及蜂窝麻面的人工修补工作（根据实际情况如果太干可适量加水用原浆进行修补），待表面收光以后检查地面，对有砂眼的地方进行修补，确保表面无砂眼出现。

混凝土磨光收面见图8.1-14。

图8.1-14　混凝土磨光收面

8.1.5　混凝土养护

8.1.5.1　养护

与普通常规养护不同，冰板混凝土养护较为特殊：采用毛毡保水养护，上覆盖塑料薄膜，防止水分蒸发，并及时补水；延长养护期，养护期至少28d。具体操作：地坪抛光结束后铺毛毡保持混凝土中的水分；24h后开始洒水保养；最后再盖上塑料薄膜连续养护；养护期间派专人洒水养护，并做好覆盖层的日常检查；养护期间严禁人员及设备通行。见图8.1-15。

8.1.5.2　成品保护

混凝土浇筑完好，混凝土表面结硬后（采用手按法检验）方可上人，对于刚浇筑完的部位应设标识，不得在其上堆物和通行。

图8.1-15 混凝土养护

8.2 超大平面混凝土高精平整度控制技术

8.2.1 基层平整度控制

冰板构造由120mm厚C20混凝土（内含加热管），0.2mm厚防水隔汽膜，50mm×3层挤塑聚苯板保温层，0.2mm厚防水透气膜，50mm厚细石混凝土保护层，4mm+3mm厚SBS改性沥青防水层，50mm厚细石混凝土保护层，0.2mm×3HPDE滑动层，170mm厚抗冻融钢筋混凝土层构成，见图8.2-1。

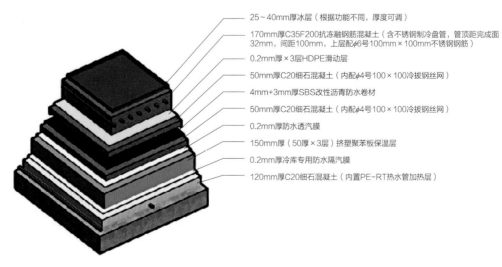

25~40mm厚冰层（根据功能不同，厚度可调）

170mm厚C35F200抗冻融钢筋混凝土（含不锈钢制冷盘管，管顶距完成面32mm，间距100mm，上层配φ6号100mm×100mm不锈钢钢筋）

0.2mm厚×3层HDPE滑动层

50mm厚C20细石混凝土（内配φ4号100×100冷拔钢丝网）

4mm+3mm厚SBS改性沥青防水卷材

50mm厚C20细石混凝土（内配φ4号100×100冷拔钢丝网）

0.2mm厚防水透汽膜

150mm厚（50厚×3层）挤塑聚苯板保温层

0.2mm厚冷库专用防水隔汽膜

120mm厚C20细石混凝土（内置PE-RT热水管加热层）

图8.2-1 冰板构造

为了保证上部170mm厚抗冻融混凝土层（即制冷层）平整度达到设计要求，在施工过程中，必须保证层层平整度达到设计要求，其中保温层及各种防水层，透气膜均为工业产品，采购过程中确保产品质量、外观尺寸均匀一致，特别是挤塑聚苯板保温层强度采用抗压强度达到500kPa的高性能产品。在施工过程中重点控制120mm厚的加热层和两道保护层平整度，每个混凝土层浇筑完毕，均需进行磨光收面，并对平整度进行严格控制，层层均有样板段、层层均进行复核（图8.2-2、图8.2-3）。

对防水保护层浇筑时，为了做好平整度控制，在该层施工时引入激光整平机进行施工。

由于对下面各基层平整度进行了严格控制，各基层平整度均控制在+5mm以内，为表面的抗冻融混凝土层创造高精平整度创造了必要的条件。

防水保护层平整度复测见图8.2-4。

图8.2-2 防冻胀层施工样板

图8.2-3 防水隔汽膜层及保温层样板

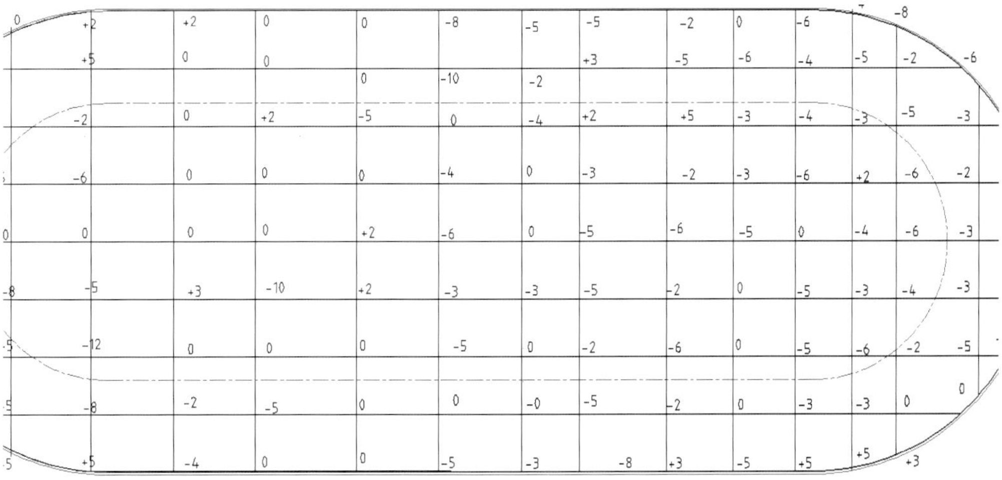

图8.2-4 防水保护层平整度复测

8.2.2 制冷层超大平面混凝土的加密高程控制

8.2.2.1 平面控制

根据场区轴线控制网测定场区三圆心（大圆心及两侧圆心）坐标位置及高程，引测控制线将点位布设至冰板南北两侧看台固定。以圆心坐标及其曲线要素计算出圆弧相关点坐标，采用全站仪极坐标法投测放样出圆弧及冰板边缘结构位置并划线标识。

平面控制图见图8.2-5。

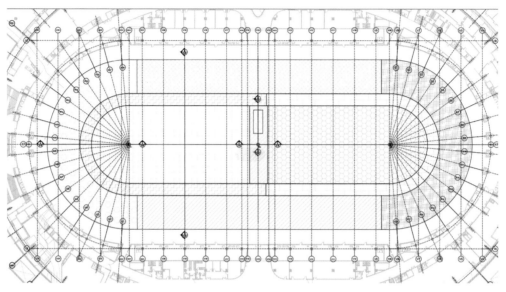

图8.2-5 平面控制图

8.2.2.2 加密高程控制

选定以圆心为高程控制点，依据场区高程控制网，采用天宝Dini03电子水准仪依据二等水准精度要求将高程转点至圆心位置并测设出三圆心设计高程，且保证三点数据相同以抵消施工过程的测量误差。

（1）依据圆心精准高程点位测设冰板区域5m×5m方格网。

（2）混凝土浇筑过程中，由于混凝土刚从泵管中流出时强度低，塔尺不易放置，故采用激光投线仪进行控制，用水准仪配合将投线仪的线高统一控制在跑道冰面基础完成面+1.000m的位置，并制作4个PVC管（距底部1m位置处粘贴红胶带），用PVC管和激光投线控制放灰的高度。需注意放灰时，将混凝土面平整度控制在±20mm。

（3）混凝土摊平，本工程选用激光整平机和刮尺对混凝土摊平和初步找平，因整平机的振动板宽度为2m，刮尺长度为3m和6m，故现场用水准仪每隔3m测设一个点，为施工提供依据。

（4）混凝土收面时，在混凝土初凝后，采用索佳DS3自动安平水准仪配合铝合金塔尺，严格视距要求，保证施工范围前后视距相对相等，每隔2m测设板面标高进行跟踪，当发现超限部位时及时通知作业人员进行处理，用磨光机对混凝土表面进行打磨。

8.2.3 基于惯导的快速测量技术

在混凝土初凝前，利用惯导原理制成的高精度平整度测量装置测量测线断面的高程曲线，曲线信号传导至计算机，通过专用高精度解算软件对数据进行分析，形成图文并茂的数据点，根据数据对高点进行有效的调整打磨，最终将平整度调整至误差允许范围内。

惯导测量协助磨光作业见图8.2-6。

图8.2-6 惯导测量协助磨光作业

8.2.3.1 施工测量

为指导国家速滑馆冰面混凝土基底的磨光作业，在项目施工期混凝土基底达到初凝状态后，采用深圳大学的托盘测量机器人（图8.2-7）对初凝状态水泥基底平整度进行了测量。

施工期的测量主要分为四个区域：北侧中间区域、练习道、南侧中间区域、速滑大道。

项目组于2020年10月10日对北侧中间区域进行

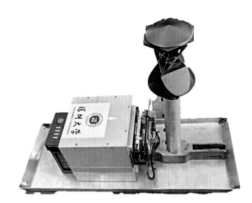

图8.2-7 托盘式平整度检测系统

平整度测量，由于新研发设备和技术人员初次在施工现场进行作业，在各种复杂因素影响下，克服困难，完成了30m×10m的首次测量，获取了该水泥基面的数字表面模型。测量结果表明，施工水泥基面的高程在平均高程的±4mm范围内波动，超过90%的测点满足5m范围±3mm的工艺要求。

平整度侧计算是以5m范围内起伏不大于±3mm为基准。在平整度测量装置的测线上任取一个测点，取测点前后各2.5m里程内的测线为该测点的计算区间。计算区间内所有点的平均高程，然后用区间高程最大值与最小值分别减去平均高程，取这两个差值绝对值较大者为该测点的平整度指标。平整度指标应≤3mm且≥−3mm，否则认为该点平整度指标超限。

测量数据显示施工期全场的平整度5m范围内±3mm的比例超过86%（图8.2-8～图8.2-10）。基本符合预期。

8.2.3.2 完工测量

在混凝土完工后，采用推车系统对整个场馆进行平整度完工测量，其具体实施步骤与施工期类似。但为了使测量结果更真实地反映地坪表面的真实情况，完工期的测线密度需要加大，测线间距需缩小至2m。

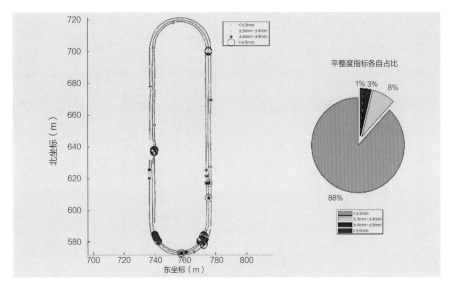

图8.2-8　练习道平整度报告

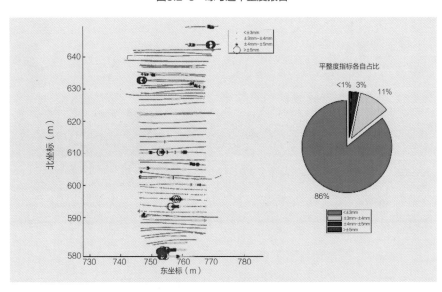

图8.2-9　南侧中间区域平整度报告

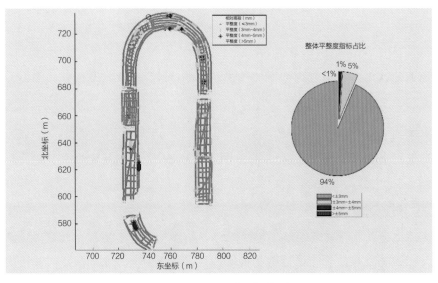

图8.2-10　速滑大道平整度报告

混凝土完工测量时，还采用了水准核验的方式来检验轮式平整度测量系统（图8.2-11）的测量精度。水准测量采用的是一台Trimble DINI-03及其配套的水准尺（图8.2-12）。规划的水准点位置示意图如图8.2-13所示。

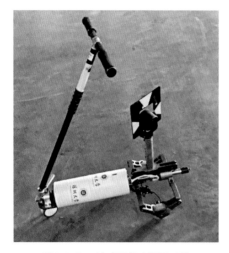

图8.2-11　轮式平整度测量系统

图8.2-12　Trimble DINI-03水准仪

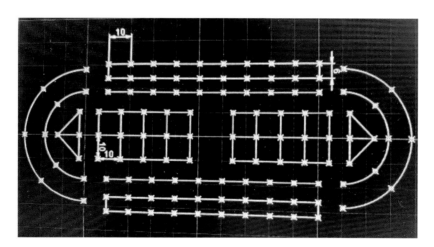

图8.2-13　水准点位置示意图

为了方便精度核验，轮式平整度测量系统的推行路线要尽可能地过水准点（图8.2-14）。

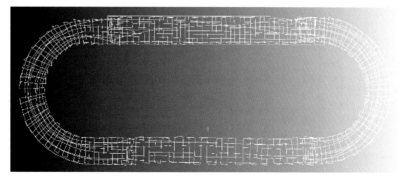

图8.2-14　完工测量速滑大道轮式平整度测量系统推行轨迹

完工测量平整度计算方法同施工期一致。测量时将整个区域划分成了七个部分：速滑大道分为南北两侧弯道和东西两侧直道四个部分，练习道、南侧中间区域、北侧中间区域（图8.2-15、图8.2-16）。

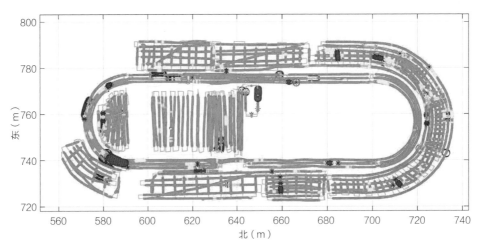

图8.2-15 施工期平整度指标分布地图

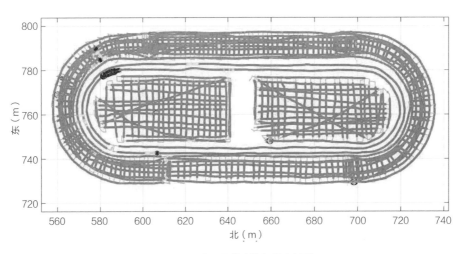

图8.2-16 完工平整度指标分布地图

测量数据显示场地整体的平整度在5m范围高差±3mm的比例超过99.5%。个别位置地坪表面存在一些碎石子，对测量结果可能存在一些影响，因此此次的施工效果与预期符合，对于个别有异议的区域建议采用靠尺进行复测，核验相关测量结果。

8.3 CO_2制冰管道精安装技术

CO_2工艺制冰管道的安装是实现"最快的冰"的核心内容，有多个技术难点。机房位于地下二层北边圆弧形区域，制冰管廊大部分也为弧形管廊，存在大量的弧形管道及异形构件；CO_2跨临界直冷制冰管道主管线的壁厚相对同类工程较厚，弧形管道对口难度大，奥氏体不锈钢管的焊接质量要求高；冰面制冷排管总长度约12万m，冷弯部位较多，需针对此类薄弱点进行受力模拟分析计算；制冷工艺系统管道整体承压高，达到GC2类压力管道级别，全部采用304L无缝不锈钢管焊接连接，总焊口数量约11098道，对焊缝100%进行无损检测，对焊接质量控制要求极高；为保证冰面温差的均匀性，制冰排管的水平间距、标高的安装偏差需不超过±5mm。

8.3.1　管道、管件及其他构配件预制加工

本工程制冰机房及制冰管沟的部分区域呈弧形，为了保证CO_2的制冷效果，实现"最快的冰"，在弧形区域采用弧形管道以减少阻力，对异形构配件进行深化设计以便于工厂化预制加工，主要承压支吊架结合应力计算分析进行深化设计。工厂化预制加工的材料包括：弧形管道、制冷集管、排管M支架、活动冰板。

8.3.1.1　管道及配件工厂化预制加工

首先以原施工图纸为基础，以BIM技术为工具，结合其他专业管线进行全方位的管线综合排布。然后根据构配件的具体用途及受制约条件进行有针对性的深化设计。

1. 弧形管道

（1）单根管道越长，焊口数量就越少，对工期也产生有利影响，综合考虑现场空间的实际情况，主管道的直管和弧管根据使用部位的不同，选用10m、8m、6m三种长度规格的304L无缝不锈钢管和304L无缝不锈钢预制保温管。

（2）为了保证弧形管道预制加工的准确性，根据BIM深化图纸对每一根制冰管道出具CAD加工图并下发给厂家，详图主要约束了管材、规格、弯曲半径及管段长度，加工厂根据图纸对弧形管道进行加工，确保弧度精准。

制冰管沟弧形段平面图、局部分段图见图8.3-1。

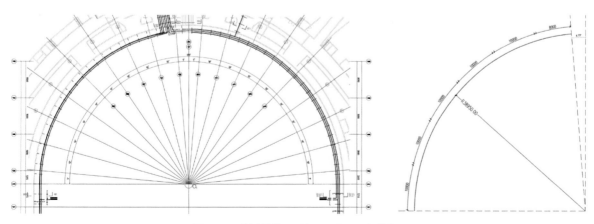

图8.3-1　制冰管沟弧形段平面图、局部分段图

2. 制冷集管

集管是用于将制冰主干管与制冰排管连接的转换功能构配件（图8.3-2），冰面共10个分区，每个分区都有若干集管，根据每根集管的规格、长度、开孔尺寸以及使用部位做区分，共计87根，集管材质也为304L无缝不锈钢管。

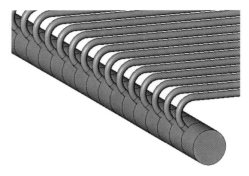

图8.3-2　制冷集管处管道连接三维构造

根据BIM深化模型生成CAD图纸，将主管截断为预定的长度，用专用的不锈钢开孔器在相应的位置进行机械开孔（图8.3-3），对应D18×2支管的位置开孔孔径为14mm，对应开D20×2支管的位置开孔孔径为16mm，保证孔径与支管内径相同。

将预制好的集管先进行编号，运输进场后集中存放避免不锈钢管与碳素钢直接接触。安装前按照编号倒运至施工现场指定区域。

3. 制冰排管支架

根据设计要求，制冰排管上表面至混凝土完成面距离为32mm，管道间距为100mm。依据高度要求拟定了两种冰板支架方案。

方案一，型钢支架（图8.3-4）：制作简单，加工周期短；但是塑料管卡与混凝土的收缩比有较大差异，会产生不利影响，且横担会受重而产生弯曲从而使管道标高偏差变大。方案二，不锈钢M支架（图8.3-5）：制作较为复杂，M弯的加工精度需严格把控，底部需多处点焊，加工周期

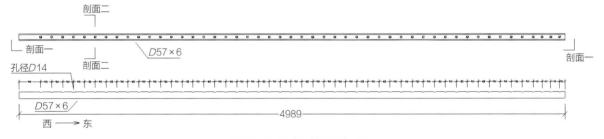

图8.3-3　制冷集管孔洞定位图

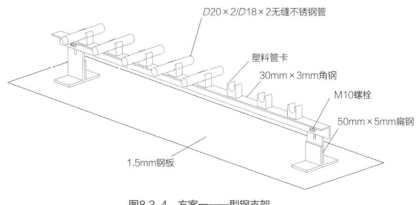

图8.3-4　方案———型钢支架

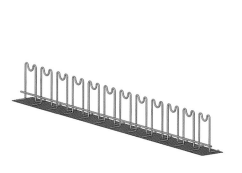

图8.3-5 方案二——不锈钢M支架

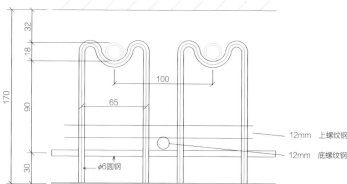

图8.3-6 M支架加工图

长；但是不锈钢圆钢与混凝土的收缩比接近，制作成型后的稳固性好，个别M弯的损坏不影响其余构件，且可综合用作钢筋支架。项目团队经过方案比选，最终选定了方案二不锈钢M支架作为最终确定加工方案。M支架长度为2028mm，高度如图8.3-6所示，两种不同规格的排管采用不同的高度设计，底座为1mm厚不锈钢板，其余部分采用$\phi6$不锈钢圆钢制作。借助BIM工具进行深化设计，导出CAD图纸下发给加工厂进行数控加工，将加工精度偏差控制在0.5mm以内。

8.3.1.2 制冰主管支、吊架应力计算及预制加工

制冰工艺管线承压高，属于GC2级工业管道，管道壁厚最大为13mm，设计压力为9.9MPa，无可寻规范图集供参考，所以需要对所有管道进行应力分析计算。

首先进行管线综合排布，并拟定管道支吊架位置及构造，针对该拟定体系的管线模型进行软件模拟（图8.3-7），模拟计算后出具管道应力分析报告，最后根据应力分析报告的数据对拟定管道支吊架的承载力进行复核，复核合格确定支吊架做法，否则修正后确定做法（图8.3-8）。

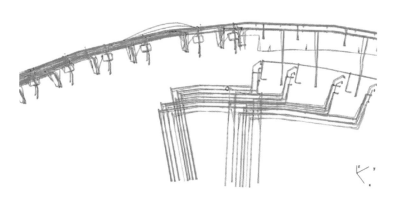

图8.3-7 管道应力模拟图

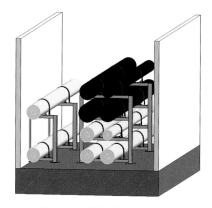

图8.3-8 管沟某处综合支架

8.3.1.3 活动冰板设计及预制加工

全冰面期间使用活动冰板将FOP区中央楼梯口进行封闭。经过多次方案比选最终确定了以下方案：由原设计的一块完整的混凝土板拆分为8块不锈钢方管模块，增加了支撑体系以及相应附件。

从运动员通道处的9区供回液主干管预留接口位置分别引出4根金属软管接至活动冰板的预留供回接口，管道与活动冰板采用卡扣连接，与主干管法兰连接（图8.3-9、图8.3-10）。

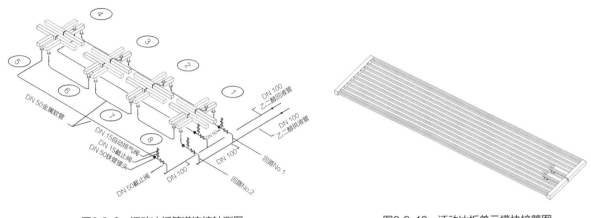

图8.3-9 活动冰板管道连接轴测图　　　　　　图8.3-10 活动冰板单元模块接管图

8.3.2 制冰主管线安装

8.3.2.1 管段的选择

制冷工艺系统管道整体承压高，达到GC2类压力管道级别，全部采用304L无缝不锈钢管焊接连接，主管道总长度约5700m，焊口数量约为4600余道。合理的增加管道长度可以大大减少现场焊口数量，同时缩短工期，但同时受限于制冰管廊运输空间的狭小以及直管和弧管使用部位的不同，经综合考虑选用10m、8m、6m三种长度规格的304L无缝不锈钢管和304L无缝不锈钢预制保温管。

8.3.2.2 压力管道焊接的技术要点

1. 管道焊接工艺流程

管道焊接流程见图8.3-11。

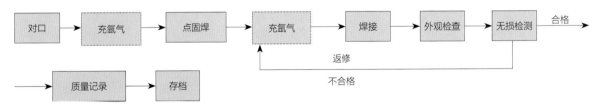

图8.3-11 管道焊接流程

2. 点固焊（定位焊）技术要求

点固焊（定位焊）是焊缝的一部分，其焊工、焊接工艺、焊接材料及焊接质量等与正式施焊相同，采用氩弧焊进行。

点焊的焊缝长度、高度及点数，可参照表8.3-1的要求执行。

管径厚度δ（mm）	点焊长度（mm）	点焊高度（mm）	点数
δ≤4	6～10	<3	2～4
δ>4	10～20	≤0.7δ，且≤6	4～6

定位焊缝的位置一般在平焊或立焊处；起弧和收尾处应圆滑过渡，以避免正式焊接时引起未熔合的缺陷；要求单面焊双面成形时，定位焊缝必须焊透。

在焊缝交叉处和焊缝方向急剧变化处不应进行定位焊。应离开上述位置50mm以上进行定位焊。

定位焊缝应沿管口均布，采用搭桥连接，不能破坏坡口棱边，定位焊缝两端打磨成斜面，以便于接头。

定位焊后应检查各个焊点质量，如发现定位焊缝有缺陷，应将其清除干净后再重新进行定位焊，以保证定位焊缝的质量。

厚壁大径管的管道用坡口样铁嵌在坡口上进行定位焊。若采用添加物方法点固，当去除临时点固物时，不应损伤母材，并将其残留焊疤清除干净，打磨修整。

3. 管道焊接工艺技术要求

根据奥氏体不锈钢管的特性，焊前不进行预热，对焊接接头在焊后不进行热处理。

管径小于60mm或壁厚小于6mm的管道采用全氩弧焊焊接。管径大于60mm或壁厚大于6mm的管道可采用氩弧焊打底，手工电弧焊或氩弧焊盖面的焊接工艺。承插焊或角焊可采用手工电弧焊焊接或氩弧焊。

氩气纯度应达99.95%以上，含水量应小于50mg/L，且应保持干燥。流量一般在10～30L/min，过小保护不良，过大出现紊流，保护不良且电弧不稳。

采用恒流直流电源，正接（钨极接负极）法焊接，以减少钨极消耗。尽量用短弧焊。

焊接工艺规范应严格按焊接工艺卡的规定执行。宜采用小电流、短电弧、小摆动、小线能量的焊接方法。

严禁在被焊件表面引弧、试电流或随意焊接临时支撑物。

采用钨极氩弧焊打底的根层焊缝检查后，经自检合格后，方可焊接次层，直至完成。

氩弧焊时，断弧后应滞后关气，以免焊缝氧化。

直径大于194mm的管子宜采取二人对称焊，焊前为保证首层氩弧焊道质量，管道内必须充氩气保护，防止合金元素烧损及氧化。大径奥氏体不锈钢管道焊口内为防止氩气从对口间隙中大量泄漏，焊前需在坡口间隙中贴一层高温胶带，焊接过程中随时将妨碍焊接操作的那部分高温胶带撕去，每次撕去的长度视保护情况而定。内充氩装置在第一层电焊盖面检查合格后方可撤除。

施焊中，应特别注意接头和收弧的质量，收弧时应将熔池填满。多层多道焊的接头应错开。

施焊过程除工艺和检验上要求分次焊接外，应按层间温度的控制要求进行，当层间温度过高时，应停止焊接。再焊时，应仔细检查并确认无裂纹后，方可按照工艺要求继续施焊。

层间清理和表面清理采用不锈钢丝刷。

8.3.2.3　焊缝检验

1.　焊前检验

焊接材料、坡口尺寸、组对质量、坡口清理、施焊环境及焊前预热应符合本方案的要求。

2.　定位焊质量的检验

定位焊缝的数量、高度、长度应符合焊接工艺的要求，定位焊缝应清理干净，发现缺陷必须清除重焊。

3.　焊缝层次及层间质量检验

检查焊接层数与每层厚度应符合焊接工艺的规定；多层焊每层焊完后，应立即清理，进行外观检查，发现缺陷必须彻底清除后，方可进行下一层的焊接。及时检查层间温度，实际层间温度应符合焊接工艺的规定。

4.　焊后焊缝检验

焊缝外观成型良好，外形圆滑过渡，制冷系统管道焊缝检查等级应为Ⅰ级。对接环缝、纵缝、角焊缝、支管连接目视检查质量符合表8.3-2要求。

焊接接头Ⅰ级焊缝目视检查质量验收标准　　　　　　　　　　　　　　　表8.3-2

缺陷类型	验收标准	
表面线性缺陷、表面气孔、外露夹渣、咬边	无明显缺陷	
余高	壁厚≤6mm	≤1.5mm
	壁厚6~13（含）mm	≤3mm
	壁厚13~25（含）mm	≤4mm
	壁厚25mm以上	≤5mm

8.3.2.4　压力管道焊缝无损检测

所有管道的焊接接头应当先进行外观检查，合格后才能进行无损检测。

实施无损检测的检验检测机构必须认真做好无损检测记录，正确填写检测报告，妥善保管无损检测档案和底片（包括原缺陷的底片）、超声自动记录资料，无损检测档案、底片和超声自动记录的保存期限不得少于7年。7年后如果使用单位需要，转交使用单位保管。

焊接接头（焊缝）目视检查100%合格后，对接环焊缝进行100%射线检测，T形焊接接头、角焊缝以及堆焊层应采用磁粉检测。

1.　无损检验规则

无缝不锈钢管道的对接焊缝应进行100%射线照相检验，其质量不得低于《承压设备无损检测　第11部分：X射线数字成像检测》NB/T 47013.5—2015中的Ⅱ级。

无缝不锈钢管道的角焊缝表面质量进行100%磁粉检验，其质量不得低于《承压设备无损检

测 第5部分：渗透检测》NB/T 47013.5—2015中的Ⅱ级。

2. X射线检测

现场进行X射线检测时，应在检测区域及周边划定管控区域并设置警告标识。检测工作人员应佩带个人剂量计，并携带剂量报警仪。

对接焊接接头射线检测质量为Ⅱ级，对接焊接接头中的缺陷按性质可分为裂纹、未熔合、未焊透（表8.3-3）、条形缺陷、圆形缺陷、根部内凹、根部咬边（表8.3-4）共七类。

对焊接头内不允许存在裂纹、未熔合。

不加垫板单面焊的未焊透缺陷的分级评定 表8.3-3

外径	根部内凹和根部咬边最大深度（mm）		根部内凹和根部咬边情况
	与壁厚的比	最大值	
$D_o>100mm$	≤15%	<1.5	根部内凹和根部咬边累计长度，在任意3T长度区内不大于1T；总长度不大于100mm
$D_o≤100mm$	≤15%	≤1.5	根部内凹和根部咬边最大总长度与焊缝总长度的比≤30%

根部内凹和根部咬边的分级 表8.3-4

外径	最大深度（mm）		根部内凹和根部咬边情况
	与壁厚的比	最大值	
$D_o>100mm$	≤15%	≤1.5	根部内凹和根部咬边累计长度，在任意3T长度区内不大于1T；总长度不大于100mm
$D_o≤100mm$	≤5%	≤1.5	根部内凹和根部咬边最大总长度与焊缝总长度的比≤30%

条形缺陷的分级评定单个条形缺陷最大长度≤$T/3$（最小可为4）且≤20mm，一组条形缺陷累计最大长度在长度为12T的任意选定条形缺陷评定区内，相邻缺陷间距不超过6L的任一组条形缺陷的累计长度应不超过T，但最小可为4mm。L为该组条形缺陷中最长缺陷本身的长度，T为母材公称厚度。

圆形缺陷评定区为一个与焊缝平行的矩形，母材公称厚度T≤25mm及小管径管道，评定区取10mm×10mm。

8.3.2.5 其他重点控制工作

焊接设备应性能良好，电流、电压稳定，设备上电流表、电压表、氩气流量计、热处理自动记录仪等应经过校验合格后使用。

严格按照《焊接工艺评定》《焊接作业指导书》中规定的焊接电流、焊接电压、焊接速度、层间温度以及熔敷金属厚度等工艺参数进行焊接。

点固焊时，焊接材料、焊接工艺、焊工和预热温度等应与正式施焊相同，点固焊完后，检查焊点质量，如有缺陷应立即清除，重新点焊，清除临时点固物时，不应损伤母材，并将残留焊疤清除干净、打磨修平。

焊接过程中若被迫中断时，应采取保温、缓冷等防止产生裂纹的措施，再焊时经检查确认无裂纹后继续施焊。

焊接施工过程包括对口装配、施焊、检验等工序，前一道工序未完成，严禁进行下一道工序。

焊接接头焊完后，应当在焊接接头附近做焊工标记。对无法直接在管道受压元件上作焊工标记的，可以采用管道轴测图上标注焊工代号的方法代替。

焊接接头无损检测发现超标缺陷，必须严格按照以下要求进行返修：

（1）返修前进行缺陷产生的原因分析，提出相应的返修措施；

（2）补焊采用经评定合格的焊接工艺，并且由其他合格焊工施焊；

（3）同一部位（焊补的填充金属重叠的部位）的返修次数超过2次仍不合格时，必须考虑对焊接工艺进行调整，重新制定返修措施，经集团公司技术负责人批准后方可进行返修；

（4）无损检测发现的超标缺陷，必须进行返修，返修后应当仍然按照原规定的无损检测方法进行检测。并且连同返修以及检验记录一并记入技术文件和资料。返修及检验记录必须明确返修次数、部位、返修后的无损检测结果。

8.3.3 制冰排管安装

8.3.3.1 管段选择

国家速滑馆的冰板制冰排管为世界首次在人工冰场使用304L无缝不锈钢超长盘管（大道区域管道规格为$D20 \times 2mm$，其余区域管道规格为$D18 \times 2mm$）。原设计要求从供液端到回液端各回路为整管，中间不得有接头。这意味着冰板内安装间距100mm约2022条单根长为56～185m的回路均不得有接头。但从两个方面考虑，冰板盘管无焊缝无法实现：

（1）国内不锈钢盘管加工的技术条件不满足。

对于$D20 \times 2mm$、$D18 \times 2mm$的不锈钢长盘管，国内通常加工的质量较为稳定的长度均在40～50m之间，超过此范围之外更长的盘管其加工质量及加工精度易产生质量问题。

（2）场芯等区域存在间距100mm的180°折返弯（图8.3-12），现场无法实现无焊口的弯折。

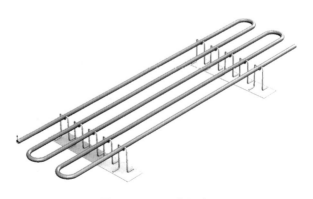

图8.3-12　180°折返弯

因而，最终冰板制冰排管$D20 \times 2mm$长盘管长度定为40m，$D18 \times 2mm$长盘管长度定为50m。

8.3.3.2 模拟加压分析

国家速滑馆冰场由一个400m比赛大道速滑道，宽度5m+4m+5m；一个4m宽的练习速滑道；两个$61m \times 31m$的短道速滑冰场组成，由于管道压力较高，所以需进行管道加压分析计算，以确保其安全性。

管内气体设计压强约为9.2MPa，取安全系数1.2，即假设管内气体极限压强为11MPa。气体作用下，不锈钢管弯角处有伸展变直、整体平移的趋势，根据图纸选取3个特征点（图8.3-13~图8.3-16），计算此压强下不锈钢管的应力及变形，为工程施工提供依据。

1. 计算假设

（1）氮气气体极限压强为11MPa；

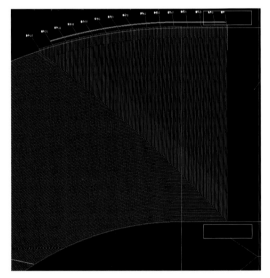
图8.3-13　大道速滑道90°弯角处

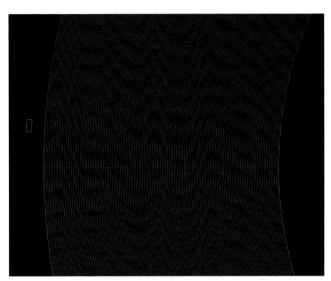
图8.3-14　大道速滑道大弧度弯角处

图8.3-15　短道速滑道180°弯角处

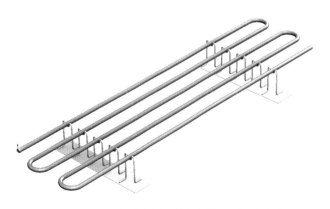
图8.3-16　180°折弯角钢管最小计算单元选取示意图

（2）不考虑材料性能变化；

（3）不考虑弯折处管壁变薄；

（4）支架间距1000mm，180°弯头处距支架300mm；

（5）固定端为2种：①两端固定；②一端固定，一端自由无约束；

（6）不考虑环境温度变化；

（7）不考虑上部钢筋等自重。

2. 力学计算

1）不锈钢管弯角处受力及力矩分析

由于180°弯头左右两侧受力对称关系，力学位置对等关系，可以取任意侧作为受力分析模型，以左侧弯头为例；根据图8.3-17可以看出随着切线角度变化，两端直管段的断面的力矩差逐渐增大，增到弯头45°角切线时力矩差最大值，角度继续增大时变成反向力矩，不会造成变直趋势，所以该方向不再分析。

当达到弯头45°位置时进行力学分析，由于管道内是气体或液体压强，如果算成集中力，应根据集中受力公式$F = P \times A$，此时面积

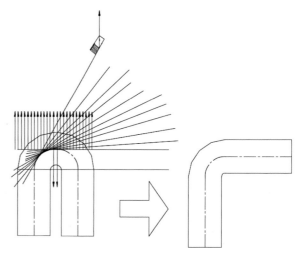

图8.3-17 冷弯管道弯矩受力及力矩分析

A为该受力面的垂直面积，集中受力计算完成后进行受力分解见图8.3-18内容，90°弯头可以按180°一半分析，方法一致，力臂不同。

2）90°弯角计算

根据该项目相关资料及图纸，在不考虑制冷剂温度变化及流速影响前提下，对管道进行了受力分析，将管道主要受力分解如图8.3-18、图8.3-19所示。

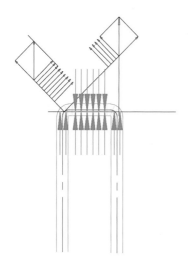

图8.3-18 90°弯头受力分析图

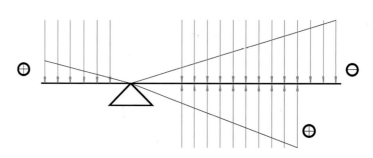

图8.3-19 90°弯头力矩分析图

取左侧弯头与直管段管道连接断面为支点，取最不利点弯头45°切面为受力点进行受力分析和弯矩分析，水平管上下压力相抵消，两端管道向上的力进行分解。

（1）已知$P = 11\text{MPa}$，$D = 20\text{mm}$，$d = 16\text{mm}$，有

$$F = P \times A = 11 \times 10^6 \times \frac{\pi \times (20 - 2 \times 2)^2}{4} \times 10^{-6} \times \frac{1}{\cos 45°} = 1196\text{N}$$

$$\tau = \frac{F}{a} = 1196 \times \frac{1}{\frac{\pi \times (20^2 - 16^2)}{4} \times \frac{1}{2}} = 21.16\text{MPa} < 205\text{MPa}$$

即不锈钢管为90°弯角，管内气体压力为11MPa时，满足要求。

根据设计图纸提供曲率半径为50mm，可得左右两侧力臂分别为25mm、75mm，有：

$$M = F \times L = 1196 \times \frac{75 - 25}{1000} = 59.8\text{N} \cdot \text{m}$$

（2）已知$P = 11\text{MPa}$，$D = 18\text{mm}$，$d = 14\text{mm}$，有

$$F = P \times A = 11 \times 10^6 \times \frac{\pi \times (18 - 2 \times 2)^2}{4} \times 10^{-6} \times \frac{1}{\cos 45°} = 915.7\text{N}$$

$$\tau = \frac{F}{a} = 915.7 \times \frac{1}{\frac{\pi \times (18^2 - 14^2)}{4} \times \frac{1}{2}} = 18.23\text{MPa} < 205\text{MPa}$$

即不锈钢管直径为18mm，管内气体压力为11MPa时，满足要求。

根据设计图纸提供曲率半径为50mm，可得左右两侧力臂分别为22mm、68mm，有：

$$M = F \times L = 915.7 \times \frac{68 - 22}{1000} = 42.12\text{N} \cdot \text{m}$$

3）180°弯角计算（两端固定约束）

取左侧大弯区弯头与直管段管道连接断面为支点，取最不利点弯头45°切面为受力点进行受力分析（图8.3-20）和弯矩分析（图8.3-21），管道内气体压力为11MPa，水平管上下压力相抵消，两端管道向上的力进行分解。

（1）已知$P = 11\text{MPa}$，$D = 20\text{mm}$，$d = 16\text{mm}$，

$$F = P \times A = 11 \times 10^6 \times \frac{\pi \times (20 - 2 \times 2)^2}{4} \times 10^{-6} \times \frac{1}{\cos 45°} = 1196\text{N}$$

$$\tau = \frac{F}{a} = 1196 \times \frac{1}{\frac{\pi \times (20^2 - 16^2)}{4} \times \frac{1}{2}} = 21.16\text{MPa} < 205\text{MPa}$$

即不锈钢管为180°弯角，管内气体压力为11MPa时，满足要求。

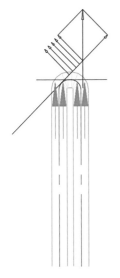

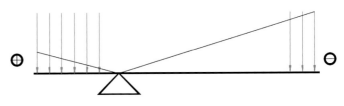

图8.3-20　大弯道区受力分析图　　　　　　　　　　　　图8.3-21　大弯道力矩分析图

根据现场提供曲率半径为16.05m，可得左右两侧力臂分别为8.66m、20.91m，有：

$$M = F \times L = 1196 \times (20.91 - 8.66) = 14651 \text{N} \cdot \text{m}$$

（2）已知$P = 11$MPa，$D = 18$mm，$d = 14$mm，

$$F = P \times A = 11 \times 10^6 \times \frac{\pi \times (18 - 2 \times 2)^2}{4} \times 10^{-6} \times \frac{1}{\cos 45°} = 915.7 \text{N}$$

$$\tau = \frac{F}{a} = 915.7 \times \frac{1}{\dfrac{\pi \times (18^2 - 14^2)}{4} \times \dfrac{1}{2}} = 18.23 \text{MPa} < 205 \text{MPa}$$

即不锈钢管直径为18mm，管内气体压力为11MPa时，满足要求。

根据现场提供曲率半径为16.05m，可得左右两侧力臂分别为7.58m、18.82m，有：

$$M = F \times L = 915.7 \times (18.82 - 7.58) = 10292 \text{N} \cdot \text{m}$$

4）反算产生变形的条件

根据《工业金属管道设计规范》GB 50316—2000（2008版），

$$t_s = \frac{PD_o}{2\left([\sigma]^t E_j + PY\right)}$$

$$t_{sd} = t_s + C$$

$$C = C_1 + C_2$$

Y系数的确定，应符合下列规定：

当$t_s < D_o / 6$时，按表6.2.1选取；

当$t_s \geqslant D_o / 6$时，$Y = \dfrac{D_i + 2C}{D_i + D_o + 2C}$

式中：　t_s——直管计算厚度（mm）；

　　　　P——设计压力（MPa），取11MPa；

D_o——管子外径（mm），取20mm；

D_i——管子内径（mm），取16mm；

$[\sigma]^t$——在设计温度下材料的许用应力（MPa），取120MPa；

E_j——焊接接头系数，单面焊接100%无损检测0.9，局部无损检测0.8；

t_{sd}——直管设计厚度（mm）；

C——厚度附加量之和（mm）；

C_1——厚度减薄附加量，包括加工、开槽和螺纹深度及材料厚度负偏差（mm）；

C_2——腐蚀或磨蚀附加量（mm）；

Y——系数，取0.4（$t<482℃$）。

当管道内气体压力为11MPa时，计算得管道厚度$t_s = 1.12$mm（<2mm）即满足要求。

当直管计算厚度t_s大于或等于管子外径D_o的1/6时，或设计压力P与在设计温度下材料的许用应力$[\sigma]^t$和焊接接头系数E_j乘积之比$\dfrac{P}{[\sigma]^t E_j}$大于0.385时，直管厚度的计算，需按断裂理论、疲劳和热应力的因素予以特别考虑。

$$\frac{P}{[\sigma]^t E_j} = \frac{11}{120 \times 0.4} = 0.229 < 0.385，所以无需考虑断裂理论、疲劳和热应力的因素。$$

5）小结

（1）不锈钢管直径分别为20mm和18mm，管内气体压强为11MPa时，2mm管道壁厚均满足承压要求；

（2）弯道剪切力满足要求，$\tau = 21.16$MPa < 205MPa（$D = 20$mm）；$\tau = 18.23$MPa < 205MPa（$D = 18$mm）；

（3）弯矩经计算分为，冷弯弯矩：59.8N·M（$D = 20$mm），42.12N·M（$D = 18$mm）；大弯道弯矩：14651N·M（$D = 20$mm），10292N·M（$D = 18$mm）。

3. 数值模拟

1）计算软件

本项目数值模拟采用SolidWorks Simulation软件，SolidWorks Simulation是一个与SolidWorks完全集成的设计分析系统，SolidWorks Simulation提供了单一屏幕解决方案来进行应力分析、频率分析、扭曲分析、热分析和优化分析。SolidWorks Simulation主要分析功能有：

（1）系统及部件级分析。

以FEA为例，为了实现有价值的分析，设计的几何部件需要不同的单元类型，实体、壳、梁、杆进行离散，而且需要充分考虑装配体间的连接关系和接触关系。其中连接关系的处理尤其重要，涉及螺栓连接、销钉连接、弹簧、点焊、轴承等非常复杂的连接关系。

（2）多领域的全面分析。

任何一个产品设计不能仅考虑静强度，必须考虑多领域的问题，比如静强度、动强度、模态、疲劳、参数优化等，展示了在统一界面下产品的多领域分析。

（3）面向设计者的多场耦合。

热—结构、流体—结构、多体动力学—结构等多场分析是目前分析中的一个重要发展方向，可以解决非常复杂的工程问题。

（4）特殊行业及领域的需求。

面对很多行业有很多特殊需求，因此需要特殊的CAE模块，例如面对压力容器，需要符合ASME标准的压力容器校核工具；面对电子和消费品领域，需要解决跌落分析的能力。

（5）高级分析需求。

面对日益复杂的使用环境，必须考虑复合材料、材料非线性、高级机械振动、非线性动力学等高级分析的需求。

2）最小计算单元的确定

取有代表性弧度折弯角钢管，在连续延伸方向相邻两M形支座与钢管接触轴线之间，取该段钢管为最小计算单元建立计算模型。

以180°折弯角为例，取相邻两M支座，最小单元模型见图8.3-22：

根据（单元应力-节点应力）/单元应力值小于5%来判定网格精度适当，对同一模型做了两次不同细度的网格划分，对比两次应力变化值相差小于5%，判定网格精度是收敛的，以收敛精度的网格结果为导出结果，同时在对分析结果后处理时考虑了固定约束点的应力集中问题，排除掉了截面尖角产生应力奇异性现象导致的无效应力数据。

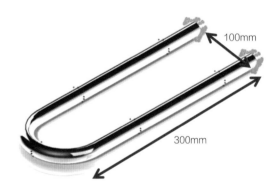

图8.3-22　180°折弯角钢管加压最小计算单元模型图

3）计算假设

（1）管壁均匀，材料均一，能完全达到设计强度；

（2）忽略温度、重力等其他物理场环境变化所带来的影响；

（3）折弯角对材料本身无影响，所选最小计算单元钢管两端截面为完全固定的；

（4）管内压力法向垂直于管内壁面，且均匀加载。

4）材料参数及荷载约束

（1）材料参数表见表8.3-5（材质：AISI 304L不锈钢）。

材料参数表　　　　　　　　　　　　　　　表8.3-5

材料属性	数值	单位
弹性模量	1.90×10^{11}	N/m^2
中泊松比	0.29	—
质量密度	8000	kg/m^3

材料属性	数值	单位
中抗剪模量	0.75×10^{11}	N/m^2
张力强度	517.017	N/mm^2
压缩强度	—	N/mm^2
屈服强度	206.807	N/mm^2
热膨胀系数	1.8×10^{-5}	/K
热导率	16	W/(m · K)
比热	500	J/(kg · K)

（2）荷载及约束。

约束：在模型钢管两端环形截面上施加固定约束，见图8.3-23绿色箭头标识。

压力荷载：在钢管内壁，法向垂直于内壁面，施加 $1.1 \times 10^7 N/m^2$ 压力见图8.3-23红色箭头标识。

5）计算云图

（1）90°弯角计算云图见图8.3-24、图8.3-25。

（2）180°弯角（两端固定约束）计算云图见图8.3-26、图8.3-27。

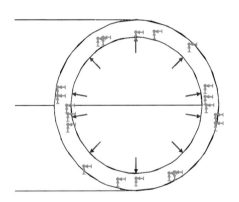

图8.3-23　约束及压力示意图

（3）180°弯角（一端固定约束）计算云图见图8.3-28、图8.3-29。

（4）大道速滑道大弧度弯角处（1m弧长，两端固定）计算云图见图8.3-30、图8.3-31。

（5）大道速滑道大弧度弯角处（1m弧长，一端固定，一端自由）计算云图见图8.3-32、图8.3-33。

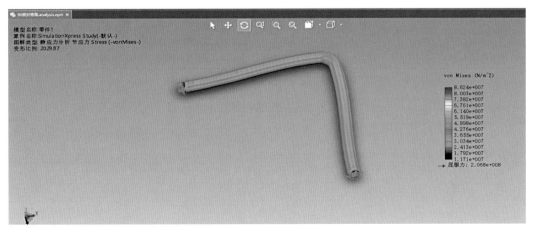

图8.3-24　90°弯角应力云图

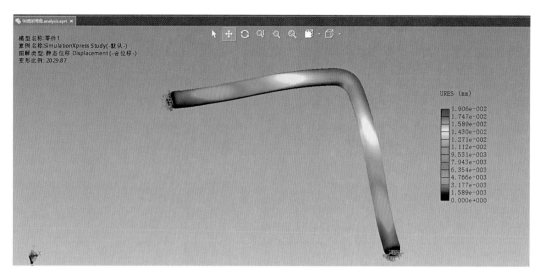

图8.3-25 90°弯角位移云图

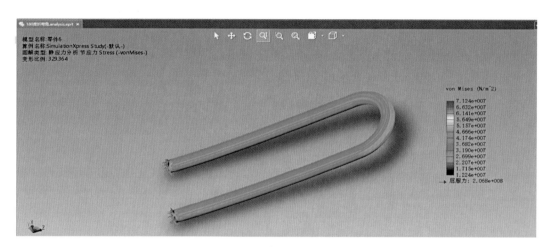

图8.3-26 180°弯角（两端固定约束）应力云图

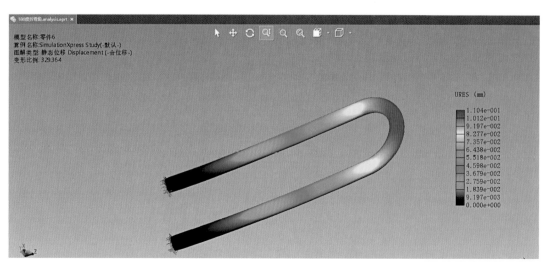

图8.3-27 180°弯角（两端固定约束）位移云图

| 丝带飞舞 匠心智造——国家速滑馆（冰丝带）高效高精度建造技术

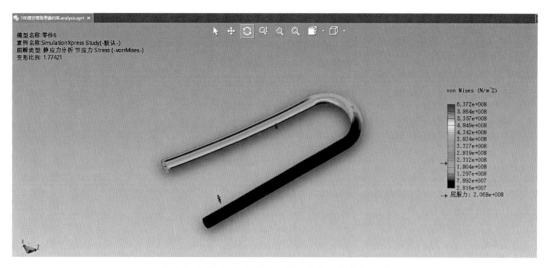

图8.3-28　180°弯角（一端固定约束）应力云图

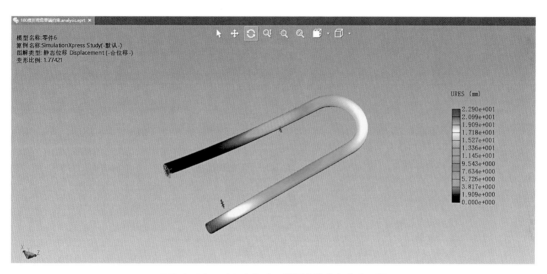

图8.3-29　180°弯角（一端固定约束）位移云图

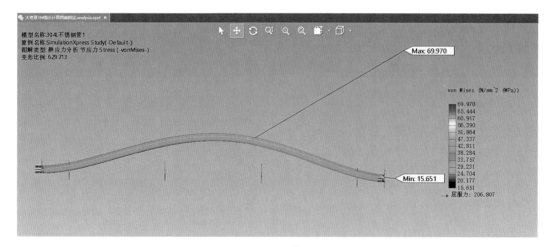

图8.3-30　大道速滑道大弧度弯角处（1m弧长，两端固定）应力云图

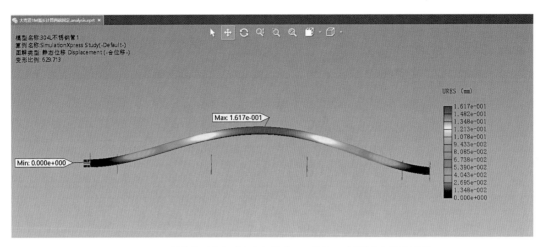

图8.3-31　大道速滑道大弧度弯角处（1m弧长，两端固定）位移云图

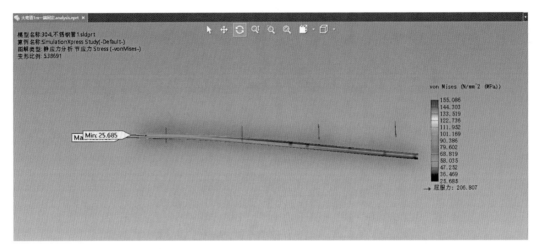

图8.3-32　大道速滑道大弧度弯角处（1m弧长，一端固定，一端自由）应力云图

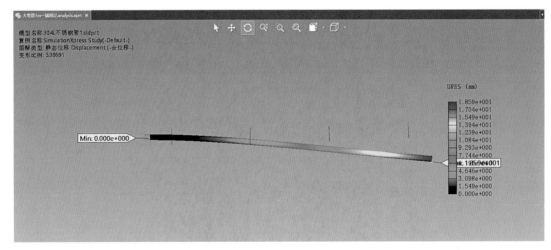

图8.3-33　大道速滑道大弧度弯角处（1m弧长，一端固定，一端自由）位移云图

（6）双向弯曲管道（300mm，两端固定）计算云图见图8.3-34、图8.3-35。

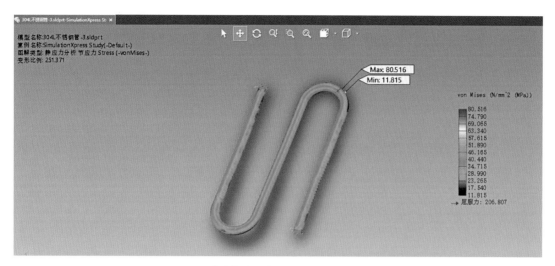

图8.3-34　双向弯曲管道（300mm，两端固定）应力云图

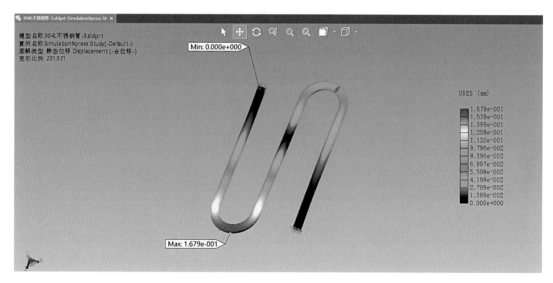

图8.3-35　双向弯曲管道（300mm，两端固定）位移云图

4. 计算结果汇总（表8.3-6）

结果汇总表　　　　　　　　　　　　　　　　　表8.3-6

序号	弯曲角度（°）	最大应力（MPa）		最大弯矩（N·m）	最大变形（mm）
		力学计算	数值模拟		
1	90	21.16（$D=20$）/ 18.23（$D=18$）	86.244	59.8（$D=20$）/ 42.12（$D=18$）	0.019

序号	弯曲角度（°）	最大应力（MPa）		最大弯矩（N·m）	最大变形（mm）
		力学计算	数值模拟		
2	180（两端固定）	21.16（D=20）/18.23（D=18）	74.721	14651（D=20）/10292（D=18）	0.024
3	180（一端固定）	—	637.2（未约束端）	—	22.9（未约束端）
4	大弧度（两端固定）	—	69.97	—	0.16
5	大弧度（一端固定）	—	155.09（未约束端）	—	18.59（未约束端）
6	双向弯曲	—	80.52	—	0.17

5. 结论

（1）不锈钢管道内气体压强为11MPa时，不锈钢管壁厚度仅需1.12mm，国家速滑馆使用2mm厚不锈钢管道满足承压要求；根据对弯道处最不利截面（45°）的力学分析，该截面力臂不平衡，产生弯矩，但相关规范中均没有对管道的抗弯要求。

（2）国家速滑馆制冷管道弯曲较多，针对3个特殊部位进行力学分析及数值模拟，因计算假设及方法不同，结果存在一定差别，但按现场实际做法，管道弯曲部位两端均有支架固定，计算所得最大应力均小于304L不锈钢钢管的屈服强度205MPa［《工业金属管道设计规范》GB 50316—2000（2008版）］，满足规范要求。

8.3.3.3 自动焊接技术

1. 技术概况

冰板内制冰排管总长度约12万m，共10个分区（图8.3-36），管道采用直径18mm和20mm的

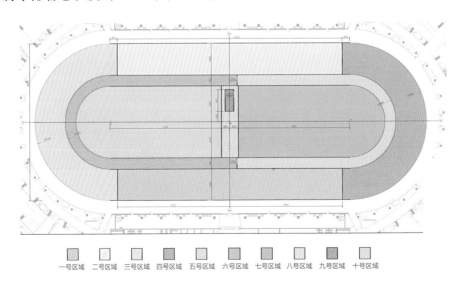

一号区域　二号区域　三号区域　四号区域　五号区域　六号区域　七号区域　八号区域　九号区域　十号区域

图8.3-36　冰面分区图

304L无缝不锈钢管。按单根40~50m管长及部件加工尺寸进行排管深化，现场需要焊接焊缝约8611条，需将管道焊缝位置进行合理分配，避免焊缝集中导致冰板局部应力过大。

由于管内为高压CO_2，对焊缝质量标准极高，一旦焊缝破坏导致CO_2发生泄漏，对整个制冰系统将产生不可逆的影响，所以冷排管施工质量是整个CO_2载冷系统质量控制的重中之重。

制冰排管现场安装见图8.3-37。

图8.3-37 制冰排管现场安装

2. 管道校直

盘管校直过程中校直轮、整圆轮布置在垂直、水平两个方向上，以两个平面对不锈钢管进行整圆校直，不锈钢管通过校直器偏心轴完成校直，以保证钢管直线度；校直前需对校直器进行校验，需使管道与运行槽严丝合缝，无明显间隙；校直轮、整圆轮运行方向A与管道运送方向B需同轴，垂直偏差不得大于10mm，以免因管道角度过大在调直过程中出现弯折变形，见图8.3-38、图8.3-39。

图8.3-38 铺管校直辅助工具

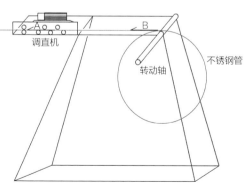

图8.3-39 铺管校直辅助工具示意图

3. M支架安装

根据设计要求，制冰排管上表面至混凝土完成面距离为32mm。依据高度要求确定M支架的尺寸，支架间距1m，搭接100mm以保证支架与管道的稳固，且保证支架位置与管道焊口错开，在弧线区域需要根据实际情况增加支架数量。M支架布置图见图8.3-40。

由于制冰排管的标高和水平位置直接影响冰面的均匀性，M支架放置需要先放线定位再进行放置安装。

4. 管道切割、清理、打磨

（1）根据现场测绘草图按照施工现场实际测量的尺寸，在选好的管材上画线。画线时应考虑截断管材时管材的损耗，预留出一定的损耗量。

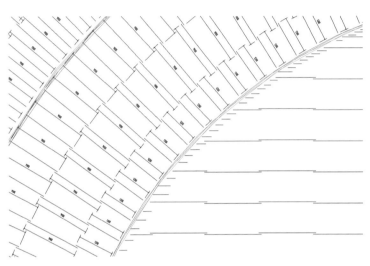

图8.3-40　M支架布置图

（2）不锈钢管应按照所画线的位置采用不锈钢专用砂轮机、等离子切割设备截断管材，当采用砂轮切割时需采用专用电动切断机安装专业砂轮片切割，切割工具要保持与管的轴线垂直，用力要平稳均匀，使切割断面与管子轴线垂直，机械设备必须水平架设，不得倒坡布置，以免金属碎屑进入管道。

（3）管道坡口形式为I形坡口，管子切口端面倾斜偏差Δ（图8.3-41）不应大于管外径的1%，且不得大于3mm。

（4）管子、管件的坡口型式和尺寸，可按表8.3-7要求加工。坡口加工完毕后，要进行外观检查，对影响焊接质量的局部凹凸不平处要进行修理磨平；坡口表面及其边缘不得有裂纹、分层、夹渣等缺陷。坡口加工后应清除坡口处氧化物至露出金属光泽。

Δ：管切口端面倾斜偏差

图8.3-41　管道切口端面斜偏差

序号	厚度T（mm）	坡口名称	坡口形式	间隙C（mm）	钝边P（mm）	坡口角度α（°）
			坡口尺寸			
1	1～3	I形坡口		0～1.5	—	—

对接接头采用钨极氩弧焊时的坡口型式和尺寸　　　　表8.3-7

（5）管口清理：切口后需对管道进行清理，切口表面应平整光滑，尺寸应正确，并无裂纹、重皮、毛刺凹凸、缩口、熔渣、氧化物、铁屑等现象。管口内外20mm范围内的氧化物、油脂、油漆、涂层、加工时用的润滑剂、尘土氧化膜等必须清理干净，严禁使用碳素钢材料对不锈钢管进行清理。

（6）切口打磨：由于冰板无缝不锈钢盘管壁厚≤3.5mm、对接间隙≤0.15mm，采用不开坡口的对接形式，焊接前焊口处内外管壁应打磨出金属光泽，且保证焊口两侧无影响焊接质量的氧化皮、熔渣等杂质。

（7）坡口加工磨平后，对坡口表面进行着色检查，经检查坡口表面如无裂纹、夹层等缺陷方可进行组对。

（8）不锈钢管预制完成的管道不得有明显的凹瘪变形、划痕、裂纹等冷损伤。加工完坡口的奥氏体不锈钢管材、管件应放在清洁、干燥的木质存放架上，也可短时间放在铺设橡胶或木质垫板的加工场地。在堆放、运输、安装的过程中严禁与碳素钢直接接触。冷加工机械与管道接触部件表面严禁采用碳素钢。

5. 焊件组对

（1）焊口组对前，要将坡口表面及其两侧20mm范围内的氧化物、油污、毛刺和其他有害杂质彻底清理干净，一般采用丙酮或酒精进行擦洗，必要时需先进行打磨。然后在距坡口两侧4～5mm外，涂抹宽100mm的石灰浆或其他防飞溅涂料，待石灰浆自然干燥后再施焊，以便保护管材和清理飞溅物。

（2）组对时应检查坡口角度、间隙、钝边、错边量等，如不符合要求，要进行修磨合加工。

（3）管道组对应在铺有胶皮或木板的专用平台上进行。使用的工卡具材质应与不锈钢材质相同或相近。管道避免强力组对，否则产生较大的内应力，会引起应力腐蚀开裂。

（4）焊接的管段应放置稳固，严禁强行对口，以免焊接过程中，管段的移动和振动使焊缝产生应力而引起裂纹。管件组对完后应及时进行焊接。

（5）点固焊（定位焊）应符合表8.3-8的相关要求。

点固焊（定位焊）的尺寸要求			表8.3-8
管径厚度δ（mm）	点焊长度（mm）	点焊高度（mm）	点数
δ≤4	6～10	<3	2～4
δ>4	10～20	≤0.7δ，且≤6	4～6

6. 充保护气

（1）管道焊接前必须对管道充氩保护，所用氩气纯度应在99.99%以上，充气前检查气压罐压力是否充足、稳定，通气前检查气管是否顺直，避免气管折弯窝气的现象出现，若焊接保护气突然断气，必须停止焊接，切除原焊口重新施焊。

（2）焊接保护气体流量20～23L/min，管内保护气体流量5～6L/min，管道保护气充气后需检查管道两端，充气端是否密封并在末端测试氩气流通是否顺畅，检查无误后封闭末端，焊机焊头需对送气进行设置，提前送气25s，滞后送气10s。气体流量需根据作业指导书、焊接工艺评定的要求并结合现场实际情况调整。液氩瓶见图8.3-42。

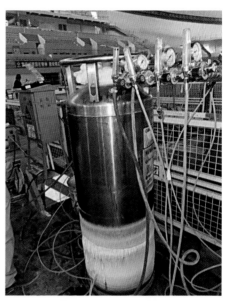

图8.3-42 液氩瓶

7. 管道自动焊接

（1）本项目采用自动焊代替手工焊，不锈钢无缝钢管应严格按照《压力管道规范　工业管道》GB/T 20801—2020执行，不锈钢焊接钢管应参照执行。

（2）管道焊缝正式焊接前需将两端架高固定，固定点两端间距不得小于1m，确保管道清洁干净，调整两段管道，确保待焊接两段管道中心处于同一中心线，对口应并齐平无坡度，为自动焊机的夹具留出操作空间，两段待焊接管道坡口端头的空隙控制在1～2mm，焊接时不得使其承受额外应力。

（3）焊接时，作业区域湿度不应超过90%。风速不应超过2m/s。当超过规定时，应采取有效的防风措施，每条焊缝施焊时，应一次完成。

（4）尽量避免转弯处布有焊口，若存在此类焊口，管道对接焊口中心线与弯管起弯点距离不小于100mm；直管段两对焊接口中心面间距不应小于150mm。

（5）充保护气后进行焊接，焊接高电流为74～66A；焊接低电流40～38A；焊接速度100mm/min，并根据现场实际情况进行调整。

（6）完成焊接的管道焊口处需用不锈钢毛刷清理焊表面，不得用锉刀锉平，管道两端再次进行封闭，以隔绝灰尘和水汽。支管道接管处应远离总管焊接点。

（7）管道连接焊缝不得设于支架处或其他不便检修之处。

自动焊机及作业见图8.3-43。

图8.3-43　自动焊机及作业

8. 定位测量

为了实现管道安装的高精度，在安装完成后，需要对管道实施精确定位。通过多点位设置标靶，采取三维激光扫描对管道位置、标高进行定位并得出制冷排管点云采集、排管安装翘曲检测、排管安装水平偏移量等报告，根据此测量数据对管道水平位置、标高及平整度进行有针对性的调整，调整后再次进行三维激光扫描。

在制冰排管安装过程中，为检测排管安装的精确性，需要分阶段多次实施高精度工程测量。通过场馆内的已知点组建测区水平控制网和高程控制网，利用全站仪后视定向的方法获取标靶球的绝对位置，结合平均分布的标靶球以每站小于15m的间隔对整个场馆进行三维激光扫描。

在选取的扫描位置架设FARO扫描仪，逐站扫描，获取该区域制冰排管的点云坐标。在架设扫描仪时，为保证点云密度，每站的间隔应小于7m，相邻测站间共用棱镜球应大于3个，扫描时根据现场施工进度分区扫描，分区作业。见图8.3-44。

场区排管分区进行了二次扫描，分别在制冰排管固定后和混凝土浇筑前进行扫描，将得到的三维激光点云进行分类、去噪后提取制冰排管三维激光点云，按照现场支架和排管的分布情况，分析点云切割方式，利用切割点云得到横纵断面提取位置对应的排管的平行度和翘曲值，及时反馈给施工单位，以便进行后续调试，结果如下所示。

图8.3-44　架设扫描仪和多站扫描拼接

1）首次扫描翘曲检测成果

通过对9个区域的点云采集以及80365个检测位置的数据分析，在去掉人工影响数据和无效数据后得到翘曲最大偏差为23.6mm，平均平差值为3.047mm，第一次扫描有近3%的检测位置偏差大于10mm。1~10区的翘曲检测统计情况见表8.3-9。

首次扫描翘曲检测统计情况　　　　　　　　　　　　表8.3-9

序号	区域	采集数据个数（个）	平均偏差（mm）	标准差（mm）	最大偏差值（mm）	偏差10mm以内所占比例
1	一区	8538	3	3.9	23.5	98.1%
2	二区	9327	3.2	4.1	21.9	98.3%
3	三区	12708	3.6	4.6	22	96.4%
4	四区	12434	3	3.9	19.8	98.4%
5	五区	14355	2.7	3.5	23.3	99.1%
6	六区	11807	2.8	3.7	23.3	98.9%
7	七区	4438	3	4.1	23.6	99.8%
8	八区	5795	3.2	4.2	20.7	97.5%
9	十区	963	2.8	4	23.1	98%

2）复测扫描翘曲检测成果

根据对9个区域首次扫描数据及分析结果，在每个区域选取2~4个数据最差的测站进行复测，复测检测共提取11514个检测位置的数据，经分析得到翘曲最大偏差为9.7mm，平均平差值为1.82mm，复测扫描检测成果位置偏差均小于10mm。1~10区的翘曲检测统计情况见表8.3-10。

复测扫描翘曲检测统计情况　　　　　　　　　　　　表8.3-10

序号	区域	采集数据个数（个）	平均偏差（mm）	标准差（mm）	最大偏差值（mm）	偏差10mm以内所占比例
1	一区	1268	1.9	2.5	9.2	100%
2	二区	1621	1.5	3.3	8.7	100%
3	三区	1606	2.2	3.3	8.5	100%
4	四区	1766	1.5	2.8	7.7	100%
5	五区	1377	1.9	2.7	8.3	100%
6	六区	1195	1.4	2.1	8.1	100%
7	七区	1130	2.5	2.3	7.9	100%
8	八区	938	1.9	2.8	9.7	100%
9	十区	613	1.3	2.2	8.1	100%

3）首次扫描翘平行度检测成果

通过对9个区域的点云采集以及69556个检测位置的数据分析，在去掉人工影响数据和无效数据后得到平行度最大值为3.42‰，平均差值为0.556‰，第一次扫描有近4%的检测位置偏差大于1‰。1~10区的平行度检测统计情况见表8.3-11。

首次扫描平行度检测统计情况 表8.3-11

序号	区域	采集数据个数（个）	平均偏差（mm）	标准差（mm）	最大偏差值（mm）	偏差1‰以内所占比例
1	一区	7397	0.59	0.816	3.02	92.26%
2	二区	8739	0.61	0.81	3.46	90.73%
3	三区	10254	0.48	0.713	2.35	96.71%
4	四区	10687	0.53	0.897	2.88	96.37%
5	五区	12654	0.65	0.764	3.42	97.26%
6	六区	9878	0.45	0.806	2.95	97.45%
7	七区	4279	0.57	0.826	2.93	95.59%
8	八区	4875	0.49	0.707	2.09	97.41%
9	十区	793	0.64	0.723	2.03	92.26%

4）复测扫描平行度检测成果

根据对9个区域首次扫描数据及分析结果，在每个区域选取2~4个数据最差的测站进行复测，复测检测共提取9534个检测位置的数据，经分析得到平行度最大值为0.96‰，平均平差值为0.4‰，复测扫描检测成果位置偏差均小于1‰。1~10区的平行度检测统计情况见表8.3-12。

复测扫描平行度检测统计情况 表8.3-12

序号	区域	采集数据个数（个）	平均偏差（mm）	标准差（mm）	最大偏差值（mm）	偏差1‰以内所占比例
1	一区	1068	0.44	0.717	0.92	100.0%
2	二区	1237	0.32	0.622	0.95	100.0%
3	三区	1469	0.49	0.600	0.95	100.0%
4	四区	1365	0.42	0.647	0.89	100.0%
5	五区	1181	0.36	0.704	0.88	100.0%
6	六区	1023	0.36	0.614	0.85	100.0%
7	七区	958	0.38	0.605	0.96	100.0%
8	八区	794	0.47	0.615	0.83	100.0%
9	十区	439	0.38	0.633	0.93	100.0%

国家速滑馆三维激光扫描具有效率高、机动灵活、安全可靠、适应环境强、功能全面等优点，可以准确得到制冰排管的点云数据、翘曲情况、水平偏移情况，可以得到排管的安装现状，从而指导施工。通过首次扫描的数据可以分析得出：共采集翘曲检测点80356个，翘曲平均偏差在3.03mm，偏差在10mm以内的值占比达到96%以上。采集平行度检测数据69556个，平行度最大值为3.42‰，平均差值为0.556‰，第一次扫描有近4%的检测位置偏差大于1‰。

通过对严重区域的复测扫描，共采集翘曲检测点11514个，翘曲最大偏差为9.7mm，复测扫描全部检测数据均小于10mm。复测检测共提取9534个平行度检测数据，经分析得到平行度最大值为0.96‰，平均差值为0.4‰，复测扫描检测成果位置偏差均小于1‰。复测扫描后得到偏差值明显变小，经调整后，满足制冰排管的安装要求。

9. 制冰排管无损检测

（1）管道吹扫打压前必须进行无损检测，必须达到检测结果100%合格方能进行下一道工序。

（2）使用适用于小管径无缝不锈钢管探伤检测装置对焊接完成并经外观检查合格的焊口进行射线探伤（形成专利一项），见图8.3-45。

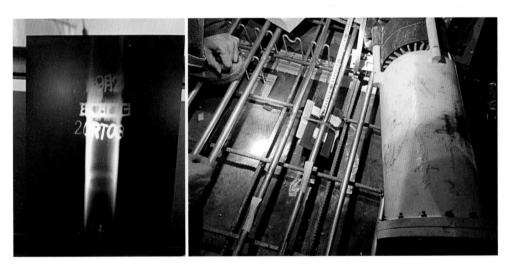

图8.3-45　小管径无缝不锈钢管探伤检测图及无损检测装置

10. 不合格焊口处理措施

若无损检测不合格，对不合格焊口进行切除，并重复上述步骤。

11. 制冰排管吹扫

1）吹扫原则

制冷管道吹扫、强度及严密性试验工作根据系统图确定，按区域进行。制冷管道采用空气吹扫，在管道施工完成后与制冷机组和蒸发器连接前，用干燥压缩空气对各段管路分别进行吹扫排污处理。已吹扫干净的管道及时采取封闭管口等措施防止再污染，且有明显标记，已吹扫管道和未吹扫管道能够明确区分。管道强度试验时，应分区进行。吹扫用压力表精度为0.4级，量程为

0~1.6MPa，设置一块在吹扫进气口端。制冷管道吹扫采用干燥空气。

2）管道吹扫

制冷支管通过集管连接至制冷主干管，制冷支管公称直径较小，为了保证管道吹扫清洁度，首先对冰池冰板冷支管按回路分别进行吹扫，每支集管单独吹扫，每条管道吹洗清洁后均及时封闭管口防止再次污染，直至与集管连接时拆除。吹扫合格后，再连接支管与集管，无损检测合格后连接主干管。

图8.3-46　支管吹扫

支管吹扫（图8.3-46）。管道吹扫时，吹扫设备应设置于室外，通过高压软管连接进试验部位，每根冷支管单独吹扫，每十根为一组连接临时集管吹扫，吹扫时设备连接处阀门确认处于开启状态，启动空气压缩机，压力表升到0.4MPa时停止对管道进行加压，临时集管一端为进气口，另一端封堵，每根待吹扫支管一端与集管连接，另一端敞口排污，每组支管吹扫时间≥5min，在管道末端300mm处设置贴有白布的木质靶板检验，多次吹扫，直至无污物排出为止。

集管吹扫。每区制冷集管首先焊接与集管连接的角度为135°、长度为2m的支管，集管吹扫时，吹扫与集管连接的各支管，再吹扫集管段。吹扫时设备连接处阀门确认处于开启状态，启动空气压缩机，压力表升到0.6MPa时停止对管道进行加压，临时管道连接在集管一端，另一端封堵，支管末端开口对支管进场吹扫；支管吹扫完成后，将集管另一端打开，对集管进行吹扫，在管道末端300mm处设置贴有白布的木质靶板检验，多次吹扫，直至无污物排出为止。

每区所有支管、集管吹扫合格后，对集管与各回路支管进行焊接。

管道分区域吹扫，吹扫过程中当目测排气无烟尘时在距排污口300mm处设置贴有白布的木质靶板检验，5min内靶板上无铁锈、尘土、水分及其他杂物为合格。

12. 管道分区域强度及严密性试验

1）压力试验条件及准备工作

（1）试压前按照管道单线图进行安装检查，制冰盘管需全部与主管连接完成，试压冰面管道系统需安装完成后方能试压，发现未完成项必须在试验前整改完毕，并标注明显签认的标识、标记。

（2）管道进行试验前，焊缝全部射线检查合格，管道焊缝处不允许有刷漆、保温等妨碍试压检查的施工。

（3）用管帽封闭强度试验管道末端，管帽焊接时，在管帽与正式管段之间增加一段临时短管，防止后期切割缩短正式管道长度，焊接管帽及临时短管后统一进行无损检测，焊缝检测合格后方可投入试验。

（4）强度及严密性试验介质采用干燥空气或氮气，当采用干燥压缩空气时，在系统抽真空前应用氮气对管道里的空气进行置换。

（5）试压临时管路采用高压软管，气源总管上装设针阀、压力表、球阀。设备上锁，总阀在停止试压时切断，由试压负责人指定专人负责保管和操作，试压管道末端设置压力表、针阀，试压机具需准备齐全，且性能良好。

2）强度试验具体内容

（1）制冷系统管道强度及严密性试验，试验前必须用试验气体进行预试验，试验压力0.2MPa。进行气体压力试验时的环境温度应在5℃以上，且管道系统内的焊接接头的射线照相检验已按规定检验合格。设备、阀门及部件不参加试验。

（2）管道系统气体压力试验的试验介质采用清洁、干燥的空气。管道系统做气体压力试验时，划出作业区的边界，无关人员严禁进入试压作业区内。

（3）强度及严密性试验，试验前通知本单位和其他单位人员撤离试压区域，设置成警戒区域，悬挂醒目警示标识，专人监护，并提前书面告知其他施工单位。在试压前，向每位员工宣教本次作业的突出点、难点、关键控制点，熟知方案过程，做到有备无患。

（4）管道在强度及严密性试验过程中，严禁敲打管道及其组成件。

（5）试压期间如遇泄漏，严禁直接用手探测漏气量和漏气位置。

（6）试压过程中，密切观察压力表的压力情况，确保压力不超过系统的试验压力。若系统压力超过其试验压力，必须及时对相应管段内的气体进行泄放。

（7）试压小组各成员按照方案和试压交底检查各环节，试压交底经项目部组织审查批准后，由试压小组负责人下达试验指令。试压小组应保持通信联络，试压组长、阀门操作人员、安全员和压力表监视人员应配备对讲机随时联络。

（8）系统强度及严密性试验试压完毕后，降至工作压力，准备后续做严密性试验。

8.4 CO_2跨临界直冷制冰系统调试技术

8.4.1 调试重点

国家速滑馆CO_2跨临界直冷制冰系统的调试工作是实现"最快的冰"的最后一步，调试难点主要在于以下几个方面：

（1）抽真空难度大：冰面系统规模非常大，完全没有抽真空案例可参考。按照常规要求，普通制冰系统真空度达到5300Pa即可；CO_2复叠制冰系统真空度达到200Pa即可。但对于应用CO_2跨临界直冷制冰技术的"冰丝带"来说，上述真空度要求均不适用。制冰主机对系统的运行要求是真空度必须达到66Pa以下，才能保证系统运行的最佳效果。

（2）CO_2制冷剂充注体量大：制冷剂的充注工作并非一次完成，而是根据系统构成、设备数量以及管道体量所决定的，工作小组需进行全面把控，槽车、充注管、室内充注点位、桶泵等重点部位需24h值守，时刻清晰CO_2制冷剂的充注情况。

（3）国家速滑馆是世界上首个采用CO_2跨临界直冷制冰技术的冬奥速滑场馆，在调试方面没有先例可循。作为冬奥竞赛场馆，对冰面效果的要求也要高于常规冰场，系统调试工作是重中之重。

8.4.2 系统抽真空技术要点

8.4.2.1 抽真空区域及划分

施工现场主要抽真空设备及管道包括地下二层制冰机房、制冰管沟；地下一层FOP区冰池；室外气冷器庭院及管沟。具体包括：4台13m³储罐、6台2.18m³储罐、4台0.18m³储罐、1台1.4m³储罐、1台0.15m³储罐以及约12万m制冰排管（约24m³）、7000m CO_2输送管。需要抽取气体的容积大约为180m³。制冰机房、制冰管沟、冰板冰池、冷却塔庭院管道及设备概况见表8.4-1。

主要管理及设备概况表

表8.4-1

项目	序号	内容	说明	
制冰机房内 管道及设备	1	介质	CO_2	
	2	主要管道	304L无缝不锈钢管ϕ133、ϕ108、ϕ89、ϕ76、ϕ57、ϕ45、ϕ32焊接	
	3	主要设备	6个CO_2低压循环桶	直径D_i=1600mm，L=6400mm，P=5.3MPa，T=-40℃
			4个制冷机组的CO_2中压储液器	直径D_i=813mm，L=4336mm，P=8.0MPa，T=-10～100℃
			4个制冷机组的CO_2膨胀罐	直径D_i=355mm，L=1446mm，P=8.0MPa，T=-10～100℃
			1个CO_2自动中压回油机组的集油器	直径D_i=900mm，L=2200mm，P=6.3MPa，T=-40℃
			1个CO_2自动中压回油机组的油分离器	直径D_i=377mm，L=1170mm，P=6.3MPa，T=-40℃
制冰管沟内管道	1	介质	CO_2	
	2	主要管道	304L无缝不锈钢管ϕ133、ϕ108、ϕ89、ϕ76、ϕ57、ϕ32焊接	
冰板冰池内管道	1	介质	CO_2	
	2	主要管道	304L无缝不锈钢管$D20$、$D18$焊接	
冷却塔庭院管道 及设备	1	介质	CO_2	
	2	主要管道	304L无缝不锈钢管$D89$、$D108$焊接	
	3	主要设备	气冷器	

8.4.2.2 抽真空实施前的准备工作

1. 建立质量保证体系并培训

成立专门小组，过程中各环节均设专人负责，做到责任到人、管理到位，确保工作顺利进行。根据系统管道、设备的特点及试验方案，技术人员要对抽真空人员进行培训交底。保证抽真空及充注作业人员熟悉工作要求，掌握流程，熟练掌握设备性能、操作要领。了解现场环境、抽气点位置、充注点位置及路由等。

2. 系统设备及管线检查

对需要抽真空的各区段严格检查，抽真空负责人按照管道单线图进行检查，确保所有设备、管线及附件均处于正常状态。打开系统管路上全部阀门，设备上安装的阀门悬挂标识牌，标明名称、用途、参数、操作方法、介质方向。必须确保真空节点的密封，确保法兰和阀门的气密性，保证过滤器滤芯的清洁度。

3. 真空泵、仪表设置及准备

真空泵必须放置在平坦的区域，且与系统连接管及接头应能连接。确保各仪表正确安装，真空压力表有标准计量检测标识，选择合适的真空表接入位置，通常选择管道或设备上设置的针阀处接驳。真空泵使用于低真空领域，适合于抽除空气和干燥气体，不能抽除具有腐蚀性、有毒、易爆的气体，不能输送其他物质。抽真空前应确保储罐中无其他物质。

4. 抽真空工具和设备

抽真空工具表见表8.4-2。

抽真空工具表　　　　　　　　　　　　　　　　表8.4-2

序号	工具设备名称	规格	单位	数量	备注
1	真空泵	$60m^3/h$	台	2	
2	真空泵	$1000m^3/h$	台	1	
3	真空泵	$300m^3/h$	台	1	
4	压力表		个	2	
5	真空表		个	3	
6	对讲机		个	4	
7	水分指示器		个	2	

8.4.2.3 抽真空理论时间计算

抽吸真空过程可由下列方程式来表示：

$$S = \frac{V}{t} \ln \frac{P_0}{P_1}$$

式中：P_0——抽真空的起始压力，为1个大气压，大约1013.25mbar；

P_1——抽真空后的压力（绝对压力为5.3kPa，53mbar）；

t——抽真空时间（h）；

V——容积（内外管之间的体积），约180m³；

S——平均有效的抽吸能力。

选择两台真空泵同时进行，约为120m³/h。

经理论计算系统内压力达到5.3kPa的时间约为4.5h。平均有效抽吸能力因压力的减小而降低，所以实际抽吸时间相应增大，而实际上抽吸时间比理论计算最多可达3倍，即13.5h。同时，由于管道阀体内空气不能立刻抽出、阀体密封严密程度、管道内残存水汽等不利状态，按照类似工程经验，确定抽真空完毕后并达到要求的稳压状态时间为10d左右，考虑到不确定因素影响、压缩机组的调整、意外事件的处理、CO_2压缩机组等设备真空度的特殊要求等因素，最终拟定抽真空时间为15d。

8.4.2.4 抽真空的主要技术要求

1. 抽真空区域划分及作业部署

抽真空作业在制冰机房内进行，采取了分段抽真空的方法，将制冰系统分成两个区域分别抽取。区域一主要包括制冷排管、桶泵、气冷器以及高压端管道，设两台60m³/h真空泵在1号和4号桶泵处，设一台300m³/h加1000m³/h真空泵在室外充注口处，同时对整个系统抽取；区域二主要包括CO_2压缩机组及其与阀站间的连接管道、油管等，设三台真空泵分别在压缩机组处同时对机组及相关系统管道抽取。两个区域同时满足真空度要求后，打开连接阀门，对全部系统管道及设备继续抽取。

真空泵处均设有真空表。桶泵机组、CO_2机组均设置真空表，随时观察真空度的变化。真空泵吸气口与桶泵CO_2充注口用软管连接，连接牢固无松动。

真空泵布置图见图8.4-1。

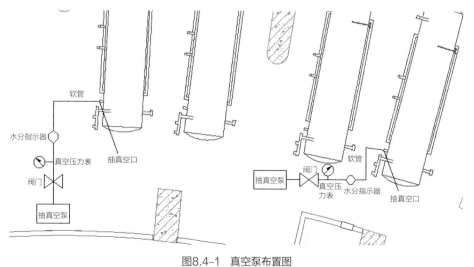

图8.4-1 真空泵布置图

2. 抽真空操作要求

（1）用氮气对所有参与抽真空的管道及设备进行吹扫。吹扫入口处氮气压力应不小于1MPa，当氮气出口处露点温度小于-20℃时停止吹扫，拆除临时管路，封闭所有通向大气的阀门或排放口，并确保严密。

（2）确认各连接法兰的严密性和气镇阀的正确阀位。由电气专业人员正确连接电源，应使电机的旋转方向与箭头所指方向一致。

（3）用卡箍连接进气法兰与柔性管一端法兰，然后柔性管另一端法兰与真空截止阀上焊接好的法兰用的卡箍连接。

（4）设备上的角阀和管道上的阀门必须处于关闭位置，合上主电源开关，观测设备上的显示仪表，确定各连接部件的严密性。

（5）确定真空泵连接管的严密性。开启真空泵，系统稳定后，逐渐加大角阀和球阀的开启度，直至绝对压力达到要求。随时观察真空泵真空油的状态，当真空油乳化变成乳白色后必须及时进行更换洁净的冷冻油。

（6）继续抽真空4h以上，直至水分指示器颜色达到标定的深绿色。首先关闭管道上连接的球阀手柄，再关闭角阀。同时观测管道上真空表所示压力变化。

（7）观察真空表显示的压力，保持24h真空度，如系统绝对压力回升大于0.05kPa则打开真空阀继续抽真空，直至回升不大于0.05kPa为合格。

（8）加注冷冻油结束后再抽一次真空，达到真空度要求后进行CO_2充注准备工作。

（9）CO_2充注准备工作进行完毕，检查无误后，关闭真空泵电源，卸下柔性管两端卡箍。抽真空完毕。

（10）抽真空工作完成后，更换充注口与设备之间管路上的过滤器滤芯。

真空表见图8.4-2。

图8.4-2　真空表

8.4.3　充注CO_2制冷剂

8.4.3.1　CO_2制冷剂充注区域

本项目需要CO_2制冷剂充注的设备及管道的区域、小组成员等与抽真空工作一致。

8.4.3.2　抽真空实施前的准备工作

（1）检查覆盖率100%，结果符合规范和设计文件要求。

（2）成立专门的小组，过程中有专人负责，专门协调制冷剂充注过程中的问题，确保施工顺利进行。

（3）小组内所有人员在组长的领导下开展压力管道的施工与管理工作，做到责任到人、管理到位，确保质量保证体系的正常运转。充注前，由负责人和组长对施工人员进行技术交底。

（4）进行制冷剂充注时，做好安全防护工作，提前发通知，作业区域无关人员严禁入内。

（5）作业前，设备上的阀门悬挂标识牌，标明名称、用途、参数、操作方法、介质方向。

（6）首次充注CO_2作业时应打开系统管路上全部阀门。

（7）机房及管沟内事故通风系统安装完毕、运转正常。

（8）充注CO_2工具及设备见表8.4-3。

充注CO_2工具及设备表　　　　　　　　　　表8.4-3

序号	工具设备名称	规格	单位	数量	备注
1	液态CO_2运输半挂槽车		辆	2	液态CO_2温度-25℃，满重23t，自带屏蔽泵
2	水浴式汽化器		台	1	
3	压力表		个	2	
4	对讲机		个	4	

8.4.3.3　制冷系统CO_2充注

1. 充注要求

（1）制冷装置制冷剂的充注必须在制冷系统压力试验、泄漏试验和真空度试验合格，并在制冷系统整体保冷工程完成并经检验合格后进行，充注前应将制冷系统抽真空，真空度应符合要求。

（2）CO_2制冷剂符合现行国家标准《高纯二氧化碳》GB/T 23938的规定，纯度指标不低于99.995%，含水率不高于8ppm。总充注量拟定为44t，首次充注量为23t。

（3）CO_2充注量应与设备调试相结合，根据设备需求进行调整。依据压缩机组调试工作安排，充注量具体充注步骤拟按表8.4-4执行。

充注计划表　　　　　　　　　　表8.4-4

序号	日期	充注量	单位	备注
1	第1d	5~6	t	气体充注至1.3MPa
2	第1~2d	5~6	t	1号桶泵液位至40%，3MPa
3	第2~3d	5~6	t	2号桶泵液位至40%，3MPa
4	第3~4d	3~4	t	3号桶泵液位至25%，3MPa
5	第3~4d	3~4	t	4号桶泵液位至25%，3MPa
6	冰板降温前	20~23	t	满足首次制冰要求

（4）为确保场馆制冷系统中制冷介质CO_2长期有效运行，CO_2充注管路长期保留，充注管末端安装阀门及封堵、始端安装服务阀及封堵、一号桶泵充注管处安装服务阀，除充注时段以外的时间将管路排空并封闭。

2. CO_2充注操作要点

开始加注CO_2之前，确保整个制冷系统的所有阀门都打开。包括尽可能手动打开所有电磁阀和电动阀。系统的所有阀门必须对第一阶段加注开放（图8.4-3～图8.4-5）。

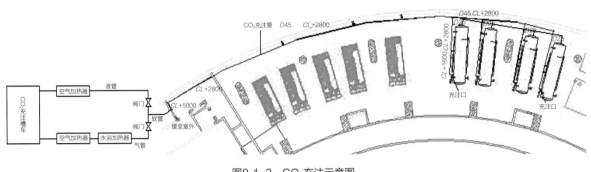

图8.4-3　CO_2充注示意图

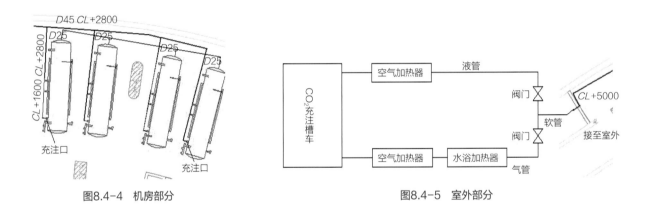

图8.4-4　机房部分　　　　　　　　　　图8.4-5　室外部分

（1）CO_2充注管线连接完成后，首先进行充注管抽真空，将设备与抽真空管道连接处阀门关闭，抽真空设备设置在灌注口，用软管与充注口连接进行抽真空，抽真空完成后再对系统进行CO_2充注。

（2）将CO_2槽车停放至充注口附近，地面平整，停放平稳，且与充注口不宜大于10m。槽车驾驶员（操作员）待槽车在规定位置停稳后，熄灭发动机，拉紧手闸，做好槽车地面静电接地。

（3）将槽车气、液管线与系统充注管用软管接好，接好卸液泵电源。开启槽车气相紧急切断阀和气相阀门。充注之前，关闭桶泵充注口阀门，先对抽真空合格后的充注管进行灌注，充注管充满CO_2之后再打开桶泵充注口阀门对系统进行充注（图8.4-6）。

（4）在CO_2槽车出口处设置空气气化加热器、水浴式气化加热器，将低温液态CO_2变成温度为20℃左右的气态CO_2，通过充注管进入桶泵的桶罐（图8.4-7）。系统内压力达到1.3MPa后（高

图8.4-6 液态CO_2运输半挂槽车   图8.4-7 水浴式汽化器

于CO_2三相点后），且当槽车压力与系统压力平衡时，对制冷装置进行全面检查，用肥皂泡对系统各连接处进行查漏。无异常情况后，开启槽车的液相阀门，开启槽车卸液泵，再继续向桶罐充注液态CO_2制冷剂。

（5）当系统压力为2MPa时，即可进行压缩机组的相关调试准备工作。

当压缩机油温度>35℃时：关闭再循环器筒体和冰地板管道之间的所有吸入隔离阀，关闭再循环泵和冰地板管道之间的所有液体供应阀。现在可以启动CO_2压缩机，以帮助向系统中加注液态制冷剂。

（6）达到第一次加注容量后，停止加注，停止所有压缩机，等待制冷系统压力稳定。如果静止压力大于3MPa，缓慢打开再循环桶和冰地板管道之间的吸入截止阀（一次只能打开一个阀门）。观察系统压力不低于2MPa。如果系统压力稳定在2MPa以上，打开通向冰地板管道的液体供应阀。如果系统压力低于2MPa，关闭吸入截止阀并加注额外的制冷剂，将压力升至3MPa，然后重复步骤（1）。

（7）初始充注后，压缩机和各泵按顺序运行一段时间。根据制冷系统各设备的液位，按要求逐步向系统补充制冷剂，直至制冷系统在设计工况下稳定工作。

（8）充注时应分步缓慢进行，一定要注意系统压力及温度变化，消除充注过程中产生干冰的隐患。最初的充注过程中不应开启桶泵机组内CO_2屏蔽泵，宜在首次充注完成后缓慢进行，并注意桶泵的液位情况。同时，注意观察系统压力是否在3.4MPa以上，冰板混凝土的温度应始终保持在0℃以上。

（9）卸液过程中，检查各连接点及卸液泵的作业情况，发现异常情况及时处理。卸液结束后，关闭相关的所有阀门。关闭槽车紧急切断阀及各阀门，然后拆下接地线，打开放散阀放掉气液箱管内气体。拆卸连接软管，关好槽车阀门箱，检查现场并通风5～10min后，槽车方可启动行车。

（10）在充注的过程中必须准确记录每一步的充注量以及制冷系统的制冷剂总体充注量，数据精确到千克。充注CO_2工作完成后，再次更换充注口与设备之间管路上的过滤器滤芯。

8.4.4 制冰系统的调试

8.4.4.1 调试前的准备

（1）承担制冰系统试运转工作的人员应持有国家认证的、在有效期内的职业资格证书，并且应现场登记，同时应熟悉使用含CO_2制冷剂的制冷系统的操作与运转工作。

（2）制冰系统充CO_2后就可转入试运转，试运转的目的是检查系统是否正常和充注量是否适当。如充注过多，会使吸气、排气压力过高、机器易冲缸，这时应将多余的制冷剂抽出；如充注不足，会产生吸气、排气压力偏低、膨胀阀不起作用，回气过热度大，库温降不下来等情况，这时应补充制冷剂，直至运转正常为止。

（3）制冰系统的试运转应在低压电工的配合下进行。

（4）制冰系统的试运转除应按设计文件和设备技术文件的有关规定进行外，尚应符合下列要求：

①制冰压缩机组、桶泵、风机等单体制冷设备应按现行国家标准《风机、压缩机、泵安装工程施工及验收规范》GB 50275试运转正常；

②阀门、过滤器、自控元件及仪表应安装和调试完毕，工作状态正常；制冷系统已充注了试运转所需的CO_2，各单体制冷设备内的液态制冷剂处于正常液位；

③为制冰系统配套的供配电系统调试正常；

④为制冰系统配套的安全保护装置调试正常；

⑤冰板降温过程可与制冰系统试运转同步进行。

8.4.4.2 制冰系统调试

（1）制冰压缩机（机组）应逐台带负荷试运转，每台压缩机（机组）最后一次连续运转时间不宜少于24h，每台压缩机组累计运转时间不宜少于48h，各项运转参数符合设计文件和设备技术文件的规定。

（2）制冰主机进行带负荷连续6h试运转，应做好如下几项运转参数的记录：

①制冰压缩机组吸、排气压力，吸、排气温度；

②制冰主机回油状况；

③制冰主机运转时的噪声和振动是否在正常范围之内；

④贮液器等制冷设备的液位；

⑤电动机的工作电流、电压和温升；

⑥冰板降温记录。

（3）制冰系统带负荷试运转，其温度应能够在最小外加热负荷下，降低至设计或设备技术文件规定的温度。

（4）冷却设备应逐台带负荷试运转，试运转期间相应冷间的温度降幅不应超过冰板降温步骤规定的幅度。

（5）冷凝器应逐台带负荷试运转，试运转期间应能够持续稳定运行，各项运转参数符合设计文件和设备技术文件的规定。

（6）桶泵应逐台带负荷试运转，试运转期间应能够持续稳定运行，各项运转参数符合设计文件和设备技术文件的规定。

（7）制冰系统中的设备应带负荷试运转，试运转期间应能够持续稳定运行，液位、压力、温度（温差）等运行参数应符合设计要求。

（8）制冰系统中具备运行条件的阀门、自控元件及仪表应逐个或逐回路带负荷调试，其功能应符合设计文件和其技术文件的要求；对于不具备运行条件的阀门、自控元件及仪表，宜逐个或逐回路模拟调试。

（9）自动控制系统应逐项带负荷调试，其功能应符合设计文件的要求。

（10）应记录制冰系统试运转的所有过程及其参数，并且评判是否合格。

（11）制冰系统试运转合格后，应将系统内过滤器的滤网拆下，清洗干净后再安装。

（12）带负荷试运行平稳后，应将主机热回收系统开启，为防冻胀加热系统、热水系统、融冰系统、除湿系统提供设计要求的热量。

第 9 章

大型冰上场馆
人工环境营造
技术

国家速滑馆对场馆湿度要求严格,场馆通过空调送风回风系统、除湿系统在场馆内的气流组织形式,保证比赛时场馆内湿度、温度梯度及冰面风速的指标要求,以确保运动员比赛。根据要求冬奥会举行时FOP场馆湿度不大于40%,温度为16℃,以防止产生冷凝水和冰面起雾,同时为制冰过程中控制场馆湿度以保证冰面浇冰质量。

根据场馆对人工环境的参数要求,针对12000m^2大型冰面、约11884个座席、净空16～30m不规则的场馆空间特点,运用信息化技术研究温度场、湿度和气流组织、空气环境等因素,确定了空调系统、除湿系统、座椅送风系统的方案。

9.1 场馆空调系统设置

9.1.1 场馆空调参数要求

场馆空调参数见表9.1-1。

场馆空调参数

表9.1-1

房间名称	夏季		冬季		新风量 m³/h	备注
	温度(℃)	相对湿度(%)	温度(℃)	相对湿度(%)		
速滑冰场场地——比赛模式	16	≤40	16	≤40	100	冰面风速≤0.2m/s
速滑冰场场地——赛后冰上运动	16	≤40	16	≤40	50	冰面风速≤0.2m/s
速滑冰场场地——赛后无冰运动	26	60	—	—	50	—

9.1.2 系统设置

场馆人工环境空调送风包括座椅送风、高区看台鼓形送风口以及场馆除湿球形喷口,其中设置在观众座椅下方的ϕ120座椅送风,环场馆周圈共计5974个,每个风口送风量为74m³/h;高区临时看台鼓形送风口设置在东西两侧高区看台,共计40个,每个风口送风量为3300m³/h;场馆除湿球形喷口共计88个送风,每个风口送风量为1360m³/h,场馆满负荷运行时,总计送风量为680000m³/h,回风量为送风量的90%,场馆设1个排风系统,总计排风量为242000m³/h。场馆人工环境指标由上述系统根据赛时室外空气参数、室内场馆观众、比赛情况等通过智能化系统实现对人工环境参数的实施调整，满足运动员比赛和观众观赛的人工环境标准要求。

在观众座椅下方的ϕ120座椅送风，人的脚部风速不大于0.25m/s，减小吹风感。高区临时看台鼓形送风口设置在东西两侧高区看台，风速为4.1m/s。场馆除湿球形喷口，风速为2.52m/s，回风风速为2.5m/s。场馆距冰面高度为，风速为0.2m/s。

9.2 场馆除湿系统设置

9.2.1 空气湿度要求对赛场的影响

除湿系统须保证冬奥会举行时FOP湿度不大于40%，温度16℃；防止产生冷凝水（图9.2-1），防止冰面起雾（图9.2-2），制冰过程中控制湿度以保证冰面浇冰质量。

图9.2-1　钢结构上冷凝水滴落冰面影响比赛安全

图9.2-2　冰面起雾影响视觉效果

9.2.2 场馆除湿系统的设置

场馆设置4台30000m³/h的除湿机组，通过场地上方索网下环形风管送风（图9.2-3）。场馆下方设置8个2000mm×1500mm的回风口，将回风送至除湿机组（图9.2-4），实现空气循环。

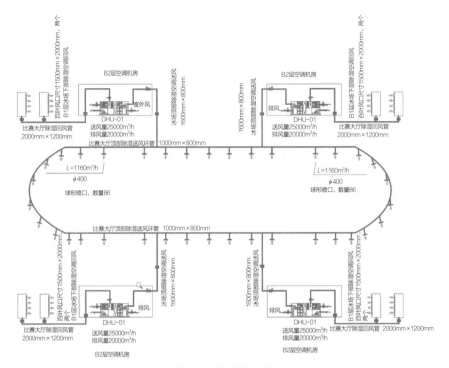

图9.2-3 比赛大厅除湿送风系统示意图

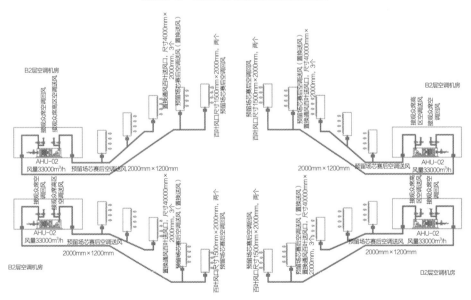

图9.2-4 比赛大厅除湿回风系统示意图

9.2.3 除湿工作原理

除湿系统采用转轮除湿机组，其硅胶吸附原理如图9.2-5、图9.2-6所示。

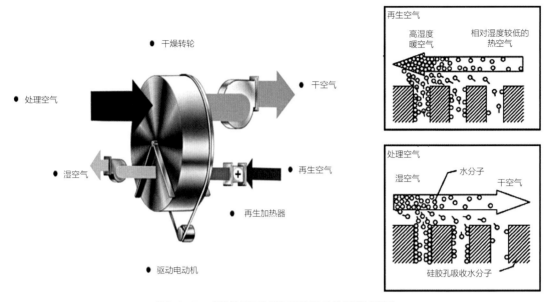

- 干燥转轮
- 处理空气
- 湿空气
- 驱动电动机
- 再生加热器
- 再生空气
- 干空气

再生空气
高湿度暖空气　　相对湿度较低的热空气

处理空气
湿空气　　水分子　　干空气
硅胶孔吸收水分子

图9.2-5　硅胶转轮再生除湿流程及硅胶吸附示意图

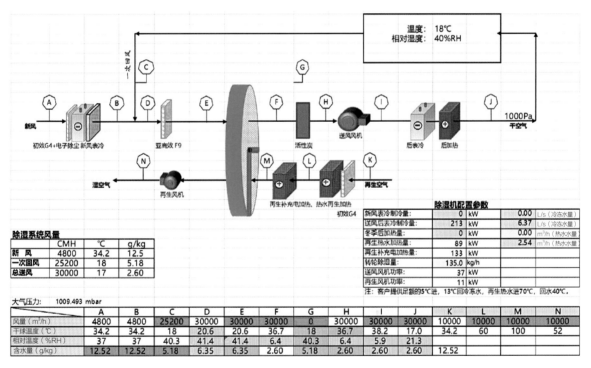

温度：18℃
相对湿度：40%RH

新风　初效G4+电子除尘　新风表冷　亚高效F9　活性炭　送风机　后表冷　后加热　1000Pa　干空气

湿空气　再生风机　再生补充电加热、热水再生加热　初效G4　再生空气

除湿系统风量

	CMH	℃	g/kg
新　风	4800	34.2	12.5
一次回风	25200	18	5.18
总送风	30000	17	2.60

大气压力：1009.493 mbar

除湿机配置参数

新风表冷制冷量：	0	kW	0.00 L/s（冷冻水量）
送风后表冷制冷量：	213	kW	6.37 L/s（冷冻水量）
冬季后加热量：	0	kW	0.00 m³/h（热水水量）
再生热水加热量：	89	kW	2.54 m³/h（热水水量）
再生补充电加热量：	133	kW	
转轮除湿量：	135.0	kg/h	
送风风机功率：	37	kW	
再生风机功率：	11	kW	

注：客户提供额定5℃进，13℃回冷冻水，再生热水进70℃，回水40℃。

	A	B	C	D	E	F	G	H	I	J	K	L	M	N
风量（m³/h）	4800	4800	25200	30000	30000	30000	0	30000	30000	30000	10000	10000	10000	10000
干球温度（℃）	34.2	34.2	18	20.6	20.6	36.7	18	36.7	38.2	17.0	34.2	60	100	52
相对湿度（%RH）	37	37	40.3	41.4	41.4	6.4	40.3	6.4	5.9	21.3				
含水量（g/kg）	12.52	12.52	5.18	6.35	6.35	2.60	5.18	2.60	2.60	2.60	12.52			

图9.2-6　过渡季冰场除湿机组各状态点工况

9.2.4　系统布置特点

除湿系统风管位于索网下方，施工位置高（最高处距离地面净高约24m）。系统整体固定于索网上，索网是柔性结构，包括索和连接钢丝，索结构与钢丝为4m×4m的网状结构，整体布置于比赛场馆上方，为屋面单元板块的承重结构。见图9.2-7。

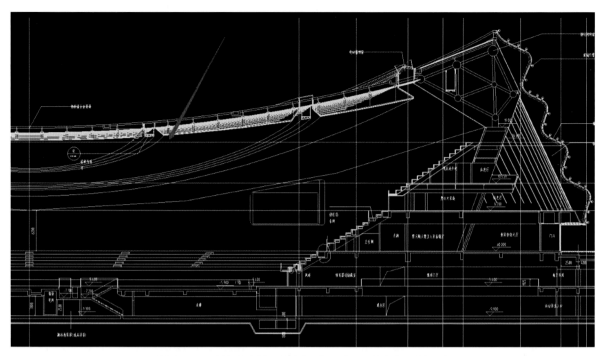

图9.2-7 场馆短轴半剖图（箭头所指是除湿环管大致安装位置）

9.2.5 索网除湿风管安装技术

屋面除湿风管安装在索网下方，安装高度为20~30m，安装难度大。风管安装、现场管理等管理措施标准要求高。索网结构为不稳定承重结构形式，风管安装的总体重量、荷载分布的均匀性等要符合结构设计要求，要经结构设计复核。支吊架、风管等运输以及人员操作等，均需采用机具和高空作业车等机械，安装配合要求高。索网区域风管安装要采取因索网结构变形等进行的补偿措施。风口距离冰面高度高，需保证除湿气流到达冰面上方的同时不可直吹冰面。

9.2.5.1 方案策划

索网结构初步形成后，项目部立即组织技术员、工长和最终施工人员上索网进行实地踏勘和空间复测，研讨施工面的设置、机具材料运输方式、测量实际可使用操作空间的大小（图9.2-8）。由于国家速滑馆屋顶的索网结构是不断连续变化的双曲面，与以往的矩形圆形场馆相比十分特殊，原有二维施工蓝图已无法完全还原索网下除湿系统的形状，施工人员要对场馆结构有直观的认识，进一步理解设计意图。

BIM中级对现场的了解非常重要，施工人员和BIM中级之间的沟通互动直接影响模型的最终效果，进而影响施工的进度。进行BIM模拟，将可能互相影响的除湿、通风、空调、强电、给水排水、弱电等管线、槽盒全部在电脑内模拟排布（图9.2-9），形成大致准确的路由方可进行施工。

由于实际施工面距离地面较高，项目部组织施工队先期在地面进行实体样板搭建（图9.2-10）。样板完成后邀请参建各方人员查看，得到初步认可。

图9.2-8　现场测量安装空间

图9.2-9　BIM模型模拟建造

图9.2-10　地面实体样板模型

9.2.5.2　方案实施

1. 风管制作

风管制作采用镀锌钢板，镀锌层厚度符合规范要求，2000mm×700mm矩形风管采用1.0mm厚镀锌钢板，法兰连接。D=1000mm风管为螺旋风管，采用1.0mm厚镀锌钢板制作，法兰连接。矩形风管采取压筋、法兰和内支撑进行加固。风管法兰采用40mm×4mm角钢，M8螺栓，螺栓间距为150mm。法兰翻边平整、紧贴法兰，宽度一致，不小于6mm。

2. 风管安装

风管安装的位置、标高、走向，应符合设计要求，进行BIM深化的部位要符合BIM图，现场风管接口的配置，不得缩小其有效截面。风管法兰连接时，螺母应按十字交叉法逐步均匀地拧紧。连接法兰的螺栓均用镀锌螺栓，连接时螺栓在法兰同一侧。螺栓穿接方向应与风管内空气的流动方向相同，且螺栓长度应长短一致，螺栓露出螺母2~3扣，拧紧后的法兰垫料厚度均匀一致且不超过2mm。风管法兰垫料与法兰平齐，不得挤入管内，亦不突出法兰外，防排烟风管采用A级不燃材料、厚度不小于3mm。吊架不得安装在风口、阀门、检查孔及法兰等处，距离风口不宜小于200mm。应错开一定距离，吊架不得直接吊在法兰上。管道吊架距法兰距离不小于200mm。主风管吊架距支管之间的距离应不小于200mm。风管末端≤400mm设置防晃架。

3. 阀部件安装

调节阀等各类风阀，安装前应检查框架结构是否牢固，调节、制动、定位等装置应准确灵活。安装时将其法兰与风管上的法兰对正，加密封垫片并拧紧螺母，使其连接牢固且严密。各类风管部件及操作机构必须保证其能正常的使用，便于操作。水平安装的阀板方向正确。

4. 风管保温

风管保温材料的材质、密度、规格与厚度符合设计要求。绝热材料进场时，应按《建筑节能工程施工质量验收标准》GB 50411—2019的规定进行验收。保温前将风管擦拭干净，风管保温紧贴管道外壁。绝热层应满敷，表面平整，不得有裂缝、空隙等。保温钉与风管表面结合牢固，不得脱落。保温钉应均匀布置，数量符合要求，保温钉的固定压板应松紧适度，均匀压紧。外缠玻璃丝分布应均匀，压接宽度不得小于50mm，

图9.2-11 风管保温后在地面组装

缠裹紧密。防火涂料涂刷均匀，不得流坠。主管保温在地面进行（图9.2-11），保温完毕后随主管一起提升到位，支管保温随末端喷口安装时同步进行。

5. 风管运输

风管按节进行加工，加工完成后，先人工搬运至FOP区，经绑扎，确定牢固后由地面人员操作进行风管的提升。圆形风管每节约4m长，重量约224kg，风管下方用10号槽钢托起绑扎牢固，用绑带将槽钢拴住，固定在4台2t电动葫芦上一步举升24m到位，固定法兰后解锁绑带，电动葫芦用绑带悬挂在钢索上。使用两辆高空作业车载人在风管两端安装风管，连接法兰、移动电动葫芦。

本工程索网风管施工距离地面最大高度为35m，根据现场实际操作空间，选择的高空作业车型号为：S105，根据工期及施工进度安排，拟使用3台高空作业车进行施工，自开始施工之日起，进行40d施工。高空作业车具体性能参数见表9.2-1，高空作业车工作范围示意图见图9.2-12。

型号	S105	型号	SX105XC
平台最大高度	34m	平台最大高度	34m
平台准乘人数	2人	平台准乘人数	2人
平台额定荷载	227kg	平台额定荷载	454kg
臂架结构形式	三节折叠臂	臂架结构形式	三节折叠臂
回转装置	180°旋转	回转装置	180°旋转
支腿	单独可调	支腿	单独可调
燃油种类	柴油	燃油种类	柴油

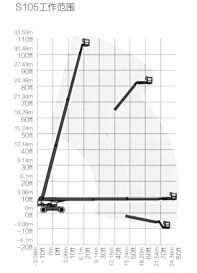

图9.2-12　高空作业车工作范围示意图

根据本工程材料设备重量、外形尺寸等相关参数，选用2t电动葫芦，拟使用4组。电动葫芦举升风管示意图如图9.2-13所示。四台2t电动葫芦用绑带挂在索网上，采取保护措施，不得损坏索网。同时提升、下放风管下托架（图9.2-14）。

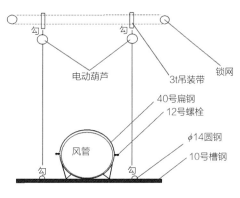

图9.2-13　举升示意图

图9.2-14　现场吊装

6. 风口安装

成品风口应结构牢固，外表面平整，叶片分布均匀，颜色与铝扣板一致，无划痕和变形，符合产品技术标准的规定。表面经过防腐处理，并满足设计及使用要求。

球形喷口、电动调节阀活动件轻便灵活，与装饰固定框接合严密，叶片角度调节范围符合设计要求，与装饰专业紧密配合安装，按照装饰效果要求由装饰专业现场定位、开口，满足装饰效果。喷口在地面与装饰格栅安装成为组合体，最终由装饰专业在空中安装（图9.2-15）。风口与风管接触紧密，固定牢固（图9.2-16）。

图9.2-15　通风专业高空安装

图9.2-16　球形风口安装成果

9.3 场馆观众席座椅送风系统

观众席座椅送风由设在地下二层的8台单台风量为55000m³/h的空调送风系统组成，送风经位于地下二层通风弱电管沟的3000mm×1000mm的送风管，沿管沟环形布置，竖向接30个尺寸为800mm×400mm的送风管至各看台下方的土建结构静压箱，通过静压箱侧面φ120风口送至观众席。场馆座椅送风系统示意图见图9.3-1。

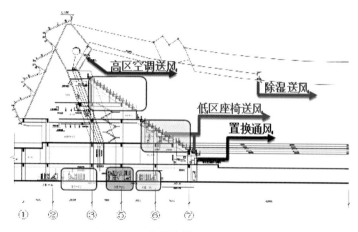

图9.3-1 场馆座椅送风系统示意图

观众席空调回风由设置在观众席后方的2000mm×1000mm共计12个回风口，回风至空调机组，经处理后送至场馆，满足场馆整体人工环境参数的要求，并满足观众席观看比赛的温湿度和舒适度要求。

9.4 场馆场地照明技术

9.4.1 场地照明概况

国家速滑馆场地照明工程主要包含灯具安装、配电箱柜安装、线缆敷设、强弱电控制系统安装等主要施工内容。其中灯具位于中、内圈马道的内外侧及外圈马道的内侧；配电箱柜位于内、中、外圈马道上，共32台；控制设备位于二层南端西侧场地照明控制室内。场馆场地照明灯具共计1088台，安装于场馆三圈马道外侧立杆下方700mm位置。

场馆场地照明情况见图9.4-1。

图9.4-1　场馆场地照明情况

9.4.2　场地深化设计技术要求

本工程场地照明系统安装在正交双曲面索网结构下悬挂马道上，马道呈不规则双曲面，宽度1.1m。场地照明供电、灯具、智能控制系统、光伏汇流电缆、安防摄像机、消防图形探测系统、建筑物健康监测系统、气动排烟窗控制系统、无线WiFi系统、手机信号天线系统、消火栓及水炮系统等系统的设备、设施均安装在马道两侧，除消防水炮外其他末端设施均不得低于马道两侧的膜结构，大大增加了灯具定位及安装施工的难度。

9.4.2.1　安装条件

金属槽盒安装在马道外侧以直代曲，南北弧度较大区域槽盒每节长度缩减到1.2m，为应对屋面整体变形问题，金属槽盒连接均使用伸缩节，槽内布线S形敷设，至末端设备的配线均使用金属软管。吊挂柱侧边安装支架方案图见图9.4-2。

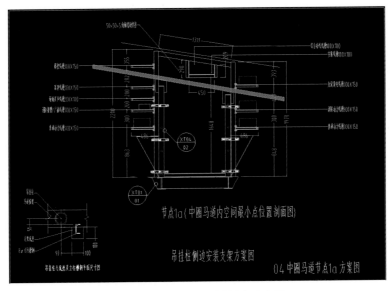

图9.4-2　吊挂柱侧边安装支架方案图

由于施工空间狭小，为满足设备设施操作需求，消火栓、网络机柜采用外扩平台方式安装，配电柜采用竖向分组多开门方式安装，见图9.4-3。

图9.4-3 安装实景图

灯具安装为解决双曲面定位难的问题，由厂家采用专业软件计算，并通过BIM虚拟施工技术对灯具高度角度进行定位。模拟灯光投射角度，对整体系统进行优化。根据每盏灯位置对齐安装方式、支吊架及配件进行计算。受力计算见图9.4-4。

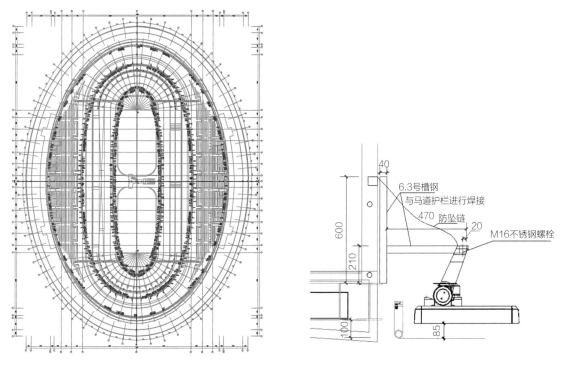

图9.4-4 受力计算

1. M16螺栓受力计算

依据厂家提供灯具重量,以900W灯具计算,重量为22kg,$G = m \times g = 215kN$,对比标准(表9.4-1)可知,采用M16螺栓满足受力要求。

螺栓受力标准 表9.4-1

强度等级		4.80	6.80	8.80
最小破断强度(MPa)		392	588	784
材质		一般构造用钢	机械构造用钢	铬钼合金钢
螺栓M(粗牙螺距)	螺母对边(mm)	最大拉力(kN)	最大拉力(kN)	最大拉力(kN)
14(×2)	22	44.32	66.47	88.62
16(×2)	24	60.31	90.47	120.62
18(×2.5)	27	73.92	110.90	147.85
20(×2.5)	30	94.32	141.36	188.47
22(×3)	32	117	175.80	234
24(×3)	36	135.70	203.56	271.40
27(×3)	41	177.24	265.88	354.48

2. 整体支架计算简图

单元编号图见图9.4-5,节点编号图见图9.4-6。各单元信息表见表9.4-2。

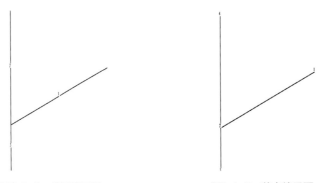

图9.4-5 单元编号图　　　　图9.4-6 节点编号图

各单元信息表 表9.4-2

单元号	长度(m)	面积(m²)	绕2轴惯性矩(×10⁴mm⁴)	绕3轴惯性矩(×10⁴mm⁴)	绕2轴计算长度系数	绕3轴计算长度系数
1	0.500	845	51.20	11.90	1.000	1.000
2	0.500	845	51.20	11.90	0.700	0.700
3	0.200	845	51.20	11.90	1.750	1.750

3. 负载与组合

结构重要性系数:1.00,节点输入荷载和单元荷载情况分别见表9.4-3、表9.4-4。

序号	P_x（kN）	P_y（kN）	P_z（kN）	M_x（kN·m）	M_y（kN·m）	M_z（kN·m）
1	0.0	0.0	−0.5	0.0	0.0	0.0

单元荷载汇总表　　　　　表9.4-4

单元号	工况号	类型	方向	$Q1$	$Q2$	$X1$	$X2$
1	0	均布荷载	Z	0.1	−0.1	0.0	0.0
1	1	均布荷载	Z	−0.1	−0.1	0.0	0.0
1	2	均布荷载	Y	0.1	0.1	0.0	0.0

4. 其他荷载

地震作用及温度作用不考虑。

5. 荷载组合

1.20恒荷载 + 1.40活荷载工况1

1.20恒荷载 + 1.40风荷载工况2

1.20恒荷载 + 1.40活荷载工况1 + 1.40×0.60风荷载工况2

1.20恒荷载 + 1.40×0.70活荷载工况1 + 1.40风荷载工况2

1.00恒荷载 + 1.40风荷载工况

内力位移计算结果：最不利内力。

各效应组合下最大支座反力设计值见表9.4-5。

各效应组合下最大支座反力设计值　　　　　表9.4-5

节点号	控制	组合号	组合序号	N_x（kN）	N_y（kN）	N_z（kN）	M_x（kN·m）	M_y（kN·m）	M_z（kN·m）
	N_x最大	1	1	0.6	0.0	0.6	0.0	0.0	0.0
	N_y最大	1	1	0.6	0.0	0.6	0.0	0.0	0.0
	N_z最大	1	1	0.6	0.0	0.6	0.0	0.0	0.0
	M_x最大	2	1	0.6	−0.1	0.5	0.0	0.0	0.0
	M_y最大	5	1	0.5	−0.1	0.4	0.0	0.0	0.0
	M_z最大	1	1	0.6	0.0	0.6	0.0	0.0	0.0
3	合力最大	3	1	0.6	0.0	0.6	0.0	0.0	0.0
	N_x最小	5	1	0.5	−0.1	0.4	0.0	0.0	0.0
	N_y最小	2	1	0.6	−0.1	0.5	0.0	0.0	0.0
	N_z最小	5	1	0.5	−0.1	0.4	0.0	0.0	0.0
	M_x最小	1	1	0.6	0.0	0.6	0.0	0.0	0.0
	M_y最小	1	1	0.6	0.0	0.6	0.0	0.0	0.0
	M_z最小	2	1	0.6	−0.1	0.5	0.0	0.0	0.0

6. 设计验算结果

本工程1种材料：Q235；弹性模量：$2.06 \times 10^5 \mathrm{N/mm^2}$；泊松比：0.30；线膨胀系数：$1.20 \times 10^5$；质量密度：7850kg/m³。

7. 设计验算结果图及统计表

根据计算分析模型，进行规范检验，检验结果表明，结构能够满足承载力计算要求，应力比最大值为0.35。

8. 设计验算结果表

设计验算结果表见表9.4-6，最严控制表见表9.4-7。

设计验算结果表［强度和整体稳定为（应力/设计强度）］　　　　　表9.4-6

单元号	强度	绕2轴整体稳定	绕3轴整体稳定	沿2轴抗剪应力比	沿3轴抗剪应力比	绕2轴长细比	绕3轴长细比	结果
1	0.294	0.352	0.294	0.010	0.002	20	42	满足
2	0.159	0.145	0.121	0.008	0.000	14	29	满足
3	0.129	0.068	0.065	0.008	0.001	14	29	满足

最严控制表［强度和整体稳定为（应力/设计强度）］　　　　　表9.4-7

	强度	绕2轴整体稳定	绕3轴整体稳定	沿2轴抗剪应力比	沿3轴抗剪应力比	绕2轴长细比	绕3轴长细比
所在单元	1	1	1	1	1	1	1
数值	0.294	0.352	0.294	0.010	0.002	20	42

9.4.2.2　显色指数

由于场馆为速度滑冰项目，所以冰面对于照明要求更加严格，光源的光照到某颜色上的反射光（色坐标与亮度），与此颜色在同色温的太阳光照射下的反射光相比较，如果一样，显色指数为100，差异大则显色指数小（图9.4-7）。

根据国际照明委员会（CIE）规定15个测试颜色的视觉显示情况，用R1～R15分别表示，R1～R8为典型显色指数，R9～R15为特殊显色指数，其中R9（深色鲜红）为显色指数。

图9.4-7　显色指数示意

9.4.2.3 频闪比

频闪比是在某一频率下，输出光通最大值与最小值之差比输出光通最大值与最小值之和，用百分比表示（图9.4-8），是高速摄像机制作超慢速回放效果的关键影响因素。因此对于灯具的选型较一般建筑标准更高。

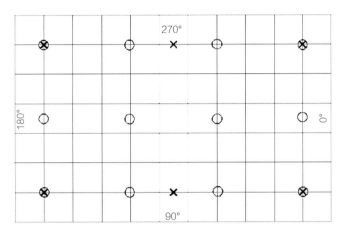

图9.4-8 频闪比检测

9.4.2.4 眩光消减

灯具的定位要确保与主摄像机相关的冰面上没有其反射影像。摄像机位于灯具投射线的水平投影±25°范围内时，如果灯具与摄像机镜头的连线与镜头所在的水平面夹角小于25°时，灯具需要增加屏蔽、遮挡等措施（图9.4-9）。

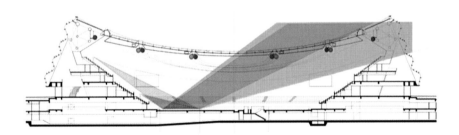

图9.4-9 眩光消减模拟

9.4.2.5 垂直照度、水平照度

亮度：有足够的光生成高质量的电视画面，计算和测量位置在FOP冰面上1.5m，计算网格间距为2m×2m。

均匀性：灯光均匀地分布在整个比赛场地内，FOP上任意点的照明应该来自至少3个方向（图9.4-10），灯光投射路线上不能有遮挡物。

色温：5600K，整个比赛场地内的灯光颜色一致，场馆均需去除其他光源，不得有自然光线照射进场馆。

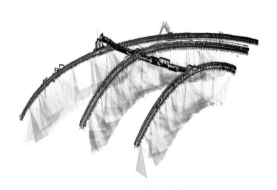

图9.4-10 局部照度模拟

9.4.3 照明配电系统深化

负荷等级：本工程场地照明为一级用电负荷，电压等级为380V/220V。

供电电源：电源引自本建筑内，业主单位结合现场深化确定。

配电箱设置：安装位置在马道或马道外扩平台上，详见平面布置图，依据现场空间安装。

容量：912kW，共设32台配电箱；其中应急照明40kW。

计量：配电箱内设计量，电表具备RS485接口。

9.4.3.1 线路敷设深化

（1）所有供电线路和控制线路按设计规范要求穿管（线槽）敷设，任何地方都不能出现裸导线的情况，更不能把供电线路和控制线路直接埋在地面和墙体内。

（2）本工程照明配电箱干线由业主负责。建筑（消防）支线采用WDZ（N）C-YJY-0.6/1kV交联聚乙烯绝缘聚乙烯护套低烟无卤C类阻燃（耐火）电缆，驱动器电气箱至低压灯具均采用厂家自带线缆。

（3）管线集中位置，室内采用铝合金线槽（板厚按国标执行，表面喷涂环境色），线槽内电缆的总截面（包括外护层）不应超过线槽内截面的40%，强、弱电电缆分别敷设于不同线槽，电线、电缆在金属线槽内不应有接头。

（4）Ⅰ类灯具外露可导电部分须采用铜芯软导线与保护导体可靠连接，灯头线保护管户外穿防水可挠金属软管敷设；凡是暴露在建筑表面的管线均应喷涂与相邻构建物相近的颜色；Ⅲ类灯具的外壳不允许与接地系统相连。

（5）本工程建筑物内电气管线、线槽在穿越防火分区楼板、隔墙时，其空隙应采用相当于建筑构件耐火极限的不燃烧材料填塞密实。施工时管线出户需要穿墙或出屋顶时，应做好防水及密封，穿幕墙的地方需要提前与幕墙沟通配合，预留好安装条件。

（6）卤钨灯和额定功率不小于100W的白炽灯泡的吸顶灯、槽灯、嵌入式灯，其引入线应采用瓷管、矿棉等不燃材料作隔热保护；超过60W的卤钨灯、高压钠灯、金属卤化物灯、荧光高压汞灯（包括电感镇流器）等不应直接安装在可燃装修材料或可燃构件上。

（7）照明分支回路的线路走向可根据现场实际情况做适当调整。

（8）配电箱为控制设备配电的线缆，室内建筑均采用WDZ-YJY-3×4，沿马道适当部位敷设。

9.4.3.2 照明控制系统深化

（1）本照明控制系统采用智能远程照明控制方式，分为强电智能和LED灯光控制系统；强电采用强电智能控制开关控制方式，LED灯光采用标准DMX512。

（2）控制室设控制主机，整体控制可纳入总控。

（3）强电开灯控制模式根据设计方案设置，开启时段可根据情况确定，系统要求具备以下功能：手动控制、远程控制。

（4）配电箱内设手动、自动切换功能，在检修或特殊情况时可采用就地手动控制功能。

（5）各配电箱、控制器至总控室的强弱电信号传输采用有线传输方式，可以自动按照不同的模式进行灯具的开关和色彩的变换，并可以根据需要在总控室对各种模式进行切换。

9.4.4 灯具定位及选用

场馆最终确定了21种不同性能的灯具，共计1088套。将每一盏灯的精确位置落实到图纸上，避免因安装位置不宜而产生的拆改。加快了施工进度及工程质量。

9.4.4.1 适用范围

大道速滑场地及内场（包括花样滑冰、两块冰球场地）满足奥运转播要求的比赛照明、观众席照明及应急照明。通过确定灯具安装位置，调整灯具投射角度消除灯光对观看大屏的影响。

（1）灯具布置图，不同模式下灯具编号表、方位表、瞄准角示意图。

（2）各种控制方案的场地照度计算值，对应使用灯具的数量、照度均匀度、眩光指数、照度梯度的计算值。

（3）配光方案图。

（4）等照度曲线图。

（5）点照度曲线图。

（6）场地照明系统配电系统图（可以在深化设计时提供）。

（7）提供眩光指数的详细分布。

（8）观众席灯具布置平面图及观众席照度计算值。

（9）应急疏散灯具布置图及照度计算值。

（10）LED灯具控制系统图。

（11）灯光秀方案。

（12）灯具安装节点图，包括灯具安装支架（与结构相连接并支撑灯具的部分）（图9.4-11）连并图纸以及与马道的关系等。

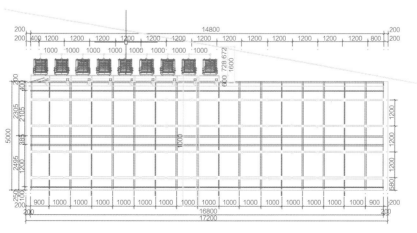

图9.4-11 灯具架体正面图

（13）光源、灯具、电气箱等主要元器件的详细技术资料。

（14）设备、材料详细清单，包括品牌、型号、产地等资料备品备件清单，其中灯具不设备品，每种灯具配备适量光源配件。

9.4.4.2 模式设定

为适应多种工况的需求控制系统采用DMX512系统（舞台灯光、景观照明、体育照明与演绎灯光联控）并初设四种模式（图9.4-12）。

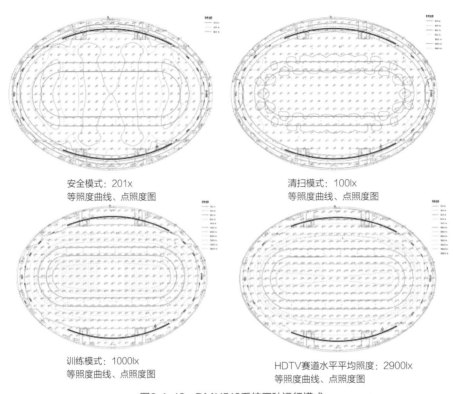

安全模式：20lx
等照度曲线、点照度图

清扫模式：100lx
等照度曲线、点照度图

训练模式：1000lx
等照度曲线、点照度图

HDTV赛道水平平均照度：2900lx
等照度曲线、点照度图

图9.4-12　DMX512系统四种运行模式

9.4.5　BIM辅助综合管线排布技术

速滑馆工程马道悬挂在正交双曲面索网结构上，因结构的特殊性，组织BIM建模，对各专业碰撞点进行讨论研究。尽可能减少拆改、返工，对工期、质量、安全、造价等技术经济效能方面有显著的先进性和新颖性。

（1）组织相关专业对马道设备进行模型搭建（图9.4-13），在模型中确定设备布局，对索网下马道上设备的安装固定进行合理规划。召开专题会议，各专业进行讨论，优化确定最终方案。

（2）通过BIM模型虚拟施工缩短工期、降低成本。

马道上动力槽盒呈双曲面（图9.4-14），增加传统直线段现场加工的难度。采用工厂预制加工方法，由工厂派技术人员现场核实，将槽盒弧度计算在加工期内，大大提高了工作现场的施工难度，减少人工，降低成本。

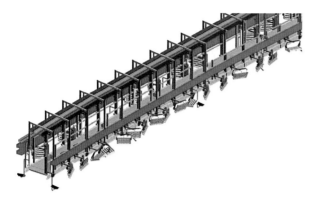

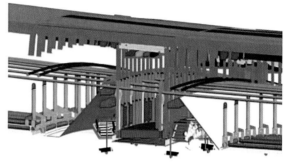

图9.4-13　局部马道设备布局模型　　　　　　　图9.4-14　马道局部动力槽盒布置

（3）工厂加工提高质量及成品观感。

电缆槽盒由工厂机械化加工精确到每段，减少现场加工对成品槽盒的破坏，提高观感度，减少人工，降低成本及施工难度。

9.4.6　柔性索网下马道安装、控制及调节技术

9.4.6.1　灯具现场定位

通过BIM模型确定三维坐标，使用全站仪在马道上确定安装点，因马道的不规则双曲面特性，每套灯具的支架悬挑部分现场实测加工。

9.4.6.2　场地照明灯具安装

（1）安装灯具时按照图纸和厂家提供的技术交底文件要求，标准规范地安装固定好灯具，确保其不会掉落。

（2）灯具与马道上焊接的支架连接的固定螺栓应采用M16的不锈钢螺栓，穿配套的不锈钢弹簧垫圈、平垫片紧固。

（3）驱动器电箱分别用四个M60×20mm的不锈钢螺栓，D6不锈钢弹簧垫圈、D6平垫片连接固定在焊接在马道上的固定支脚钢板上。

（4）调整灯具照射角度时，取下灯具面板两侧的塑料盖帽，调整完安装角度后装回盖帽。

（5）当指示标记对准刻度盘0°时，支架安装面与玻璃发光面垂直，调整角度后用活动扳手或开口扳手等工具锁紧两侧螺栓。

（6）接电源线时，应注意正确的极性连接。蓝色线接N线，棕色线接L线，黄绿线接地线。

（7）安装角度见图9.4-15。

（8）安装在马道外侧的灯具必须加装安全链（图9.4-16）使用。

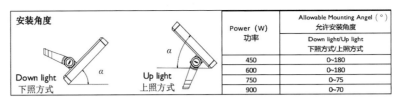

图9.4-15　安装角度

Power (W) 功率	Allowable Mounting Angel (°) 允许安装角度
	Down light/Up light 下照方式/上照方式
450	0~180
600	0~180
750	0~75
900	0~70

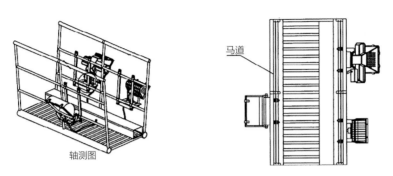

轴测图

马道

图9.4-16　灯具安全链安装示意图

9.4.6.3　场地照明灯具调试

1. 控制系统的搭建

（1）控制系统：需具有整体性、先进性、超前性、智能性、适用性、可靠性、数字化、智能化、网络化、人性化、低碳化。

（2）控制系统采用飞利浦控制系统，具备10年以上的大型比赛体育场馆照明控制系统制造经验，具有众多重大项目应用经验。

（3）控制系统采用DMX512总线控制（图9.4-17），具备数据校验技术，解决传统DMX512技

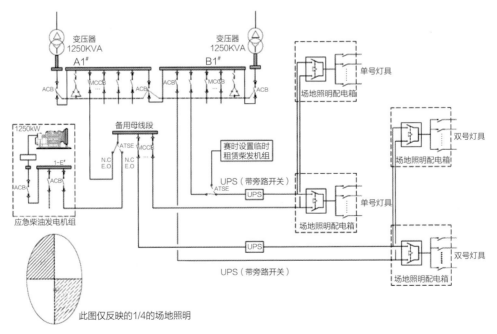

图9.4-17　场地照明配电系统示意图

术在数据传输过程中容易受到现场各种复杂因素的干扰而导致数据出错的问题，避免系统运行时灯具出现无频率的、不规则的闪动，从而提高系统运行的稳定性。应做到在单个灯具故障时不会影响其他灯具的正常工作。

（4）控制系统具备防雷、防短路保护，灯具的电源线和信号线发生短路时，设备能自我保护，不能造成系统的崩溃。

（5）智能照明控制软件具有先进、安全、可靠、足够的冗余度、良好的人际交流界面，能对各区的分控器进行有效的控制和管理，能对整个立面照明系统进行监控，包括控制各回路或灯具的开关，统计灯具运行时间，对故障及异常状态进行报警及记录。监测数据的显示及统计应可以文字及图表形式显示。

（6）可预设各个季节、各个时段、周末、节假日、大型庆典等不同场景，可根据天文时钟输入建筑物的经度和纬度，做到365d不同的定时控制。可对运行时间、区域、场景等进行自由组合设置。

（7）系统应具有高度安全性，需对不同用户设置不同权限级别、登录名及密码。授权人员可对总线上任意控制点进行监控、程序修改及编程。

（8）电路采用光电隔离，使现场的外电路与内部电路之间电气上隔离。

（9）系统具有良好的自诊断、冗余及隔离功能，一旦电源或其他软硬件发生异常，控制系统立即自动隔离故障灯具或回路，避免故障扩大。

2. 控制系统设置及调试方法

场地照明控制柜设置于二层的灯光控制室内，控制线路共用速滑馆专用弱电线槽，沿弱电井铺设至三层再到马道上各控制柜。

3. 控制系统要求

（1）赛后场地要求将包含三片标准冰场和标准赛道速滑场。为实现多场景控制，场地照明灯具可以实现单灯开关、单灯调光控制。

（2）LED灯具及控制方式整体结构采用环形以太网结构，具有以太网接口和对TCP/IP的支持。

（3）能通过数据采集分析等自动实现预设功能，能按照明需求实现时钟/定时开关控制，需要进行调光的场所，能对光照度（光亮度）按设定值进行调节。调光控制时，根据光源类型采用不同的调光方式，需要进行场景切换的场所，能按照明需求对设定的场景模式进行自动切换，并能够进行现场调整（注：除场地照明的智能控制外其他系统的控制不在本次招标范围内）。照明控制需实现即时开启关闭及调光控制，满足重大赛事期间的体育展示功能（可任意编程的灯光秀表演），并且通过调光满足不同级别赛事活动的不同照度要求，不同模式可瞬间开启，一键切换。

（4）配电及控制系统出现故障时，能自动发出声光报警信号；支持控制模块和网关模块的离线告警及控制与状态不一致的反馈；发生通信故障时，系统输入输出设备能按预设程序正常运行；具有断电或发生故障时自动反馈、自锁和存储记忆功能。

（5）能够就地或远程设定、修改、重置系统参数。

（6）设置直接手动控制，同时满足《体育场馆照明设计及检测标准》JGJ 153—2016第8.2.2及8.2.3条。每个灯具的工作状态需要能够在控制系统的计算机终端上以平面位置图的形式显示。

（7）控制计算机上需安装投标厂家的照明专用软件，软件应带有控制、监视、统计、报警等功能。

（8）照明控制计算机和控制面板需设置在照明控制室内。

（9）场地照明控制系统应可独立运行，可上传数据，预留2组与上级场馆管理平台的通信接口，支持TCP/IP通信协议（具体通信协议需与中标的弱电深化单位确认），纳入场馆管理平台。但奥运赛时不接受来自外部的控制。

（10）用于消防疏散照明的LED灯具具备消防强制点亮的控制接口。

（11）场地照明控制系统根据比赛场地规模和需求确定控制系统的网络结构，并采用开放的通信协议，可通过比赛设备集成管理系统采集并控制其运行状态。根据灯具数量、灯具类型、灯具布局、分区控制合理选择智能照明控制系统。

（12）系统须有相当的抗干扰能力，产品需通过EMC测试；控制信号为双向通信，应具有校验码；不会被其他电子系统及强电系统干扰。

4. 照明技术要求

（1）区域范围，本比赛馆的照明设计区域范围包含赛道、赛道外2m范围、内场三个部分。

（2）比赛期间，FOP范围内的照明参数保持不变。计算和测量位置：水平照度的计算和测量位置在FOP面（冰面或地面），垂直照度的计算和测量位置在距离地面1.5m高位置。

（3）计算网格间距为2m×2m。

（4）照明设计时的摄像机位置和拍摄范围需要严格按照相关要求。

（5）最小照度：FOP的主摄像机垂直照度的最小值不小于1600lx，FOP的四个方向的垂直照度（移动摄像机）、辅助摄像机垂直照度的最小值不小于1200lx，慢动作摄像机SSM和超慢动作摄像机的垂直照度应在2000lx左右，其最小值不小于1800lx，且需要保持极好的均匀度。

（6）平均水平照度与平均垂直照度之比不能大于2∶1。

（7）FOP和前12排观众席的垂直照度之比不低于4∶1。

（8）离散系数C_V＜0.13。

（9）均匀度梯度U_G：要求均一化到2m间距时U_G＜10%，4m时U_G＜20%。

（10）眩光指数：眩光指数应该评价场地上运动员的特征点的G_R和摄像机位置的G_R，其中运动员特征位置的G_R计算的最大值不大于30，摄像机位置的G_R计算最大值不大于40。

（11）FOP的冰面反射：灯具不能在冰面或光滑的地面上，对主摄像机的画面形成光影。

（12）摄像机位于灯具投射线的水平投影±25°范围内时，如果灯具与摄像机镜头的连线与镜头所在的水平面夹角小于25°时，灯具需要增加屏蔽、遮挡等措施。

（13）照明系统的频闪指数需要小于6%［频闪指数算法（$E_{max}-E_{min}$）/（$E_{max}+E_{min}$）］。

5. 灯具投射规则

（1）灯具投射线与灯具垂线之间的夹角不大于65°。

（2）FOP上任意点的照明应该来自至少3个方向。

（3）任意灯具投射到场地的光路径上不能有任何阻挡。

（4）FOP外的区域的要求与原则。

（5）观众席的前20排也在OBS要求的照明控制范围内。

（6）主摄像机对观众席的前12排的垂直照度应该达到主摄像机对FOP的垂直照度数值的25%～30%，在20排的最后一排，主摄像机垂直照度达到FOP主摄像机垂直照度的10%。

（7）观众席照明的最小值不低于50lx。

（8）FOP区域以外的区域照明照度和均匀度可以逐步降低，赛时具体参数见表9.4-8。

赛时照度与均匀度参数　　　　表9.4-8

区域	照度值（照度最小值）		水平照度E_h	均匀度			
	垂直照度E_v			水平照度均匀		垂直照度均匀	
	摄像机名称	照度最小值 E_{vmin}		E_{min}/E_{max}	E_{min}/E_{are}	E_{min}/E_{max}	E_{min}/E_{are}
赛道	主摄像机	1600lx	查看比率	0.7	0.8	0.7	0.8
	辅助摄像机	1200lx				0.4	0.6
	四边垂直照度	1200lx				0.4	0.6
起点	辅助摄像机	1200lx	查看比率	0.7	0.8	0.5	0.7
终点	超慢摄像机	1800lx	查看比率	0.8	0.9	0.7	0.8
内场	主摄像机	1600lx	查看比率	0.7	0.8	0.6	0.7
观众席	主摄像机～前12排	查看比率	—	—	—	0.3	0.5
	主摄像机～第20排	查看比率	—	—	—		

（9）照明计算维护系数应取值0.8，如使用恒输出方式的灯具，维护系数应取值0.9。

（10）眩光指数GR的计算过程，参照CIE的GR标准算法公式计算。

（11）明确有每个摄像机的计算点、每个运动员的特征位置计算点，场地反射率ρ取值0.6。

（12）在设计计算中应该体现出冰面保护围挡造成的阻挡的补偿方式和结果。

运动项目	等级	E_h（lx）	E_h U1	E_h U2	E_{vmai}（lx）	E_{vmai} U1	E_{vmai} U2	E_{vaux}（lx）	E_{vaux} U1	E_{vaux} U2	Ra	LED R9	Tcp（K）	GR
速度滑冰、短道速滑、花样滑冰、冰上舞蹈、冰球、冰壶	Ⅰ	300	—	0.3	—	—	—	—	—	—	65	—	4000	35
	Ⅱ	500	0.4	0.6	—	—	—	—	—	—				30
	Ⅲ	1000	0.5	0.7	—	—	—	—	—	—				
	Ⅳ	—	0.5	0.7	1000	0.4	0.6	750	0.3	0.5	80	0	4000	
	Ⅴ	—	0.6	0.8	1400	0.5	0.7	1000	0.3	0.5				
	Ⅵ	—	0.7	0.8	2000	0.6	0.7	1400	0.4	0.6	90	20	5500	
应急转播		—	0.5	0.7	750	0.4	0.4	—	—	—	—	—	—	—

赛后场地要求将包含三片标准冰场和标准赛道速滑场。赛后场地照明应该在赛时照明的基础上进行最小的变更，在不增减灯具的前提下达到表9.4-9中Ⅵ级的要求。需要设置应急照明，应急照明可以使用LED场地照明灯具和LED观众席照明灯具，在应急照明模式下由消防强切启动，观众席、比赛场地（含赛道、内场）的平均照度不小于20lx。灯具投射方向需要考虑对显示大屏的影响，屏幕表面获得的灯光的照度最大值不能超过300lx。

项目运用信息化技术，采用专业软件计算、BIM虚拟施工等方法，对安装在双曲面马道上的场地照明灯具进行选型、模拟，并根据模拟优化系统配置，最终对每个灯具的形式、位置、投射角度进行精准定位，最终确定了21种不同性能参数的灯具，共计1088套。以双曲面马道两侧的立柱为灯具固定支架体系的受力结构，用6号槽钢与马道满焊焊接，固定牢固，采用安全链进行防护。实现显色指数达97、频闪比＜1%的最高国际标准要求，眩光、照度等均符合奥运比赛的要求。